珠江水利委员会珠江水利科学研究院
水利部粤港澳大湾区水安全保障重点实验室
水利部珠江河口治理与保护重点实验室

U0381218

高密度城市暴雨洪涝治理理念、技术与实践

刘志成　刘培　刘壮添　等◎著

河海大學出版社
HOHAI UNIVERSITY PRESS

·南京·

图书在版编目(CIP)数据

高密度城市暴雨洪涝治理理念、技术与实践 / 刘志
成，刘培，刘壮添著. -- 南京 ：河海大学出版社，
2024. 12. -- ISBN 978-7-5630-9502-5

Ⅰ. P426.616

中国国家版本馆 CIP 数据核字第 20248S5A64 号

书　　名	高密度城市暴雨洪涝治理理念、技术与实践
书　　号	ISBN 978-7-5630-9502-5
责任编辑	金　怡
特约校对	张美勤
封面设计	徐娟娟
出版发行	河海大学出版社
地　　址	南京市西康路 1 号(邮编：210098)
电　　话	(025)83737852(总编室)
	(025)83722833(营销部)
经　　销	江苏省新华发行集团有限公司
排　　版	南京布克文化发展有限公司
印　　刷	广东虎彩云印刷有限公司
开　　本	718 毫米×1000 毫米　1/16
印　　张	18.25
字　　数	347 千字
版　　次	2024 年 12 月第 1 版
印　　次	2024 年 12 月第 1 次印刷
定　　价	128.00 元

序言
Preface

    高密度是城市化进程中一个显著特征,其表现为建筑群落排列紧密、人口密度极高以及交通网络承受过度负荷。这种高度密集的状态不仅塑造了城市的独特面貌,也深刻影响着其应对自然灾害的能力,特别是在洪涝治理方面,高密度所带来的挑战尤为严峻。

    高密度加剧了城市洪涝灾害的复杂性与治理难度。一方面,由于建筑物与人口的高度集中,一旦遭遇洪涝,其潜在的经济损失与社会影响将成倍放大,对城市的恢复力构成严峻考验。另一方面,高密度环境下的城市空间资源极为宝贵且紧张,留给洪涝治理的缓冲地带与操作空间极为有限,这无疑增加了治理措施的实施难度与成本。

    本书以新阶段水利高质量发展为目标,全面分析了高密度城市所面临的洪涝治理形势与挑战,并梳理总结了国内外在洪涝治理方面的经验,提出了针对高密度城市洪涝问题的治理理论与策略,并结合珠江水利科学研究院近年来在广州、深圳以及其他地区的治理实践案例进行了详细阐述。

    本书全面探讨了高密度城市面临的水安全挑战及其相关问题,并针对各类水问题提出了研究对策与实践案例。洪涝治理实践遵循统一目标、统一规划的原则,采用多维共治的方法,实现洪涝系统的全面优化。本书可为我国新时期高密度城市暴雨洪涝治理的实践提供借鉴。

    本书共分为8章。序言由刘志成撰写;第1章高密度城市暴雨洪涝灾害现状,主要由许劼婧、张印撰写;第2章高密度城市暴雨洪涝灾害成因分析,主要由魏乾坤撰写;第3章国外内涝治理技术经验,主要由张印、魏乾坤撰写;第4章高密度城市暴雨洪涝治理理论,主要由刘志成、林中源撰写;第5章高密度城市暴雨洪涝灾害防治理念与思路,主要由刘志成、林中源撰写;第6章高密度城市暴雨洪涝治理实践——广州市,主要由刘志成、魏乾坤、刘晋高、许伟、林中源撰写;第7章高密度城市暴雨洪涝治理实践——深圳市,主要由许劼婧、刘晋高、刘志成、许伟撰写；第8章高密度城市暴雨洪涝治理实践——其他城市，主要由刘晋高、林中源撰写。全书由刘志成统稿，刘培、刘壮添定稿。

作者在撰写本书过程中，得到了珠江水利科学研究院领导和同事的大力支持，在此表示衷心感谢。限于作者水平，书中难免存在疏漏和不当之处，敬请批评指正。

目录
Contents

1

高密度城市暴雨洪涝灾害现状

1.1 城市化进程

1.1.1 城市化概念与特征

城市化(urbanization/urbanisation),在中国往往也被称为城镇化,是指随着一个国家或地区社会生产力的发展、科学技术的进步以及产业结构的调整,其社会由以农业为主的传统乡村型社会向以工业(第二产业)和服务业(第三产业)等非农产业为主的现代城市型社会逐渐转变的历史过程。然而,不同学科对城市化一词的具体理解也不尽相同。人口学强调人口的迁移变化,认为城市化是农村人口向城镇人口流动的过程;经济学着眼于经济和城市的关系,通常从经济模式及生产方式等角度来定义,强调非农业发展的经济要素向城市聚集,乡村经济向城市经济转变的过程;地理学认为城市化是由农村居民点或自然区域转变为城市地区的过程;社会学侧重于从社会关系与组织变迁的角度定义城市化,认为城市化是人类社会发展水平、国民经济以及国民生活意识形态的重大转变过程。总之,城市化是多维的,具有以下几个方面的内涵。

(1)人口城市化:人口城市化是指农村人口向城市转移的过程。随着城镇化进程的加快,农村居民不断涌向城市,城市人口逐渐增多。人口城市化不仅是城市化的结果,也是城市化的动力。人口城市化可以提高城市的经济规模和竞争力,促进城市经济的发展。

(2)经济城市化:经济城市化是指经济活动在城市空间中的集聚和发展。随着城市化进程的推进,城市成为经济发展的中心,吸引了大量资源要素的集聚。城市的产业结构逐渐转型,由传统的农业、手工业向现代的工业、服务业转变。经济城市化也推动了城市的经济增长和提升。

(3)社会城市化:社会城市化是指社会文化在城市中的集聚和发展。随着城市化的加速进行,城市成为人们生活和交流的中心,文化、教育、科技等资源在城市中得到了更好的利用和发展。城市化也推动了社会结构的变迁和社会管理的现代化。

城市化的特点主要包括以下几个方面。

(1)人口聚集:城市化过程中,大量人口从农村涌向城市,导致城市人口急剧增加,形成人口集聚现象。人口集聚会带来人口密度的增加,城市的规模也会逐渐扩大。

(2)土地集约化:城市化促使土地资源的利用更加集约,通常采取垂直发展和高密度利用的方式。高楼大厦的兴建以及地下空间的利用,都是城市土地集约化的表现。

(3)经济多元化:城市化推动了城市经济结构的转型,传统的农业和手工业逐渐减弱,而现代的工业和服务业得到了发展。城市经济的多元化使城市在经济上更具活力和竞争力。

(4)社会分工更明确:随着城市化的加速进行,城市的社会分工更加明确。不同职业的人们在城市中分工合作,形成复杂的社会网络。社会分工的明确使城市在生产力和创新能力上具有优势。

(5)生活方式的改变:城市化改变了人们的生活方式,城市提供了更多的社会资源和文化活动,人们的生活水平和质量得到了提高。但城市化也带来了一系列的社会问题,如环境污染、社会矛盾等。

1.1.2　城市化进程

联合国人居署预测,到 2030 年,全球发展中国家和地区的城市化水平将突破 50%;而到 2050 年,全球将有 2/3 的人口居住在城市。中国作为全球最大的发展中国家,自改革开放以来,数以亿计的人口由农村迁移至城市,推动了我国城市化进程的快速发展。我国城市化水平由 1978 年的 17.92% 提升至 2018 年的 59.58%。《中国农村发展报告 2020》中指出,预计到 2025 年,我国城镇化率将达到 65.5%。

1.2　城市水问题

水问题是指存在于自然环境下的水对人类、社会、生态环境所造成的不利影响,以及人类在社会生产和日常生活中利用、开发水资源所导致的对水的相关影响等所有问题的总和。随着城市化和工业化进程的推进,城市水问题成为一个国家或地区长期面对的重大课题,特别是对快速迈入城市社会的中国来说,城市水问题更加凸显,城市水问题已成为制约我国城市发展的重要因素。

城市水问题可以分为以下两类。

(1) 水资源短缺:由于我国南北地区水资源量分布差异较大,许多地区已经达到了"水资源短缺"和"水资源压力"的标准。根据国家统计局相关数据,2021年我国各省(自治区、直辖市)按照当地人口及水资源情况分析,属于"水资源短缺"标准的省(自治区、直辖市)有北京、天津、河北、山西、上海、江苏、山东、河南、广东、宁夏;属于"水资源压力"标准的有辽宁、安徽、甘肃;属于"水资源脆弱"标准的有吉林、浙江、福建、湖北、重庆、陕西。

(2) 城市洪涝:城市洪涝灾害多发频发。近年来,上海、北京、广州、武汉、杭州、天津等大城市接连遭受洪涝袭击,其中,2012年北京的"7·21"城市洪水,造成79人死亡,10 660间房屋倒塌,190多万人受灾,经济损失达116.4亿;2016年7月6日武汉的暴雨灾害造成全市12个区75.7万人受灾,城市内涝导致直接经济损失22.65亿元。

1.3 典型城市洪涝灾害

1.3.1 广州"5·22"暴雨

1.3.1.1 基本情况

2020年5月21日夜间至22日早晨广州普降暴雨到大暴雨,局部特大暴雨。这次暴雨具有强度大、范围广、面雨量大的特点。气象专家判断,此次暴雨过程的小时雨无论强度还是范围均超历史纪录。全市小时雨强度超80 mm,有42个站次破历史纪录。其中黄埔区录得全市最大小时雨量167.8 mm,3小时最大降水量288.5 mm,1 h和3 h雨量均破黄埔区历史极值。黄埔区永和街录得全市最大累积雨量378.6 mm,达到百年来的历史极值。

黄埔区开源大道隧道有车辆被困,4人逃生、2人溺亡。此外,暴雨还造成广州市黄埔区出现大面积内涝,开源大道隧道、石化路隧道、开发大道隧道、荔红路、香雪大道、开创大道、荔新公路、云埔街时代城附近积水严重,22日上午交通大面积瘫痪,官湖、新沙地铁站受淹严重,涝水倒灌入地铁站,导致广州地铁13号线全线停运,广州知识城、下沙村、塘头村、翡翠绿洲、凤凰城、广汽本田汽车有限公司等社区、重要企业受淹,地下车库、沿街商铺受灾情况严重。

1.3.1.2 黄埔区南岗河流域洪涝灾害调查及成因

（1）区域概况

南岗河片区位于黄埔区中部，是黄埔区内最大的片区，总面积118.4 km²，片区地势整体呈北高南低，西高东低，地形高程为5～365 m，广深铁路以北为丘陵地带，广深铁路以南至东江边属于低丘平原区。从北部丘陵区往南，分别有长岭生态养生商贸创新区、科学城商圈、云埔商住区、南岗商住区等组团。片区地面硬化面积达29.2%，水面率仅2.19%（河涌湖泊），片区可改造面积9.08 km²，占比为7.7%。

南岗河是东江北干流右岸的一级支流，全长24.12 km，主要支流包括芳尾涌、珠山涌、龟咀涌、水声涌、塘尾涌、沙田涌、天窿河、华埔涌、四清河、笔岗涌、金紫涌、金紫涌北支涌、金紫涌南支涌、细陂河、埔安河等，目前干流已按20年一遇标准整治。片区内共有水库5座，其中木强水库为中型水库，水声水库为小（1）型水库，木杓窿、花窿、禾叉窿水库为小（2）型水库，总集雨面积15.65 km²，占片区总面积的13.2%。片区内共有水闸5座，其中南岗河出口水闸于2020年新建，净宽48 m；金紫涌水闸于2020年新建，净宽36 m，河口未设置排涝泵站。片区内南岗河主要问题如下。

（1）河道窄，过流能力不足：流域面积相近的二龙河河口宽90～120 m，而南岗河河口仅宽45～60 m，过流能力不足。

（2）水文边界条件变化，流量增幅大：由于城市发展，下垫面变化，南岗河河口20年一遇洪峰流量由350 m³/s变为652 m³/s；南岗河提标后，河口百年一遇100年一遇洪峰流量为900 m³/s，为以往设计流量的2.57倍。

（3）河道淤积：南岗河干流沿程河底存在不同程度的淤积，河口段平均淤积深度达到0.5 m，局部淤积严重，需对河道进行清淤，重新调整河底坡降。

（4）水陂、桥梁阻水：南岗河干流共有11座水陂、20余座桥梁，存在一定的阻水问题。经复核在100年一遇暴雨条件下，南岗河干流几乎全线发生漫溢，漫溢高度达1.37 m；流域发生5年一遇暴雨遭遇外江设计频率潮位时，河道水位均低于两岸高程。

南岗河广园路以南属于黄埔区中心区，排水管网较完善，广园路以北由于发展较慢，排水管网建设不完善，现状以大型企业厂矿及农业用地为主。片区现状已建有较为完善的雨水管网系统，满足5年一遇重现期达标率51.20%。综合整理2018年以来统计资料，南岗河排涝片区共有开泰大道半河路公交站、半河路96号等46处易涝点。

（2）总体受灾情况

本次淹没总面积约为 5.3 km²，总体沿着南岗河干流呈长条状。在广园快速路以北，南岗河干流自华埔涌入汇口附近开始逐步漫溢，淹没基本维持在河道堤防两侧 500 m 范围内，淹没水深为 0.2～1.0 m；自广园快速路以南，至河口上游约 600 m，南岗河干流漫溢开始增加，两岸淹没范围大幅增加，主要淹没了东区街道及出口河道左岸南岗街道，淹没水深较大，在 107 国道桥附近，淹没水深约 1.5 m，在南岗村附近淹没水深约 2 m。

在开源大道下穿开创大道的隧道处，也形成了局部淹水。据现场工作人员反映，22 日凌晨 1 点左右开始降雨，3 点左右淹没范围最大，隧道几乎被完全灌满，附近道路淹水近 1 m，一直至早上 6 点路面积水才逐渐消退。

（3）"5·22"暴雨典型水文情势

①暴雨量级

本次研究收集了"5·22"暴雨期间，南岗河流域南岗河口及永宁桥 5 min 间隔实测降雨过程资料，降雨过程如图 1.3-1 所示，降雨主要集中在凌晨 1:10 至早上 5:00，1 h、3 h、6 h 最大降雨量和总降雨量统计如表 1.3-1 所示。分析"5·22"降雨过程与表 1.3-1 可知，永宁桥站降雨略小于河口站，但是总体来看，两站 1 h 降雨量为 10～30 年一遇，3 h 降雨量超 100 年一遇，6 h 降雨量超 100 年一遇。

表 1.3-1 "5·22"暴雨实测降雨统计表

历时	1 h	3 h	6 h	全过程
永宁桥降雨量(mm)	89	183	227.5	257.5
南岗河口降雨量(mm)	112	242.5	263.5	287.5

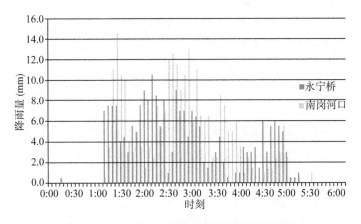

图 1.3-1 南岗河口及永宁桥实测降雨过程图

②洪水量级

根据收集的"5·22"降雨数据反演南岗河流域洪水,以河口断面为代表进行计算。从计算结果可以看出,本次河口断面洪峰流量为 626.9 m³/s,参考表 1.3-2 可知,其洪水频率为 50~100 年一遇。

表 1.3-2 "5·22"南岗河河口断面洪水过程线

时刻	流量(m³/s)	时刻	流量(m³/s)
0:00	0.0	13:00	40.5
1:00	4.7	14:00	27.8
2:00	102.9	15:00	17.1
3:00	394.2	16:00	8.4
4:00	626.9	17:00	3.2
5:00	621.1	18:00	1.0
6:00	440.1	19:00	0.3
7:00	316.1	20:00	0.0
8:00	207.9	21:00	0.0
9:00	142.7	22:00	0.0
10:00	103.0	23:00	0.0

③外江潮位

本次收集了"5·22"暴雨期间,南岗河流域永宁桥、河口及东江北干流大盛三个水文站逐时水位数据,如图 1.3-2 所示。从图中可以看出,南岗河河口水位上涨时(2:00—4:00),东江北干流处于落潮期间,水位逐渐降低,整个淹水期间,外江潮位均低于平均高潮位,因此不会对南岗河产生顶托。

(4)灾害成因分析

①流域洪水超标准

a. 暴雨

根据降雨分析可知,"5·22"暴雨 1 h 降雨量为 10~50 年一遇,3 h 降雨量超 100 年一遇,6 h 降雨量超 100 年一遇。

b. 洪水

根据洪水量级分析,"5·22"暴雨产生的洪水为 50~100 年一遇,超过南岗河流域干支流的现状防洪标准,在南岗河中下游漫溢出堤防,造成大范围淹水。

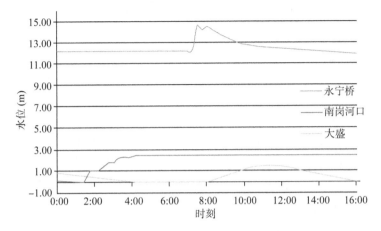

图 1.3-2 永宁桥、南岗河口、大盛水文站实测潮位过程图

"5·22"暴雨具有雨强大、历时短、峰值高的特点,其形成的流域洪水超过河道设计标准,是造成南岗河中下游(华埔涌以下)发生严重洪涝灾害的主要原因。

②地势低洼及下垫面硬化造成局部淹水

在本次暴雨期间,南岗河干流上游区域,洪水基本归槽,未发生漫堤,但部分区域仍发生严重淹水。

开源隧道在本次暴雨期间发生了严重的淹水,分析其原因,主要有以下两点。

a. 地势低洼,山水汇集

从南岗河地势可以看出,开源隧道东北、西北及西南侧均为山地,隧道自身地势较低,完全位于盆地中心的最低点,暴雨期间大量山洪直接汇入,是造成此处淹水的主要原因。

b. 高强度开发,下垫面变化

根据 2000 年和 2020 年下垫面的对比情况,流域范围内城镇建设与交通用地面积不断增加,而园林及耕地等面积逐渐减少。二十年间流域中上游的大量农田和林草地建设为城镇并仍在不断开发建设中,中上游土地的蓄水保水能力大幅下降,而流域下游的淹没区也由农田建设为城镇,淹没区周边也在不断建设中。城市建设背景下高强度开发导致地面硬化,径流系数增大。

③流域下游防洪标准较低

a. 根据现场调研,南岗河流域下游广深公路至河口段还未进行整治,特别是右岸南岗村段堤防明显低于左岸堤防,防洪标准较低。

b. 南岗河流域下游 107 国道桥梁梁底高程较低,对河道行洪有一定影响,降低了局部河道防洪标准。

1.3.1.3 增城区雅瑶河流域"5·22"暴雨灾害调查及成因分析

(1) 区域概况

雅瑶河为东江一级支流,自北向南流入东江,河口以上集雨面积为 113.20 km²,主河长 21.6 km,河道平均坡降为 1.6‰。雅瑶河在新塘水泥厂附近汇入东江,流域内有小(1)型水库 2 座,分别是余家庄水库和万田水库,集雨面积分别为 12.7 km²、2.7 km²,总库容分别为 900 万 m³ 和 330 万 m³。

根据《增城市水系规划报告(报批稿)》,雅瑶河防洪潮标准为 20 年一遇,片区内余家庄水库和万田水库防洪标准都为 50 年一遇,校核洪水为 500 年一遇。治涝设计标准取涝区 10 年一遇 24 h 暴雨所产生的径流,城镇及菜地一天排干,农田三天排干。雅瑶干支流规划堤防总长 46.22 km,干流规划河长 9.40 km;雅瑶河一支流河口以上规划河长 10.53 km;雅瑶河二支流河口以上规划河长 1.26 km;雅瑶河三支流河口以上规划河长 1.92 km。

本次"5·22"暴雨期间受灾最严重区域为沙埔排涝区。沙埔片区东至雅瑶河,西至白石河,北至雅瑶河支流九如涌,南抵白石河、雅瑶河交汇处,排涝面积 4.93 km²。

片内现有上邵闸、白石北闸(站)、白石路边闸(站)、沙埔一级闸(站),3 座泵站装机 3 台 190 kW,设计排涝量 2.80 m³/s,受益面积 0.26 万亩[①]。目前河道整治主要集中在雅瑶河干支流汇合口以上区域,两岸堤防基本按规划建设达标,下游沙埔段由于拆迁等历史原因,尚未完成整治。

(2) 总体受灾情况

雅瑶河流域"5·22"暴雨期间,主要受灾区域位于沙埔社区附近,本次调研主要集中在沙埔社区。洪水演进路线如下:雅瑶河干流上游大部分已完成河道整治,未整治河段位于与一支流交汇处附近。"5·22"暴雨期间,广汽本田汽车有限公司基地(简称"广本基地")及物流园北侧施工围堰发生溃决,洪水沿溃口下泄,进入物流园及广本基地。雅瑶河干流与雅瑶河一支流汇合后至沙宁路,沙宁桥桥墩及梁底阻水严重,严重缩窄了过流断面,使得洪水在沙宁桥附近漫堤,一股洪水沿沙宁路下泄至荔新公路,沿着道路进入沙埔社区,淹水深度大约为 0.8～1.5 m。另一股水流沿着雅瑶主河道下泄,由于河道两岸堤防未封闭,

---

① 1 亩 ≈ 666.67 m²。

洪水漫堤,进入沙埔社区,部分社区地势低洼,造成最大淹水深度约 2.2 m。洪水行至广深铁路,受广深铁路箱涵卡口阻水作用,在铁路以北,淹水较严重,淹水深度达到 1.5～2 m。洪水通过广深铁路后,一部分洪水向西南进入永和河片区,另一部分洪水继续沿雅瑶河主河道下泄。

(3)"5·22"典型水文情势

①设计暴雨

本次研究收集到雅瑶河流域范围内万田水库1991—2019年最大24 h降雨实测降雨资料,采用 P-Ⅲ 曲线进行拟合,如图1.3-3、表1.3-3所示。

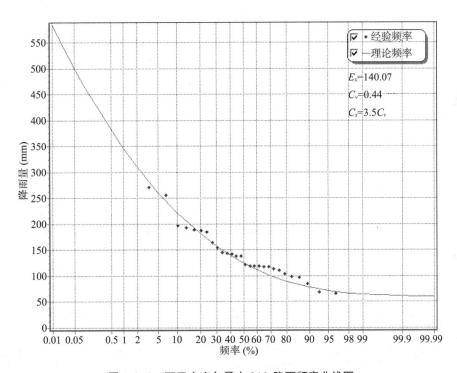

图 1.3-3　万田水库年最大 24 h 降雨频率曲线图

表 1.3-3　万田水库 24 h 设计暴雨成果表

均值	C_v	C_s/C_v	各频率暴雨量(mm)				
			1%	2%	5%	10%	20%
140	0.44	3.5	347	310	260	222	182

②暴雨量级

本次研究收集到永和河流域雨量站"5·22"暴雨实测降雨过程资料(图

1.3-4),降雨由凌晨 1:30 持续至上午 9:30,降雨历时约 8 h,1 h、3 h、6 h 和总降雨量统计见表 1.3-4。

表 1.3-4 "5.22"实测降雨统计表

历时	1 h	3 h	6 h	24 h
新塘站降雨量(mm)	110	245	291	312.3
万田水库降雨量(mm)	113	236	266	—

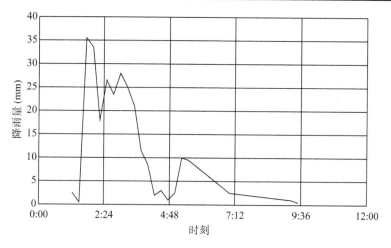

图 1.3-4 永和河流域实测降雨过程图

分析"5·22"降雨情况可知,万田水库站 1 h 降雨量为 20 年一遇,3 h 降雨量为超 100 年一遇,6 h 降雨量约为 50 年一遇。新塘站 1 h 降雨量为 20 年一遇,3 h 降雨量为超 100 年一遇,6 h 降雨量约为 100 年一遇。综合判断"5·22"降雨为超 100 年一遇。

③洪水量级

"5·22"暴雨期间,永和河河口来流洪峰为 452 m³/s,大于 50 年一遇洪峰 439 m³/s,官湖河新沙大道断面来流洪峰为 430 m³/s,大于 50 年一遇洪峰 424 m³/s。

雅瑶河河口洪峰为 692 m³/s,接近河口 50 年一遇设计流量 704 m³/s;荔新公路下游断面洪峰流量为 615 m³/s,接近 50 年一遇设计洪水流量 621 m³/s。

④洪潮遭遇分析

洪潮遭遇分析降雨数据采用新塘站的实测资料,雅瑶河河口的潮位数据利用下游大盛站、上游新家埔站的实测资料插值确定,新塘站、大盛站、新家埔站及大墩闸位置示意如图 1.3-5 所示。

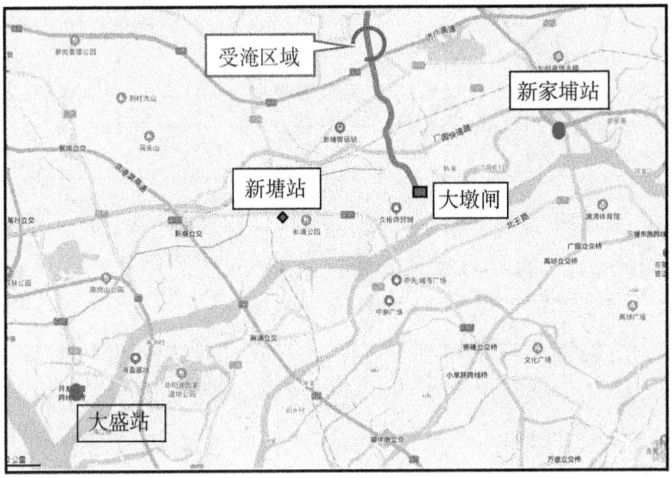

图 1.3-5 新塘站、大盛站、新家埔站、大墩闸位置示意图

新塘站位于新塘镇政府,距离沙埔社区约 5.5 km,本节洪潮遭遇分析采用新塘雨量站的降雨数据。新塘站 5 月 21 日 8:30—5 月 22 日 8:30 的实测降雨量为 313.1 mm,22 日 1:00—5:00 的降雨量为 273.5 mm。新塘镇实测雨量过程见表 1.3-5。

表 1.3-5 新塘镇实测雨量

时刻	新塘站(mm)	时刻	新塘站(mm)
5/21 8:00	0	5/21 21:00	3.5
5/21 9:00	0	5/21 22:00	0.2
5/21 10:00	0	5/21 23:00	11.7
5/21 11:00	0	5/22 0:00	0.7
5/21 12:00	0	5/22 1:00	8.2
5/21 13:00	0	5/22 2:00	97.0
5/21 14:00	0	5/22 3:00	110.3
5/21 15:00	0.1	5/22 4:00	37.9
5/21 16:00	0	5/22 5:00	20.1
5/21 17:00	0	5/22 6:00	17.7

续表

时刻	新塘站（mm）	时刻	新塘站（mm）
5/21 18:00	0	5/22 7:00	0.9
5/21 19:00	0	5/22 8:00	0
5/21 20:00	4.0	总计	312.3

大墩闸是雅瑶河干流上的挡潮闸，位于雅瑶河河口处。根据新塘站实测数据，22 日 2:00—3:00 的降雨量达到峰值，雅瑶河集雨面积约 129 km²，为此大致确定官湖河流域的产汇流时间在 4～6 h 之间。

雅瑶河河口的潮位数据根据大盛站和新家埔站的实测数据插值确定。大盛站和新家埔站位于东江干流，其中新家埔站位于官湖河河口上游，距离河口 16.5 km，大盛站位于雅瑶河河口下游，距离河口 6.8 km。雅瑶河设计水位采用广东省水利电力勘测设计研究院有限公司 2004 年 9 月编制完成，并获得主管部门批准的《东江干流及三角洲河段设计洪潮水面线计算报告》中的推荐值。大盛站、雅瑶河河口、新家埔站实测潮位过程见表 1.3-6。

表 1.3-6　大盛站、雅瑶河河口、新家埔站实测潮位过程

时刻	新家埔（m）	大盛（m）	雅瑶河河口（m）	时刻	新家埔（m）	大盛（m）	雅瑶河河口（m）
5/21 8:00	−0.01	0.2	0.04	5/22 5:00	1.16	0.04	0.92
5/21 9:00	0.49	0.79	0.56	5/22 6:00	1.14	−0.01	0.89
5/21 10:00	1.01	1.19	1.05	5/22 7:00	1.11	−0.01	0.87
5/21 11:00	1.31	1.32	1.31	5/22 8:00	1.1	−0.02	0.86
5/21 12:00	1.4	1.1	1.34	5/22 9:00	1.14	−0.02	0.89
5/21 13:00	1.11	0.73	1.03	5/22 10:00	1.38	0.6	1.21
5/21 14:00	0.8	0.34	0.70	5/22 11:00	1.76	1.14	1.63
5/21 15:00	0.65	−0.01	0.51	5/22 12:00	1.9	1.49	1.81
5/21 16:00	0.45	−0.01	0.35	5/22 13:00	1.81	1.43	1.73
5/21 17:00	0.3	−0.01	0.23	5/22 14:00	1.72	1.1	1.59
5/21 18:00	0.12	−0.02	0.09	5/22 15:00	1.64	0.69	1.43
5/21 19:00	−0.06	−0.02	−0.05	5/22 16:00	1.51	0.3	1.25

续表

时刻	新家埔（m）	大盛(m)	雅瑶河河口(m)	时刻	新家埔（m）	大盛(m)	雅瑶河河口(m)
5/21 20:00	−0.21	−0.02	−0.17	5/22 17:00	1.37	−0.01	1.07
5/21 21:00	−0.28	−0.02	−0.23	5/22 18:00	1.23	−0.01	0.96
5/21 22:00	0.06	0.3	0.12	5/22 19:00	1.1	−0.01	0.86
5/21 23:00	0.62	0.64	0.63	5/22 20:00	0.96	−0.02	0.75
5/22 0:00	1.01	0.81	0.97	5/22 21:00	0.83	−0.02	0.65
5/22 1:00	1.16	0.81	1.09	5/22 22:00	0.75	−0.02	0.58
5/22 2:00	1.13	0.77	1.05	5/22 23:00	0.8	0.47	0.73
5/22 3:00	1.12	0.5	0.99	5/23 0:00	1.04	0.77	0.98
5/22 4:00	1.16	0.31	0.98				

分析新塘站降雨量、大墩闸的水位过程以及雅瑶河河口潮位过程可知，5月22日2:00—3:00,降雨量达到峰值,雅瑶河汇流推迟时间约为1h,因此大约3:00—4:00之间洪峰到达雅瑶河,大墩闸处的水位达到最大值,外江为低潮落潮阶段,"5·22"暴雨未发生雨潮遭遇。

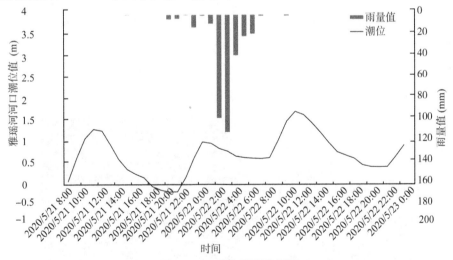

图1.3-6 洪潮遭遇分析图

(4) 灾害成因分析

①流域洪水超标准

根据降雨分析可知,"5·22"暴雨1 h降雨量为20年一遇,3 h降雨量超

100年一遇,6 h降雨量约为100年一遇,24 h降雨量约为50年一遇,明显超过雅瑶河片区10年一遇24 h暴雨所产生的径流,城镇及菜地按一天排干的规划排涝标准。"5·22"暴雨具有超标准、雨强大、历时短、总量大等特点,综合评判本次降雨超100年一遇标准。

②下垫面硬化导致蓄滞能力不足

统计近年来的下垫面变化,流域范围内城镇建设与交通用地面积不断增加,而园林草及耕地等面积逐渐减少。下垫面地面硬化,原流域天然蓄滞洪区蓄水功能消失,径流系数增大。

③地势低洼易涝

本次淹没区域主要位于荔新公路以南、广深铁路以北的区域,从流域地势上看,淹没区北侧荔新公路横贯,南侧广深铁路阻拦,东、西两侧地势较高,导致淹没区所在区域地势低洼,极易受淹。

④城市开发建设影响河道行洪

a. 桥梁等卡口缩窄河道断面,影响河道行洪

由于荔新大道以北片区洪水大多向雅瑶河与荔新公路交会口汇聚,该交会口与雅瑶河一支流汇合口距离约320 m;现场调查显示,由于沙宁桥正好位于雅瑶河一支流与干流交汇处,沙宁桥梁底低,"5·22"暴雨洪水期间,由于桥梁底阻水,水位迅速壅高,部分洪水直接进入沙宁路路面;在荔新大道跨雅瑶河位置,不仅桥梁梁底低,而且河道内布置有现有桥墩和废弃桥墩,洪水期间阻水更为严重,也导致水位壅高,洪水进入荔新公路,与沙宁路而来的洪水汇聚后,由于荔新公路西侧路面高程较东侧低,因此沿荔新公路向西演进,并泄入南侧地势更低的沙埔大道中心街区,造成严重损失。

图1.3-7 沙宁路卡口和荔新路跨雅瑶河卡口

b. 上游河涌水系被堵塞或填埋,导致暴雨洪水向雅瑶河汇集

调查片区原本分布有大量水系相互连通,其中片区西侧白石涌原本与雅瑶河一支流连通,沙埔涌汇聚荔新大道以北广本基地片区涝水。但由于城镇和厂区建设,致使白石涌与雅瑶河一支流连通被堵塞截断,荔新公路建设截断沙埔涌,导致广本基地片区涝水无法由沙埔涌向下游直接宣泄。加之下垫面硬化,最终导致荔新公路以北雅瑶河上游绝大多数洪涝水快速向雅瑶河汇聚,在发生"5·22"大暴雨的气象条件下,极容易导致雅瑶河发生超标准大洪水,淹没片区河道两岸。

c. 河道主汊淤积和萎缩,行洪断面被侵占,泄洪严重不畅,壅水严重

受河道淤积及河道两岸占用情况等的影响,原河道主流泄洪通道被挤占,演变为汊道,洪水下泄不畅。原支流演变为干流,被迫分流更多下泄洪水,使沙埔街中心区的防洪压力明显加大,加之建成区河道沿岸建筑物侵占河道行洪断面严重,造成众多卡口,导致河道壅水严重。

雅瑶河沙埔段原先建设有很多滚水坝,且都设置在桥梁附近,用于壅高水位,方便农田引水灌溉。但随着近些年大量农田用地转为城镇建设用地,滚水坝作用已经不大,反而随着雅瑶河洪水频繁,滚水坝洪水期间阻水严重,而且泥沙也容易落淤,造成河道行洪断面缩窄,河道萎缩,水位壅高。同时,早期沿雅瑶河建设桥梁标准普遍偏低,洪水期间,梁底阻水严重

图 1.3-8　雅瑶河沙埔段沿线情况 1(2020 年 6 月 4 日拍摄)

d. 广深铁路涵洞过流能力不足

现状的排涝站多为二十世纪六七十年代建设,受当时经济条件限制,排涝站建设标准较低,且设备老化、建筑物等残旧破损,带病运行。片区南面受广深铁路路基的阻挡,洪水下泄断面不足。

图 1.3-9 雅瑶河沙埔段沿线情况 2(2020 年 6 月 4 日拍摄)

⑤防洪排涝体系存在"短板"

a. 雅瑶河上游河道已整治而下游河道未整治,洪水归槽增大下游泄洪压力

雅瑶河全长 21.6 km,流域面积达 129 km²,平均坡降达 1.6‰,水流本身急。伴随着雅瑶河上游城市的开发建设,雅瑶河上游及雅瑶河一支流河道被拓宽。雅瑶河一支流原河道宽度在 10 m 左右,现被拓宽为 30 m 左右。据 2020 年 6 月 4 日现场调研显示,雅瑶河一支流与雅瑶河汇合段下游已完成整治,河道被疏浚拓宽,加上洪水归槽效应明显,进一步加大了洪水下泄的流量以及下泄速度,当下游强降雨与超标准洪水流量叠加时,灾害加重。

图 1.3-10 雅瑶河一支流与雅瑶河汇合段下游现场照片(2020 年 6 月 4 日拍摄)

b. 雅瑶河两岸堤防体系未闭合

据《广州市防洪(潮)排涝规划(2010—2020年)》,雅瑶河规划防洪标准为20年一遇。据现场调查,雅瑶河部分堤防现状并未达标,河道上下游、左右岸堤防差异较大。堤防缺口明显,据现场调查时附近居民口述,大量洪水从未设防缺口处涌入,造成洪涝灾害。"5·22"暴雨洪水期间,雅瑶河沙埔缺口处全部漫堤。

图 1.3-11　雅瑶河沙埔段左右岸堤防现场照片(2020 年 6 月 4 日拍摄)

1.3.1.4　增城区永和河流域"5·22"暴雨灾害调查及成因分析

1) 区域概况

永和河为东江一级支流,自北向南流入东江,河口以上集雨面积为67.28 km²,主河长21.9 km,河道平均坡降为2‰。永和河(官湖河)在新塘镇大敦村汇入东江。

永和河(官湖河)由西北向东南流动,纵贯永和开发区,经红旗水库、永宁街和新塘镇流入东江北干流。永和河在增城区内长度约13.6 km,河宽20~50 m,区内集雨面积为46.20 km²,流域范围内涉及12个行政村,分别为:坭紫村、久裕村、新街村、石下村、官湖村、塘美村、瑶田村、章陂村、长岗村、岗丰村、简村村和菱园村。原久裕水闸至东江口河段长2.6 km,其中左岸为东莞的飞地,由东莞管辖,右岸属新塘镇管辖。永和河在黄埔区内长度为8.3 km,区内集雨面积21.08 km²。流域有小(1)型水库2座,即红旗水库、水星水库,集雨面积分别为1.6 km²、5.2 km²,总库容分别为132万m³、467万m³。汇入永和河的支流主要有6条,分别为大陂河、东埔河、官湖支涌、石下左支涌、石下右支涌和新街支涌。现状永和河两岸主要为鱼塘、工厂、住宅等。

(1) 水利工程基本情况

永和河(新塘段)尚未整治。根据增城区永和、雅瑶河干流防洪排涝规划、增城区水系规划新塘镇专题及增城区水务发展"十三五"规划,永和河(新塘段)及其支流洪水设计标准为 20 年一遇,治涝设计标准按涝区 10 年一遇 24 h 暴雨所产生的径流,城镇及菜地按一天排干设计,农田按三天排干设计。

(2) 河道整治情况

①2006 年和 2016 年前后两次编制永和河整治工程前期方案《增城市永和河干流整治工程(广惠高速公路—河口段)项目建议书》(中山市水利水电勘测设计咨询有限公司,2006 年),《增城区永和河(新塘段)整治工程建设方案》(中南勘测设计研究院有限公司,2016—2020 年)。由于永和河两岸居民建筑多,征地拆迁费用和难度大,整治总概算超"十三五"规划投资计划较多,使前期立项至今无法审批,故官湖堤防建设一再滞后。

②永和河右岸支流官湖支涌和石下右支涌因为官湖地铁车辆段建设,由广州地铁集团有限公司按照 20 年一遇防洪标准进行了改道,将石下右支涌在车辆段西侧红线外改向接入官湖支涌,并对接入后的官湖支涌下游进行了拓宽,扩宽段下游因征地问题无法实施拓宽,为缓解官湖支涌下游的洪涝压力,沿环城路西侧新建一条暗渠,并在暗渠与龙塘涌下游的连接处新建一座水闸泵站(下湖泵站),将原龙塘涌上游改线至官湖支涌后增加的多余洪水通过新建暗渠引至龙塘涌下游。新建泵站设计流量为 8.06 m³/s,水闸净尺寸为 3.5 m×2.5 m(宽×高)。官湖支涌下游段保持现状,现有闸泵一座(官湖泵站),建设于 20 世纪 70 年代,水闸为 1 孔[3 m×3 m(宽×高)];泵站原设计流量 2.0 m³/s,2 台机组设计功率 125 kW,由于年久失修,破损严重,已经废弃;新规划官湖泵站重建工程已经启动,重建位置位于原址上游 600 m 处,排涝标准采用 20 年一遇 24 h 暴雨不成灾,设计防洪标准为 30 年一遇,设计排涝流量为 22 m³/s。共装 3 扇闸门泵,每扇闸门上设 2 台水泵,总装机容量 960 kW,官湖水闸总净宽为 8.0 m,闸底板面高程−1.0 m。官湖泵站建成后联合下湖泵站一起将大大减轻官湖村和石下村的排涝压力,同时也将为官湖地铁的运行提供更有力的安全保障。官湖支涌上游段及与重建官湖泵站连接段整治工程已在建设,近期设计排涝标准为 10 年一遇,远期设计排涝标准为 20 年一遇。

③永和河支流东埔河(永和河口—荔新公路)、矮岗河(新塘段)目前堤围正在按 20 年一遇防洪标准达标建设。

④石下右支涌除地铁改道段和填埋段,上下游剩余部分列入"永和河(增城段)黑臭河涌整治(二期)——石下右支涌、官湖支涌截污管完善工程",目前按照 20 年一遇防洪标准进行整治,已建设完工。

⑤永和河支流石下左支涌及新街支涌暂未整治。

2）总体受灾情况

永和河流域本次受淹严重区域位于瑶田村、官湖村及石下村。瑶田村淹水深度为 1～1.5 m，石下村淹水深度为 0.8～3 m，官湖地铁站受淹严重。"5·22"暴雨洪水期间，官湖河洪水自上游演进到荔新公路桥至石新路桥河段，受桥梁、卡口、过流堰阻水的影响，在该河段发生漫堤，之后洪水主要向东、南两侧演进，广深铁路桥以北的河道右岸发生漫堤后，洪水向南通过广深铁路和广园快速路，进入广园快速路以南的官湖支涌沿岸区域，并继续向东淹没官湖地铁站及附近低洼地。同时，由于官湖河广园快速路桥至石新路桥河段的河道两岸同样发生漫堤，右岸洪水漫堤后向南演进到官湖地铁站附近区域，导致下泄的洪水受到顶托，加重了官湖地铁站附近的灾情，左岸洪水漫堤后向西演进至石下右支涌沿岸区域。

3）"5·22"典型水文情势

（1）设计暴雨

本次研究收集到永和河流域代表站万田水库 1991—2019 年最大 24 h 实测降雨数据，采用 P-Ⅲ 曲线进行拟合。

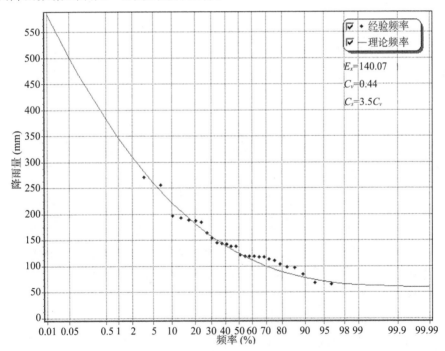

图 1.3-12　万田水库年最大 24 h 降雨频率曲线图

表 1.3-7　万田水库 24 h 设计暴雨成果表

均值	C_v	C_s/C_v	各频率暴雨量(mm)				
			1%	2%	5%	10%	20%
140	0.44	3.5	347	310	260	222	182

（2）暴雨量级

本次研究收集到永和河流域雨量站"5·22"暴雨实测降雨过程数据，降雨由凌晨 1:30 持续至上午 9:30，降雨历时约 8 h，1 h、3 h、6 h 和总降雨量统计见表 1.3-8。

表 1.3-8　"5.22"实测降雨统计表

历时	1 h	3 h	6 h	24 h
新塘站降雨量(mm)	110	245	291	312.3
万田水库降雨量(mm)	113	236	266	—

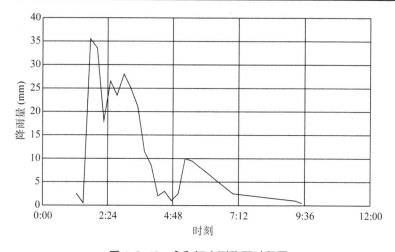

图 1.3-13　永和河实测降雨过程图

分析"5·22"降雨情况可知，万田水库站 1 h 降雨量为 20 年一遇，3 h 降雨量超 100 年一遇，6 h 降雨量约为 50 年一遇。新塘站 1 h 降雨量为 20 年一遇，3 h 降雨量超 100 年一遇，6 h 降雨量约为 100 年一遇。综合判断"5·22"降雨为超 100 年一遇。

（3）洪水量级

"5·22"暴雨期间，永和河河口来流洪峰为 452 m³/s，大于 50 年一遇洪峰 439 m³/s，官湖河新沙大道断面来流洪峰为 430 m³/s，大于 50 年一遇洪峰

424 m³/s。

雅瑶河河口洪峰流量为 692 m³/s,接近河口 50 年一遇设计流量 704 m³/s;荔新公路下游断面洪峰流量为 615 m³/s,接近 50 年一遇设计洪水流量 621 m³/s。

(4)洪潮遭遇分析

采用新塘站的实测资料,洪峰到达永和河下游久裕新闸的时间根据现场调研确定,永和河河口的潮位数据利用下游大盛站、上游新家埔站的实测资料插值确定。

分析新塘站降雨量、久裕新闸的水位过程以及永和河河口潮位过程可知,5 月 22 日 2:00—3:00 的降雨量达到峰值,4:00—5:00 之间洪峰达到永和河,久裕新闸处的水位达到最大值,外江为低潮落潮阶段,"5·22"暴雨未发生雨潮遭遇。

新塘站位于新塘镇政府,距离官湖地铁站约 2.7 km,本节洪潮遭遇分析采用新塘雨量站的降雨数据。新塘站 5 月 21 日 8:30—5 月 22 日 8:30 的实测降雨量为 313.1 mm,22 日 1:00—5:00 的降雨量为 273.5 mm。新塘镇实测雨量过程见表 1.3-9。

表 1.3-9　新塘镇实测雨量

时刻	新塘站(mm)	时刻	新塘站(mm)
5/21 8:00	0	5/21 21:00	3.5
5/21 9:00	0	5/21 22:00	0.2
5/21 10:00	0	5/21 23:00	11.7
5/21 11:00	0	5/22 0:00	0.7
5/21 12:00	0	5/22 1:00	8.2
5/21 13:00	0	5/22 2:00	97.0
5/21 14:00	0	5/22 3:00	110.3
5/21 15:00	0.1	5/22 4:00	37.9
5/21 16:00	0	5/22 5:00	20.1
5/21 17:00	0	5/22 6:00	17.7
5/21 18:00	0	5/22 7:00	0.9
5/21 19:00	0	5/22 8:00	0
5/21 20:00	4.0	总计	312.3

久裕新闸是永和河干流上的挡潮闸,距离永和河河口约 2 km,是永和河流域的下游出口,本次调研过程中与水闸管理人员确定 5 月 22 日凌晨约 4:00—5:00,永和河久裕新闸处的水位达到最大值,约 3.61 m(珠江基面),可认为该时间是洪峰到达久裕新闸的时间。根据新塘站实测数据,22 日 2:00—3:00 的降雨量达到峰值,以此大致确定永和河流域的产汇流时间在 2～3 h。

永和河河口的潮位数据根据大盛站和新家埔站的实测数据插值确定。大盛站和新家埔站位于东江干流,其中大盛站位于永和河河口下游,距离河口 16.5 km,大盛站位于永和河河口上游,距离河口 6.8 km。

表 1.3-10　大盛站、永和河河口、新家埔站实测潮位过程

时刻	新家埔(m)	大盛(m)	永和河河口(m)	时刻	新家埔(m)	大盛(m)	永和河河口(m)
5/21 8:00	−0.01	0.2	0.08	5/22 5:00	1.16	0.04	0.67
5/21 9:00	0.49	0.79	0.62	5/22 6:00	1.14	−0.01	0.64
5/21 10:00	1.01	1.19	1.09	5/22 7:00	1.11	−0.01	0.62
5/21 11:00	1.31	1.32	1.31	5/22 8:00	1.1	−0.02	0.61
5/21 12:00	1.4	1.1	1.27	5/22 9:00	1.14	−0.02	0.63
5/21 13:00	1.11	0.73	0.94	5/22 10:00	1.38	0.6	1.04
5/21 14:00	0.8	0.34	0.60	5/22 11:00	1.76	1.14	1.49
5/21 15:00	0.65	−0.01	0.36	5/22 12:00	1.9	1.49	1.72
5/21 16:00	0.45	−0.01	0.25	5/22 13:00	1.81	1.43	1.64
5/21 17:00	0.3	−0.01	0.16	5/22 14:00	1.72	1.1	1.45
5/21 18:00	0.12	−0.02	0.06	5/22 15:00	1.64	0.69	1.22
5/21 19:00	−0.06	−0.02	−0.04	5/22 16:00	1.51	0.3	0.98
5/21 20:00	−0.21	−0.02	−0.13	5/22 17:00	1.37	−0.01	0.77
5/21 21:00	−0.28	−0.02	−0.17	5/22 18:00	1.23	−0.01	0.69
5/21 22:00	0.06	0.3	0.17	5/22 19:00	1.1	−0.01	0.61
5/21 23:00	0.62	0.64	0.63	5/22 20:00	0.96	−0.02	0.53
5/22 0:00	1.01	0.81	0.92	5/22 21:00	0.83	−0.02	0.46
5/22 1:00	1.16	0.81	1.01	5/22 22:00	0.75	−0.02	0.41

续表

时刻	新家埔（m）	大盛(m)	永和河河口(m)	时刻	新家埔（m）	大盛(m)	永和河河口(m)
5/22 2:00	1.13	0.77	0.97	5/22 23:00	0.8	0.47	0.66
5/22 3:00	1.12	0.5	0.85	5/23 0:00	1.04	0.77	0.92
5/22 4:00	1.16	0.31	0.79				

表 1.3-11　永和河河口设计潮位

断面位置	不同频率设计值(m)				
	1%	2%	5%	10%	20%
永和河口	2.71	2.56	2.44	2.36	2.3

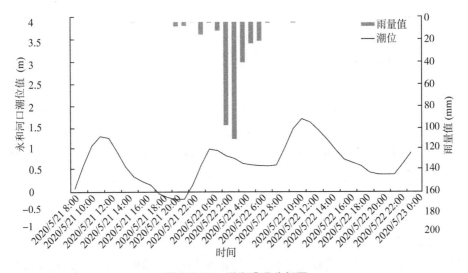

图 1.3-14　洪潮遭遇分析图

4）灾害成因分析

（1）流域遭受超标准洪水

根据降雨分析可知，"5·22"暴雨 1 h 降雨量为 20 年一遇，3 h 降雨量超 100 年一遇，6 h 降雨量约为 100 年一遇，24 h 降雨量约为 50 年一遇，对于永和河来说，流域面积不大，基本可以认为洪水与暴雨同频率，因此本次"5·22"暴雨产生的洪水超 100 年一遇，明显超过永和河现状 10～20 年一遇的防洪标准。"5·22"暴雨具有超标准、雨强大、历时短、总量大等特点，是造成永和河片区发生严重洪涝灾害的主要原因。

（2）下垫面硬化导致蓄滞能力不足

21世纪以来，永和河片区城镇化建设发展迅速。2008—2016年间，流域中部东边、淹没区域北边的林草地及农田逐步建设为城镇；2016—2020年间，流域中部东边、淹没区域北边的建设面积进一步扩大。流域中上游的大量农田和林草地建设为城镇并仍在不断开发建设中，中上游土地的蓄水保水能力大幅下降，而流域下游的淹没区也由农田建设为城镇，淹没区周边也在不断建设中，地面硬化，径流系数增大。

（3）地势低洼易涝

永和河流域上游西北方向多为山地，地势较高，水流自山地汇入河道，并随着地势降低往东南方向的平原区汇集，最终汇入东江北干流。永和河沿岸瑶田村、唐美村、官湖村、新街村、石下村地势低洼，平均高程3～4 m，最低处仅2 m。根据现场调查，以上区域逢暴雨必淹，一般淹没水深在0.3～0.4 m，2017年"5·7"暴雨淹没水深约0.5～0.7 m，2020年"5·22"暴雨永和河洪水位4.56 m，淹没水深达到1.3～3.0 m。

（4）防洪排涝体系存在"短板"

①防洪标准低

永和河未经系统治理，现状未设防，未形成封闭的防洪圈。有堤河段多为土堤，堤身低矮，防洪标准仅5～10年一遇，历年暴雨多次溃堤。无堤堤段一遇洪水经常漫滩，形成淹水。永和河防洪工程建设滞后，使得永和河成为全流域的行洪瓶颈。2020年"5·22"暴雨洪水期间，永和河新塘段自顺欣花园至新街水闸段全部漫堤。

②排涝能力不足

永和河两岸地势低洼，自排条件差，洪涝灾害已有历史，现状的排涝站多为二十世纪六七十年代建设，受当时经济条件限制，排涝站建设标准较低，且设备老化、建筑物等残旧破损，带病运行。片区排涝规划尚未实施，虽已建了石下泵站（8 m³/s）强排，但官湖泵站（22 m³/s）扩建尚未完成。现状排涝站抽排能力有限，石下泵站和官湖泵站抽排能力仅有2 m³/s和1 m³/s，远远不能满足现状排涝需要，一旦出现较大暴雨必造成官湖村和石下村片区低洼区受淹。

③水系紊乱、流路不顺

新塘镇与广州市建设现代化中心城市发展同步，近几年城市开发较快，区域内水系因开发建设被填埋、改道（因地铁建设对石下右支涌改道），改变了原有水系规划格局，新的水系格局尚未理顺。

（5）地铁站应对超标准洪水防御能力有限

"5·22"暴雨超100年一遇，强度大、历时短，超过地铁站100年一遇的设计标准，在超标准降雨条件下，路面积水深度上涨速度过快，导致管理人员难以在短时间内顾及所有风险点，导致地铁站受淹。官湖地铁站有风井8座，进出口与临时疏散通道5个，暴雨条件下可能的风险点共计13处，数量相对较多，风险难以控制。

1.3.1.5　增城区埔安河流域"5·22"暴雨灾害调查及成因分析

1）区域概况

埔安河（又名牛屎圳）发源于刘村大山，流经增城区和黄埔区，下游部分段位于黄埔区，终点为增城区新塘镇新塘大道，汇入水南涌，总长为11.39 km，流域面积为12.85 km²。水南涌起点为埔安河与新塘大道交会点，汇入埔安河。水南涌位于新塘大道道路下，为暗涵，流域内主要为新墩村。水南涌长度为1.3 km，流域面积约为0.2 km²，宽度约25～30 m。

埔安河起点位于新塘大道，终点为东江北干流，流域内主要有新世界花园小区、尚东阳光小区、工业园区。埔安河河涌总长度为6.48 km，其中主涌长度为2.80 km，支涌长度为3.68 km，流域面积约为3.12 km²，宽度约为25～30 m。支涌流域范围内的村庄主要为西洲村。

表 1.3-12　流域现状水库情况表

水库名称	镇别	集雨面积（km²）	总库容（万 m³）	最大坝高（m）	设计标准（年）	防洪安全等级
白鹤争虾	新塘	1.00	39.90	24.00	20	B级
牧场坑	新塘	0.52	21.73	12.70	20	C级
灿禾田	新塘	0.42	28.00	10.70	20	B级
陈家林	新塘	1.73	10.59	5.76	20	C级

2）总体受灾情况

①埔安河中上游：埔安河流域洪水从上游水库下泄后，受宁埔路的影响，埔安河在穿宁埔路时，河道由明渠改为暗涵，暗涵设计为两个90°直角转弯，不利泄洪，使得宁埔路以北发生淹水，最大淹水深度达2 m。洪水过了宁埔路归槽泄流至翡翠绿洲，受到翡翠绿洲北部箱涵卡口的阻滞作用，发生洪水漫堤，埔安河从翡翠绿洲内部穿过，与翡翠绿洲内部水系涝水共同受翡翠绿洲南部箱涵卡

口的束流阻水影响,使得翡翠绿洲内部发生大面积淹水,最大淹水深度达到 0.9 m。出了翡翠绿洲,埔安河进入黄埔段,该段主要为暗渠,至宏远路及 107 国道,受埔安河穿宏远路、埔安河穿 107 国道的箱涵卡口阻滞作用,洪水发生漫堤,最大淹没深度为 1.04 m;至埔安河汇入水南涌交界处,衔接处河道呈直角转弯形态,不利于洪水下泄,因此水南涌附近发生洪水漫堤现象,最大淹没深度为 1.3 m。

②凤凰水:凤凰水上游位于凤凰城内部,现状河道主要位于凤凰城内主干道两侧,过流断面狭窄且种满绿植,阻滞洪水下泄,在"5·22"暴雨过程中,河道完全满溢,凤凰城内部的主干道成为非常规溢洪道,淹没深度为 1 m。凤凰水穿广园快速路及铁路箱涵过流面积较小,阻滞洪水下泄,因此在广园快速路以北,凤凰城雕塑附近造成较大淹水,最大淹水深度为 1.2 m。凤凰水过广园快速路后汇流至水南涌,汇水处河道呈直角转弯形态,不利于洪水下泄,因此在附近发生漫堤。

③埔安河下游:埔安河及凤凰水汇入水南涌,水南涌形态为一条横河,埔安河流域洪水出口为温涌及金紫涌,两涌口各有一水闸控制,金紫涌口水闸水南闸,设备老旧且"5·22"暴雨时涨水过快,水南闸未能及时开闸泄水,后由水闸管理人员抢修后恢复开闸泄水功能。但是由于上游洪水过大,加之下游泄流不畅,洪水在水南涌完全外溢向南下泄,造成海伦堡小区附近大面积淹水。

3)"5·22"典型水文情势

(1)设计暴雨

①降雨过程

本次研究收集到南岗街道、禾叉窿水库、永和河"5·22"实测降雨过程数据(图 1.3-15),其中禾叉窿水库站位于永和河项目区西侧约 5 km,永和河站位于项目区东侧约 5 km,南岗街道站位于南岗河流域出口。降雨由凌晨 1:30 至上午 9:30,历时约 8 h,1 h、3 h、6 h 和总降雨量统计如表 1.3-13 所示。

表 1.3-13 "5.22"实测降雨统计表

历时	降雨量(mm)		
	禾叉窿水库	南岗街道	永和河
1 h	106	90	113
3 h	251	207	236
6 h	286.5	239	264.5
总降雨	291.5	244	266

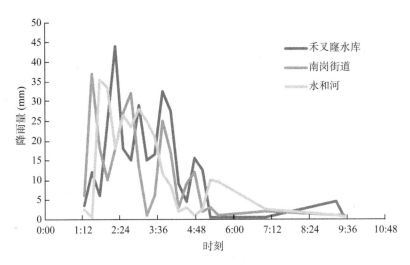

图 1.3-15　埔安河流域周围实测降雨过程图

②主要断面洪水过程

埔安河流域上游共有 4 座水库,其中,灿禾田、白鹤争虾、陈家林三座水库为自上而下的串联水库,采用广东省综合单位线法和水库调洪演算计算出各水库来水、下泄、区间等"5·22"暴雨流量过程见图 1.3-16 至图 1.3-19。

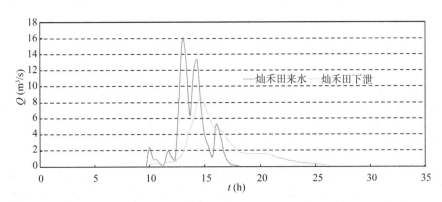

图 1.3-16　灿禾田水库"5·22"暴雨期间来水与下泄洪水过程

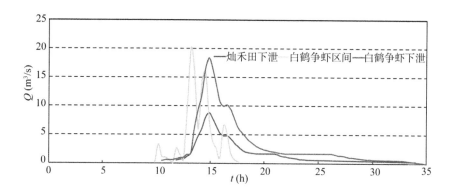

图 1.3-17　白鹤争虾水库"5·22"暴雨期间来水与下泄洪水过程

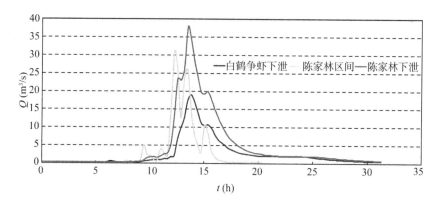

图 1.3-18　陈家林水库"5·22"暴雨期间来水与下泄洪水过程

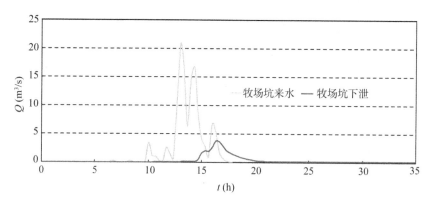

图 1.3-19　牧场坑水库"5·22"暴雨期间来水与下泄洪水过程

　　牧场坑、陈家林两座水库下泄,叠加区间洪水,得到陈家林箱涵入口断面"5·22"暴雨区间来水过程(图1.3-20)和翡翠绿洲入口以下区间来水过程(图1.3-21)。

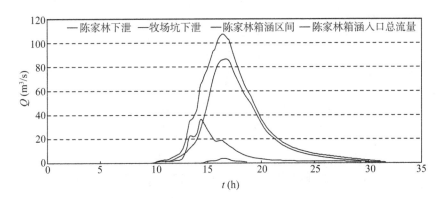

图1.3-20　陈家林箱涵入口处"5·22"暴雨期间来水流量

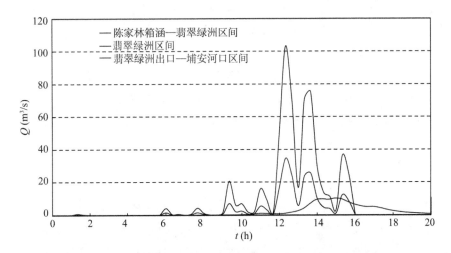

图1.3-21　翡翠绿洲入口以下区间"5·22"暴雨期间来水流量

（2）暴雨量级

　　埔安河流域实测"5·22"降雨过程与设计暴雨对比如图1.3-22所示,由图可知,埔安河流域"5·22"降雨1 h降雨量约为20年一遇,3 h降雨量约为100年一遇,6 h降雨量约为50年一遇。

（3）洪水量级

　　埔安河流域"5·22"降雨期间,流域上游灿禾田、白鹤争虾、陈家林、牧场坑水库来流洪峰分别为15.87 m³/s、23.56 m³/s、36.61 m³/s、20.80 m³/s,灿禾

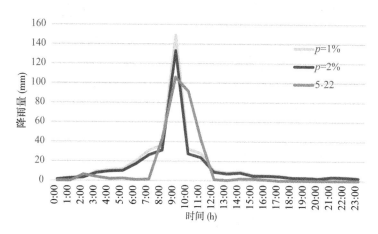

图 1.3-22　埔安河流域实测"5·22"降雨与设计暴雨对比图

田、牧场坑两座水库来水洪峰大致相当于 10~20 年一遇,白鹤争虾、陈家林两座水库来水洪峰均略大于 20 年一遇;翡翠绿洲上游陈家林箱涵入口来流洪峰 107 m³/s,略大于 100 年一遇洪峰 104.6 m³/s。

（4）外江潮位

根据埔安河流域出口附近的南岗河河口实测水位可知,5 月 22 日 1:00—9:00,东江北干流最高潮位 1.72 m,低于多年平均最高潮位 1.98 m。埔安河流域下游出口两岸地面高程基本在 3.5 m 以上,因此"5·22"暴雨期间,外江潮位对流域泄洪基本不造成顶托。

（5）灾害成因分析

①流域洪水超标准

埔安河流域堤防规划防洪标准为 20 年一遇,现状为 5~10 年一遇。根据埔安河流域附近禾叉窿水库雨量站实测降雨数据,"5·22"暴雨期间,最大 1 h 降雨为 106 mm,约为 20 年一遇;最大 3 h 降雨 251 mm,约为 100 年一遇;最大 6 h 降雨量为 286.5 mm,约为 50 年一遇。翡翠绿洲上游陈家林箱涵入口来流洪峰 107 m³/s,略大于 100 年一遇。

可见,"5·22"暴雨最大 3 h 强度达到 100 年一遇,翡翠绿洲上游河道洪水频率超过 100 年一遇,远超埔安河现状防洪排涝标准,属于超标准洪水,是造成本次"5·22"暴雨洪涝灾害的主要原因。

②下垫面硬化导致蓄滞能力不足

根据 2000—2020 年下垫面变化,流域范围内城镇建设与交通用地面积不断增加,而园林及耕地等面积逐渐减少。

a. 2000—2008 年,流域上游北方山脚平原区的大面积农田(其中包括部分淹没区域)建设为城镇,南部平原城镇密集。

b. 2008—2016 年,流域北边的林草地及农田逐步建设为城镇。

c. 2016—2020 年,淹没区域北边的建设面积进一步扩大。

综上,二十年间流域中上游的大量农田和林草地建设为城镇并仍在不断开发建设中,中上游土地的蓄水保水能力大幅下降,而流域下游的淹没区周边也在不断建设,城镇建设密集,地面硬化,径流系数增大。

③地势低洼易涝

流域上游北方多为山地,地势较高,水流自山地汇入河道,并随着地势降低往南方平原区汇集,最终汇入东江北干流。根据流域水系分布和流域地形,本次淹没区域位于流域中部翡翠绿洲及广园快速路以南部分。其中翡翠绿洲位于北部环形山区汇流必经出口,广园快速路以南部分区域为局部地势低洼区域,均极易受淹。

④城市开发建设缩窄河道行洪断面

根据现场调查,埔安河存在多处行洪卡口,局部河道淤积严重,造成行洪断面缩窄严重,行洪不畅。主要行洪卡口如下。

a. 埔安河翡翠绿洲内部箱涵卡口

埔安河进入翡翠绿洲社区内河宽约 6~12 m,河道在流经翡翠绿洲盈波轩南侧处下穿社区内部道路改成箱涵,该处道路箱涵净宽不足 3 m,箱涵与河道呈直角拐角,严重缩窄了河道断面,水流流路不畅。

b. 埔安河翡翠绿洲出口箱涵卡口

埔安河出翡翠绿洲南门处同样采用箱涵型式,其中 1♯ 主箱涵尺寸为 2×1.8 m×1.5 m(孔×宽×高),箱涵上游河宽约 10 m,下游河宽约 12 m,箱涵阻水严重,形成明显卡口。

c. 埔安河穿宏远路暗涵卡口及淤积

埔安河穿宏远路暗涵进口宽约 10 m,进口与上游河道呈 70°交角,暗涵长约 350 m,出口宽度约 12 m,暗涵内及出口淤积严重。

d. 埔安河穿 107 国道桥涵阻水,河道淤积

埔安河经 3 孔桥涵下穿 107 国道,桥涵入口处由块石形成高约 0.3 m 挡水堰,左侧第一孔桥涵淤积严重,桥涵下游拐弯处可见泥沙淤积,多因素作用造成行洪不畅。

e. 水南涌穿新塘大道西卡口

水南涌汇入埔安河转角处穿新塘大道西桥涵梁底高程偏低,造成水位壅高。

图 1.3-23　埔安河穿宏远路暗涵进口

图 1.3-24　107 国道处桥涵

图 1.3-25　水南涌穿新塘大道西桥涵

⑤防洪排涝体系存在"短板"

a. 上游水库大坝安全等级较低,未能发挥洪水调蓄作用

埔安河上游有灿禾田水库、白鹤争虾水库、陈家林水库、牧场坑水库 4 座小型水库,总库容为 100.22 万 m^3,理论上最大可蓄滞洪水约 100 万 m^3。

根据水库大坝安全鉴定成果,牧场坑水库、陈家林水库大坝为 3 类坝,白鹤争虾水库、灿禾田水库大坝为 2 类坝,坝体均存在结构安全隐患。洪水发生时,为了保证大坝的安全稳定运行,必须打开泄水涵管同步放水,不能对坝址以上天然来水进行有效调蓄以减轻下游河道的行洪压力。据现场调查,"5·22"暴雨洪水期间,4 座水库均处于敞泄状态,未能发挥洪水调蓄作用。

b. 下游水闸年久失修,无法及时开启排洪

流域下游金紫涌水南闸因建设年代较早,年久失修,存在老化、损坏现象。据调查了解,"5·22"暴雨洪水期间,上游来水过大,涨水过快,由于上、下游水位差大,造成闸门吊环螺栓被工作桥卡住,无法正常开启闸门。后经水闸管理人员设法将工作桥混凝土破损形成缺口,才将闸门开启。

1.3.2　深圳"9·7"暴雨

1.3.2.1　基本情况

2023 年,"9·7"暴雨发生后,珠江水利委员会珠江水利科学研究院(珠科院)立即组织专家组开展了"9·7"暴雨洪涝灾害调查分析工作,调查过程包括资料收集分析、现场踏勘走访等。

暴雨发生后的次日,即 9 月 8 日,在龙华区水务局、深圳市龙华排水有限公司等相关单位的工作人员配合下,珠科院专家组主要对龙华区内各河道超警戒水位段、漫堤段和各积水内涝点进行了调研,重点踏勘了观澜河支流樟坑径河、君子布河以及白花河漫堤较为严重段的现场情况,基本查明了本次的受灾情况以及成灾原因。

1.3.2.2　受灾情况

1)总体受灾情况

(1)积水点情况

本次暴雨期间,龙华区内积水深度达到 15 cm 以上且影响相对明显的积水点共计 46 个,其中大浪街道 6 个、福城街道 7 个、观湖街道 10 个、观澜街道 10 个、龙华街道 7 个、民治街道 6 个。最为严重的 3 个积水点分别为龙华大道

库坑天桥、民治大道万众城(民治大道绿景香颂段)和工业路壹城中心,最大淹没深度分别达到 1.1 m、1.0 m 和 0.8 m,积水面积均在 500 m² 以上;最大积水深度在 0.5 m 以上的积水点共有 16 个,以观湖街道、观澜街道和福城街道三个街道为主;部分积水点虽然积水深度不足 0.5 m,但淹没面积超过 1 000 m²,例如大浪南路与华悦路交会处和章阁路行政服务中心两个积水点。

(2) 河道漫堤点情况

本次暴雨期间,龙湖区观澜河流域各支流共出现了 16 处漫堤点,其中大浪街道 3 处,福城街道 2 处,观湖街道 3 处,观澜街道 5 处,龙华街道 2 处,民治街道 1 处。其中河道水位超警戒水位最长时间为 510 min,位于白花河美嘉美段,最短时间为 52 min,位于牛咀水东美大厦段;河道漫堤总淹没面积为 150 586 m²。

2) 各受灾点调查

(1) 积水点灾害情况调查

龙华区本次暴雨中积水深度达到 15 cm 以上且影响相对明显的积水点共计 46 个,大部分积水点退水时间超过 3 h;积水点中有 30 个为历史记录的积水点,16 个为新增积水点。根据现场调研,本次暴雨积水虽造成部分路段交通临时中断,但未造成人员伤亡和较为严重的经济损失。本次对淹没较为严重的龙华大道库坑天桥、民治大道万众城(民治大道绿景香颂段)和工业路壹城中心等内涝点进行了现场调查,发现积水成因主要为以下 3 个方面。

①局部地势低洼

地势低洼区域排水管渠上下游水流压力差通常较小,排水管容易产生淤积堵塞等,并且雨水容易在低洼区域聚集形成持续性积水。经调查,龙华区内福龙路人民路桥底、福龙路赣深铁路段(简上路至人民路段)、工业路转梅龙大道等积水点的主要成因在于局部地势低洼。

②区域排水能力有限

龙华区内有轨电车下围站、下围新村公交站、民治大道万众城(民治大道绿景香颂段)、库坑天桥等内涝点排水能力有限,在降雨强度较大时雨水来不及排放从而形成内涝灾害。以龙华大道库坑天桥为例,该内涝点汇水面积较大,东至库坑中心新村、库坑老围和库坑新围村,南至桂香路,西至梅观高速,北至凹背村、恒泰工业园前交通灯处,含梅观高速桂花路至桂月路段的汇水面积,总汇水面积约 60 hm²。同时,积水点附近现状排水渠存在过流瓶颈。上游雨水管网长度 1.5 km,雨水管管径 DN1200、断面约 2 000 mm×1 450 mm;下游至白花河雨水管网长度 1.4 km,管径 DN1800、断面 2 500 mm×1 930 mm 至

2 800 mm×3 500 mm。此外,库坑老围至排水渠下游末端,渠内有一根 DN400 截污管,也减少了排水渠过流断面。

③河道水位顶托甚至发生倒灌

本次调研发现绝大部分积水点距离河道较近,河道的水位顶托会造成排水管渠排水效率降低,无法顺畅排水。龙华区内科盛路、樟坑径河新田小学段、向西新村、工业路壹城中心等积水点受到下游河道水位顶托甚至倒灌作用较为明显。以工业路壹城中心为例,该积水点附近主要由 5 根暗渠排水,本次降雨导致上芬水河道水位快速上涨,暗渠几乎满流,对附近雨水管渠形成了顶托。同时,该积水点为周边区域高程低洼点,在上游雨水汇集和下游顶托的双重作用下,积水点淹没较为严重。

表 1.3-14　龙华区积水点统计表

序号	街道	积水点名称	积水深度(cm)	积水面积(m²)	积水时长(h)
1	观湖	有轨电车下围站	80	2 000	8.83
2	观湖	民心桥	50	1 000	7.50
3	观湖	有轨电车文澜站	30	1 000	6.00
4	观湖	下围新村公交站	50	1 000	7.47
5	观湖	松原厦家风馆	50	800	5.12
6	观湖	科盛路	50	500	3.00
7	观湖	观平路建材市场路口	30	500	2.00
8	观湖	大和村 190 号门前	60	1 000	1.95
9	观湖	樟坑径河新田小学段	20	800	0.93
10	观湖	向西新村	60	1 000	6.50
11	民治	民治大道万众城(民治大道绿景香颂段)	100	600	5.88
12	民治	福龙路赣深铁路段(简上路至人民路段)	30	600	5.02
13	民治	福龙路人民路桥底	50	500	5.63
14	民治	民丰路横岭四区段	30	300	6.70
15	民治	工业路转梅龙大道	30	80	2.53
16	民治	布龙路东行右转民治大道	15	150	0.50

序号	街道	积水点名称	积水深度(cm)	积水面积(m²)	积水时长(h)
17	龙华	龙观大道牛地铺公交站段	20	800	3.92
18	龙华	人民路华润万家	20	300	3.55
19	龙华	宝华路与山咀头路交会处	20	200	3.27
20	龙华	龙观大道油松加油站	20	300	3.00
21	龙华	和平路与东环一路交会处	20	600	2.77
22	龙华	大浪南路华联幼儿园	30	1 000	3.18
23	龙华	工业路壹城中心	50	1 000	2.45
24	大浪	三合村牌坊	15	800	0.42
25	大浪	华荣路机荷桥底	20	120	3.92
26	大浪	布龙路龙山加油站	15	800	2.83
27	大浪	新围街	40	150	2.92
28	大浪	大浪南路与华悦路交会处	35	5 000	2.15
29	大浪	罗泰路机荷高速桥底	40	100	3.03
30	福城	观澜大道竹村段	50	1 000	6.00
31	福城	章阁路行政服务中心	30	1 300	5.05
32	福城	宏发雅苑停车场	60	400	15.37
33	福城	华盛峰荟名庭一期	40	400	2.50
34	福城	小飞象港式茶餐厅	30	600	2.50
35	福城	章阁路塘前老村门口	20	200	4.70
36	福城	福民社区外经工业园	60	100	1.00
37	观澜	龙华大道库坑天桥	130	5 000	8.60
38	观澜	龙华大道桂香路口	30	400	7.00
39	观澜	泗黎路库坑中心村前	130	5 000	8.60
40	观澜	昌茂二路	40	200	0.23
41	观澜	民和路隧道口	15	80	2.17

序号	街道	积水点名称	积水深度(cm)	积水面积(m²)	积水时长(h)
42	观澜	库坑围仔老村	50	600	4.50
43	观澜	高尔夫球会内部路	20	225	3.25
44	观澜	万安堂	40	300	—
45	观澜	观澜街道办	40	400	—
46	观澜	桂花路庙溪段	15	100	—

（2）河道漫堤点灾害情况调查

根据现场调研，"9·7"暴雨造成龙华区观澜河流域发生多处严重洪涝灾害。本次现场调研，主要对龙华区内各河道超警戒水位段、漫堤段进行了调研，重点踏勘了观澜河支流樟坑径河、君子布河以及白花河漫堤较为严重段的现场情况。调研具体情况如下。

9月7日至8日期间，观澜河流域共28处河道出现超警戒水位的情况，超警戒水位时间最短的点位于龙华河石观工业区的桥涵入口，持续时间为26 min，最长的点位于白花河美嘉美段的左岸，持续时间为510 min。

28处河道超警戒水位点中，共有16处出现漫堤，其中樟坑径河、君子布河以及白花河三条支流的漫堤情况较为严重，因此现场调研了上述三条支流共7处漫堤点。

图1.3-26 樟坑径河民心桥段右岸漫溢段现场调研照片

图 1.3-27　樟坑径河观壹城河段左右岸漫溢段现场调研照片

图 1.3-28　樟坑径河丰南苑河道左右岸漫溢段现场调研照片

图 1.3-29　君子布河君新路河道左右岸漫溢段现场调研照片

图 1.3-30　君子布河德茂路河道左右岸漫溢段现场调研照片

图 1.3-31　白花河美嘉美工业区河道左右岸漫溢段现场调研照片

图 1.3-32　白花河竹山路河道左右岸漫溢段现场调研照片

1.3.2.3 "9·7"暴雨典型水文情势

1) 暴雨特征

(1) 暴雨过程

本次研究收集到民治雨量站、龙华雨量站以及樟坑径雨量站实测降雨过程资料,其中民治雨量站位于南部油松河流域,龙华雨量站位于中部龙华河流域,樟坑径雨量站位于北部樟坑径河流域。降雨由 9 月 7 日 17:00 持续到 9 月 8 日 17:00,各雨量站降雨过程如图 1.3-33 所示。

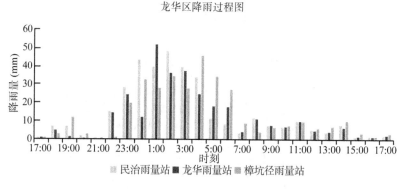

图 1.3-33 "9·7"暴雨实测降雨过程图

(2) 暴雨量级

表 1.3-15 "9·7"暴雨实测降雨统计表

历时	降雨量(mm)		
	民治雨量站	龙华雨量站	樟坑径雨量站
1 h	48.2	51.8	45.7
3 h	131.2	125.3	107.9
6 h	232.7	186.5	202.8
24 h	345.0	305.0	337.7

民治雨量站、龙华雨量站、樟坑径雨量站最大 1 h、3 h 降雨均不足 20 年一遇;民治雨量站最大 6 h 降雨大于 20 年一遇,龙华雨量站、樟坑径雨量站最大 6 h 降雨均不足 20 年一遇;民治雨量站、樟坑径雨量站最大 24 h 降雨为 20 年一遇,龙华雨量站不足 20 年一遇。

2）洪水量级

本次收集到白花河、大浪河、牛咀水、上芬水等多个河道的水位过程数据。根据实测河道水位及龙华区一维河道模型计算成果对本次暴雨下的洪水量级进行分析。

将典型河道断面水位过程和一维河道模型中计算的洪水位进行对比，经分析，龙华区内河道基本未超过 50 年一遇水面线，洪水量级接近 20 年一遇。以樟坑径河童心新田幼儿园水位监测站为例，2023 年 9 月 7 日 23：00—9 月 8 日 6：00 监测站最高水位 52.52 m，经龙华区一维河道模型计算得此段 50 年一遇水位约 53.34 m，20 年一遇水位约 52.63 m，因此洪水量级接近 20 年一遇。

综合各断面水位计算成果和实测结果，本次龙华区河道洪水量级约 20 年一遇，基本未超过河道设计标准，但由于部分河段未达标，造成君子布河君新路、君子布河德茂路、樟坑径河民心桥、樟坑径河观壹城、樟坑径河丰南苑、白花河美嘉美段、大浪河体育公园闸门、牛咀水东美大厦段等仍发生漫堤。

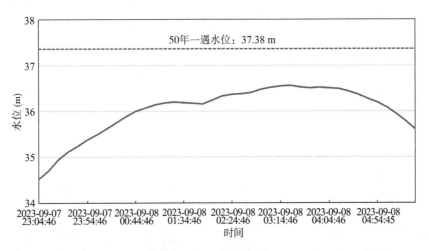

图 1.3-34　白花河泗黎路宏大家具有限公司水位监测站水位过程

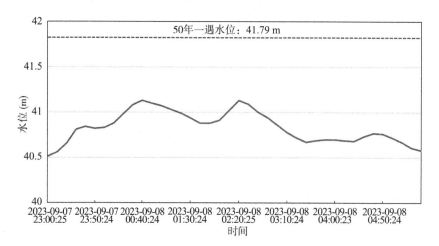

图 1.3-35 白花河章阁公园桥水位监测站水位过程

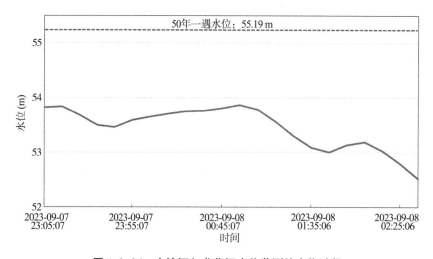

图 1.3-36 大浪河入龙华河水位监测站水位过程

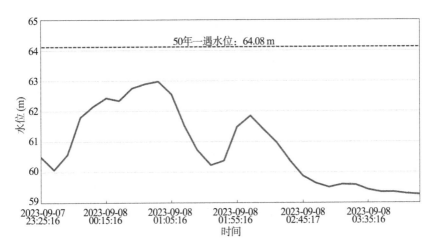

图1.3-37　牛咀水平安路南向南商业大厦水位监测站水位过程

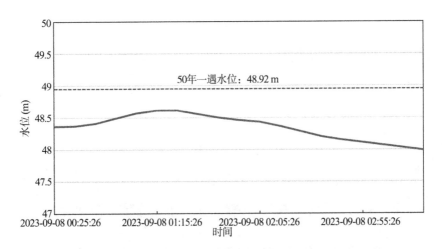

图1.3-38　上芬水东环一路维也纳酒店水位流量监测站水位过程

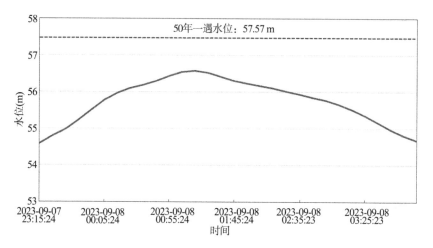

图 1.3-39 油松河海韵大厦右岸水位流量监测站水位过程

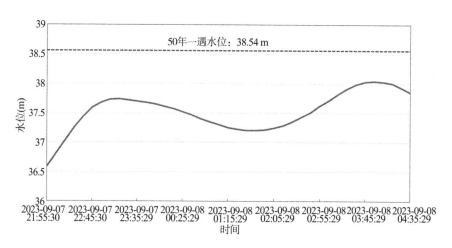

图 1.3-40 君子布河牛湖检查站旁水位流量监测站水位过程

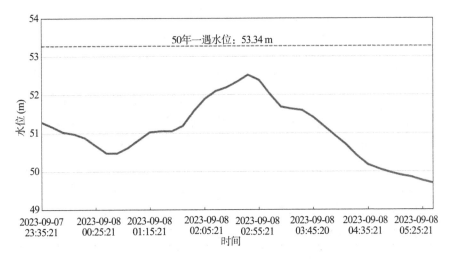

图 1.3-41 樟坑径河童心新田幼儿园水位监测站水位过程

3）水库调度

（1）水库调度情况

台风影响期间，龙华区 15 座小型水库中，除民乐水库无条件泄水外，其余 14 座小型水库近期已按照空库或低水位运行，黄色暴雨预警前及暴雨预警期间，已停止一切河道补水、水库泄水等调度工作。台风"海葵"影响期间，民乐水库出现超汛限水位情况；9 月 9 日暴雨预警解除后，龙华区水务局对水位上涨较快的 4 座水库（民治、大坑、石马径、大水坑水库）进行泄水，提前做好预防下次强降雨准备工作。

（2）水库泄洪（溢流）情况

台风"苏拉"影响期间，15 座小型水库运行工况正常，暴雨预警期间未进行泄洪，无溢流水库；9 月 7—8 日防汛Ⅱ级响应期间，除民乐水库超汛限水位外，其余 14 座水库均无溢流情况。

（3）除险加固度汛情况

龙华区有 14 座小型水库进行除险加固，分三期建设。目前除赖屋山水库已完工外，其余 13 座小型水库除险加固工程正在施工中。台风"苏拉""海葵"期间已对水库进行全面排查整改；对施工围挡采取防风加固、防止倾倒措施；对工地边坡及时进行彩条布覆盖等，做好防冲刷措施，防止暴雨冲刷后存在垮塌风险；严格执行停工、停电、覆盖、人员撤离等要求；同时水库均保证坝下底涵可以正常开闭，溢洪道畅通可以正常行洪，并严格服从水库放水调度。台风期间，各水库除险加固工程形势稳定，未出现异常状况。

1.3.2.4 成因分析

(1)区域降雨超标准

民治雨量站、龙华雨量站、樟坑径雨量站最大 1 h,3 h 降雨均不足 20 年一遇;民治雨量站最大 6 h 大于 20 年一遇,龙华雨量站、樟坑径雨量站最大 6 h 降雨均不足 20 年一遇;民治雨量站、樟坑径雨量站最大 24 h 降雨为 20 年一遇,龙华雨量站不足 20 年一遇。

(2)下垫面硬化导致径流系数增大

根据 2000—2020 年二十年间的下垫面变化,龙华区观澜河流域范围内城镇建设与交通用地面积不断增加,而园林及耕地等面积逐渐减少。大量农田和林草地建设为城镇,导致中上游土地的蓄水保水能力大幅下降,而流域下游的淹没区周边也在不断建设,城镇建设密集,地面硬化,径流系数增大。

(3)区域管网排水能力不足

龙华区现状建成区总面积约 112 km²,已建成市政雨水网长度约 1 313.21 km,管网密度为 11.73 km/km²。根据《龙华区市政系统综合详细规划》,对龙华区内 703 km 市政雨水管道的评估结果如下。雨水管网排水能力偏低,78% 的管网低于 3 年一遇暴雨重现期设计标准,达标长度为 154.66 km,达标率为 22%,达到 5 年一遇设计标准的管道长度为 63.27 km,占比为 9%。现状雨水管网排水能力统计情况见表 1.3-16。

表 1.3-16 现状雨水管网不同重现期排水能力评估占比表

评估管网总长度	满足 $P<1a$	满足 $1a \leqslant P<2a$	满足 $2a \leqslant P<3a$	满足 $3a \leqslant P<5a$	满足 $P \geqslant 5a$
703 km	63.27 km	253.08 km	231.99 km	91.39 km	63.27 km
	9%	36%	33%	13%	9%

注:P 为暴雨重现期。

本次暴雨的重现期为 10~20 年一遇,部分区域达到 20 年一遇,龙华区大部分管网远未达到 10~20 年一遇的标准,雨水管道排水能力有限导致内涝积水。

(4)城市开发建设导致河道行洪断面缩窄

根据现场调研,观澜河流域存在多处河道行洪断面缩窄导致过流能力不足的情况。

①樟坑径河观壹城段

樟坑径河观壹城段跨河桥梁阻水比较严重,观壹城至旭玫新村 87 号楼部分河段断面缩窄,导致过流能力不足。

②樟坑径河丰南苑段

樟坑径河丰南苑段河道暗渠为两孔,左孔(4 700 mm×2 300 mm)断头,流水接入旁边右孔(4 700 mm×2 300 mm)暗渠,河水过流断面收窄;同时该处下游存在河道管理范围内违章建筑,缩窄河道过流断面,阻碍河道行洪。

图 1.3-42　樟坑径河丰南苑段阻水建筑

③君子布河德茂路段

君子布河在德茂路桥上游河道断面由宽度 15.2 m 变为 7.5 m×2.4 m 桥涵加 2×DN2 000 分流管道,河道过流断面缩窄,阻碍河道行洪。

图 1.3-43　君子布河德茂路段河道

④白花河美嘉美段

白花河美嘉美段中桂月路桥涵阻水严重,河道断面缩窄,阻碍河道行洪。

图 1.3-44　白花河桂月路阻水桥涵

⑤樟坑径河民心桥段

樟坑径河民心桥处河道挡墙高于桥底,桥底高 2.4 m,河道挡墙高 3.5～3.7 m,河水过流断面在桥涵处收窄,且该处周边山体存在山水散排入城的现象。

图 1.3-45　樟坑径河民心桥段过流断面缩窄

图 1.3-46　樟坑径河民心桥段山水散排入城现象

（5）河道排涝标准未达标

根据现场调研，观澜河流域支流存在多处河道排涝标准未达标的情况，如两岸堤防高程不足、部分堤防挡水墙存在缺口或者跨河桥梁未设置挡水墙仅设置护栏导致洪水漫堤等。

①白花河美嘉美段

白花河美嘉美段河道左岸由于堤顶高程较低，不满足河道的排涝标准，导致河道左岸发生洪水漫堤。

图 1.3-47　白花河美嘉美段左岸堤防较低

②白花河竹山路段

白花河竹山路段河道两岸现状多为农田绿地，两岸堤顶高程较低，不满足河道的排涝标准，导致该处河道两岸发生洪水漫堤。

图 1.3-48　白花河竹山路段河道两岸堤防较低 1

图 1.3-49　白花河竹山路段河道两岸堤防较低 2

③君子布河君新路段

君子布河君新路洪阳百货跨河桥梁部分堤防段挡水墙存在缺口,且跨河桥梁未设置挡水墙仅设置护栏。

图 1.3-50　君子布河君新路桥梁护栏

图 1.3-51　君子布河君新路两岸护栏

图 1.3-52　君子布河君新路跨河桥梁

（6）河道对排水管渠的顶托作用较为明显

龙华区建成区占比大，部分河道需通过暗涵形式穿越城区，且部分桥梁阻水较为明显，形成了多个河道卡口。本次暴雨过程中，白花河、上芬水、油松河等河道水位上涨较快，河道水位较高且箱涵接近满流，造成局部区域排水不畅，形成了观平路建材市场路口、民治大道万众城（民治大道绿景香颂段）、工业路壹城中心等多个积水点。以民治大道万众城（民治大道绿景香颂段）为例，该段区域雨水直排油松河，本次暴雨过程中油松河水位已接近漫堤，在高水位下雨水管渠已无法正常排水，造成积水水深达 1.0 m，对交通安全造成了一定影响。

1.3.3　北京"7·31"暴雨

2023 年 7 月 29 日起，受台风"杜苏芮"残余环流与副热带高压、台风"卡努"水汽输送、地形综合作用等影响，北京市及周边地区出现灾害性特大暴雨天气。

7 月 29 日 20 时至 8 月 2 日 7 时，北京市平均降雨量达到 331 mm，83 h 内降雨是常年年均降雨量的 60%。门头沟区平均降雨 538.1 mm，房山区平均降雨 598.7 mm。全市最大降雨量出现在昌平的王家园水库，为 744.8 mm，该数据为北京地区有仪器测量记录 140 年以来排位第一的降雨量；最大小时降水强度出现在丰台千灵山 111.8 mm/h（31 日 10 时—11 时）；8 月 1 日，北京地区雨势明显减弱，台风影响接近尾声。8 月 2 日早晨，影响北京市的雷雨云团减弱并移出北京，北京市气象台 6 时 15 分解除雷电黄色预警，7 时 30 分解除暴雨黄色预警。随着永定河流域、北运河流域、大石河流域河道流量回落至洪水预警标准以下，市水文总站 8 月 1 日 9 时解除洪水红色预警。

门头沟流域属于山区小流域，水库和调蓄工程少，可不考虑水利工程调度对洪水过程的影响。本研究采用数字流域模型，通过输入 2023 年 7 月 27 日 20 时至 8 月 3 日 20 时的逐日降雨数据，快速模拟了门头沟小流域的洪水过程。数字流域模型通过内置的降雨时空处理模块，将日降雨量随机展布到每一个计算时段，从而满足洪水过程的模拟时间分辨率要求，具体处理时根据雨量站的空间坐标位置匹配当地的降雨雨型。数字流域模型的水文模块可以较为细致地描绘水文循环中的截留、蒸发、入渗、地表产流、壤中流及河道汇流等过程，模型参数较多，其中地表入渗速率、表层土水平渗透速率、表层土孔隙率、中层土孔隙率等参数对洪水过程模拟结果比较敏感。

2023 年 7 月 30 日，永定河上游的北京市斋堂水库提前进行了预泄，7 月 31 日洪峰形成后，北京市第一次动用了 1998 年建成的滞洪水库蓄洪，最大限度发挥蓄洪调峰作用。河道向下游控泄流量 700 m³/s,最大限度地减轻对下游地区的影响。2023 年 7 月 31 日 14 时 20 分起,怀柔水库通过西溢洪道开始泄洪,流量控制在 14 m³/s 以内,水位降至 58 m 汛限水位以下停止泄洪。怀柔水库下游南华大街石厂漫水桥段,于 7 月 31 日 18 时 30 分起采取交通管制措施,怀柔区应急局、公安分局等部门安排人员在现场应急值守、引导车辆,并设置防汛沙袋和硬隔离护栏。与此同时,怀柔区北台上水库、西水峪水库、沙峪口水库、大水峪水库也陆续进行泄洪,并根据上游来水及降雨情况适时调整泄洪流量,其余 11 座水库未超汛期水位。截至 8 月 1 日 10 时,东溢洪道下泄流量 100 m³/s,西溢洪道下泄流量 172 m³/s。根据防汛需要,8 月 1 日下午对怀柔水库开启大流量泄洪。2023 年 8 月 3 日 10 时,根据区水务防汛专项分指挥部调度命令,白河堡水库开始向下游河道泄洪,泄洪流量 30 m³/s,其中通过白河下泄流量为 25 m³/s,通过补水渠下泄流量为 3 m³/s,通过南干渠泄洪流量为 2 m³/s。为保证输水安全和沿线群众生命财产安全,泄洪期间,严禁无关人员进入泄洪区域。

图 1.3-53　北京"7·31"灾害情况

2023 年 7 月 31 日上午,灾害造成北京市交通运行监测调度中心连发多条"断路提示"。官方通报称,门头沟区 X022 双大路(龙门口村附近)K38＋500 处发生路面塌陷,造成道路半幅阻断。截至 8 月 4 日,在通向十渡的涞宝路上还有多处断路,如六渡桥和七渡桥在洪水中受损,部分桥墩和桥面被冲毁,桥台坍塌。2023 年 7 月 31 日,北京门头沟区了解到,包括王平镇、雁翅镇、妙峰山镇、斋堂镇、清水镇在内的 5 个镇手机通信中断,目前仅有应急卫星电话可联系,部分地区电力中断。截至 2023 年 8 月 1 日 12 时,房山全区约 6 万户停电,7 个乡镇 62 个村部分运营网络通信不畅。8 月 1 日下午,北京电信在房山区阎村、青龙湖、周口店等镇的信号已恢复正常,门头沟区龙泉镇、永定镇两镇的信号和网络传输业务也已恢复正常。截至 8 月 4 日 16 时,已恢复通信基站 742 处,所有失联村全部复联。除房山、门头沟和昌平三个区外,全市固定语音业务、公众上网业务、移动网络业务运行基本正常。

2023 年 8 月 9 日,北京市人民政府新闻办公室举行北京市防汛救灾工作情况新闻发布会。北京市委常委、市政府常务副市长夏林茂在北京市防汛救灾工作情况新闻发布会现场表示:此次洪涝灾害共造成近 129 万人受灾,房屋倒塌 5.9 万间,严重损坏的房屋达到了 14.7 万间,农作物受灾面积 22.5 万亩。

初步统计,门头沟区受灾人口约 31 万人,约占全区人口的 77％;房屋倒损 8 418 间、严重损坏 26 493 间;城乡道路、电力、供排水、通信等基础设施大量损毁;全区有 40 个村需要重建,例如大家熟悉的潭柘寺镇,有 47％的村全面受灾,王平镇 16 个村、4 个社区全部受灾,其中 11 个村需要重建。此次洪灾,给人民生命财产带来了极大的损失。

本次门头沟洪涝主要由极端强降雨导致,流域地形及支沟汇流结构助推了"峰峰叠加"效应,多种因素不利组合造成了这次特大灾害事件。基于 2023 年 7 月 27 日至 8 月 3 日降雨数据,应用数字流域模型模拟了门头沟流域出口断面洪水过程,洪峰流量与现场洪痕调查推算得到的峰值流量基本一致。本次门头沟 37 km² 的流域面积出现了 512.6 m³/s 的洪峰流量,十分罕见。在中昂时代广场西北跨河桥现场调查发现,其 3 孔桥涵的实际过流能力为 215.0～308.9 m³/s,远低于流域洪峰流量,因此出现了漫溢现象。调查还发现,位于其上游的龙门安全街桥和下游的新桥大街桥均出现桥栏杆被冲毁的现象,说明中昂时代广场西北跨河桥所处的河道过流能力不足以应对本次特大暴雨洪水,建议下一步灾害重建时全面复核北京门头沟、房山等城区山洪沟跨沟桥梁的设计过流能力,考虑极端暴雨洪涝风险,适当提高跨沟桥涵的过流能力,避免因洪水溢流蔓延造成严重损失。

　　截至 2023 年 7 月 30 日下午,本轮降雨中北京养护集团已处置突发事件 18 起,其中昌平区七星路、房山区顾八路等处积水 16 起,门头沟南雁路 (S219)等处塌方 2 起。正在清理中的道路 9 条,累计出动抢险人员 152 人次、机械 50 台套。截至 7 月 30 日 16 时,备勤人员共计 2 492 人、备勤机械设备 818 台(套)。提前布控点位 141 处,布控人员 702 人,布控设备 197 台(套)。截至 7 月 31 日 20 时,北京全市共接报 108 处积水信息,46 处已处置完毕。

　　2023 年 8 月 1 日清晨,陆军第 81 集团军某陆航旅全力投入抗洪救援任务,开展空投救援任务。清晨,4 架运输直升机搭载多名官兵紧急飞赴北京市门头沟沿河城火车站等地,执行受困列车救援物资空投和病员转运等任务,计划空投 1 900 份食品、900 件雨衣、700 张毯子等急需物资。

2

高密度城市暴雨洪涝灾害成因分析

2.1 气候因素

（1）超标准降雨是造成城市洪涝灾害的主要原因。近年来，国内城市暴雨强度大、历时短、范围集中的特点越发明显，我国城市遭遇超标准极端降雨的概率提高。例如2012年北京"7·21"暴雨最大24 h降雨量局部区域接近500年一遇；2021年郑州"7·20"暴雨最大1 h降雨量达到201.9 mm，突破我国陆地小时降雨量历史极值(198 mm)，郑州国家观测站最大日降量达624.1 mm，接近该站年平均降雨量641 mm，相当于一天下了将近一年的雨；2016年7月武汉最大4 h降雨量超过100年一遇；2020年广州"5·22"暴雨最大1 h和6 h降雨量均超过100年一遇；2023年深圳"9·7"暴雨最大6 h，12 h，24 h降雨量均超过200年一遇。

以大湾区为例，大湾区2010—2019年短历时强降雨（1 h降雨量＞20 mm）发生次数为102～205次，频次为10～20次/年；2004～2019年广州市超过管网排水能力强降雨（一年一遇标准，1 h降雨量＞54.4 mm）累计达39次，频次约为2.5次/年。

（2）城市热岛、雨岛效应进一步增加了极端降雨的强度和频次。以粤港澳大湾区为例，在城镇化后，大湾区暴雨中心同时受地理环境和城镇化影响，暴雨中心向高度城镇化地区转移，高度城镇化地区年平均暴雨频次增加52%。

我国气象上规定，24 h降水量为50 mm或以上的雨称为"暴雨"。以广州市为例，统计气象站1961—2019年暴雨日数。广州多年平均年暴雨日数为7.5 d，且整体呈上升趋势，增幅为0.57 d/10 a。对比广州市不同年代暴雨日数可以发现，进入21世纪后，年暴雨日数明显增多、平均年暴雨日数最大值出现在21世纪10年代，为10.1 d，超出平均年暴雨日数2.6 d(34.7%)，是20世纪70年代（最小值）的1.66倍。

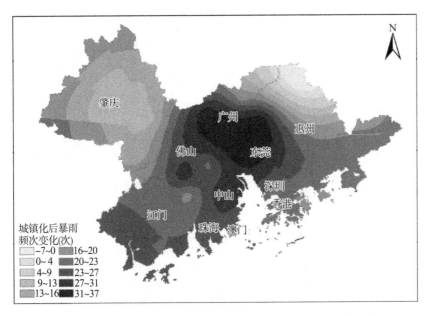

图 2.1-1　大湾区城镇化后暴雨频次变化(城镇化后—城镇化前)

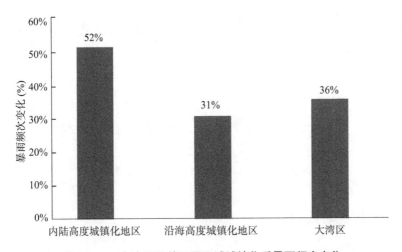

图 2.1-2　大湾区及其不同区域城镇化后暴雨频次变化

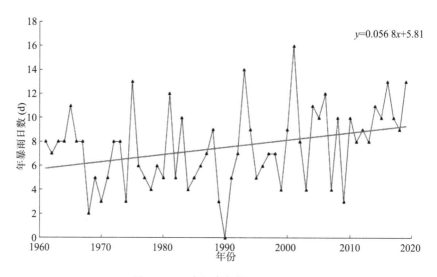

图 2.1-3 广州市年暴雨日数变化

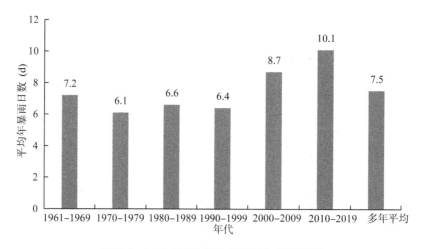

图 2.1-4 广州市不同年代平均年暴雨日数

2.2 人类活动因素

2.2.1 城市不透水面增加

城镇化快速扩张过程中,原有的农田、绿地、水系(池塘、河道、湖泊)等透水、蓄水性强的"天然调蓄池"被占用、填平,被不透水的"硬底化"水泥地面所取代。池塘、湖泊的占填降低了城市自然调蓄能力,城市"硬底化"更是使得雨水的下渗量和截流量下降,径流系数增加,从而改变了地面的水文物理性质和产汇流格局。

不透水面指由人类建造活动形成的沥青、混凝土、砂石、砖瓦、玻璃面,以及其他建材覆盖的土地覆盖类型,包括居民区、交通设施以及工矿等。以广州市为例,珠三角地区经济的快速崛起,加快了广州市的城镇化进程,而快速的城镇化使得广州市不透水面面积快速增长。从图 2.2-1 可知,广州市的不透水面由 1990 年的 474.79 km² 增加到 2020 年的 1 887.53 km²,约增加了 3 倍。

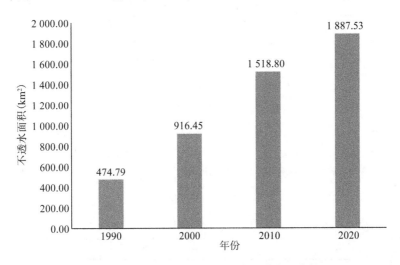

图 2.2-1　1990—2020 年广州市不透水面变化

选取广州市五个高度城镇化流域为研究对象,分析下垫面变化对城市暴雨洪水过程变化的影响。各流域面积为 7.31～73.71 km²,2019 年城市用地占比为 60.20%～95.00%,既有山地洪水区(如车陂涌上游),又有处于洪潮涝交织的平原城市区域(如猎德涌流域),具有较好的代表性,能合理反映高度城镇化流域下垫面变化的洪涝效应,流域基本情况见表 2.2-1。通过遥感分析,获取城镇化进程中不同阶段的流域下垫面变化情况,量化地表径流系数的空间分布,并采用城市洪涝水文水动力耦合模型,计算下垫面变化条件下流域出口断面设计流量,并分析洪峰和峰现时间的变化,从而揭示高度城镇化流域的洪涝效应。

表 2.2-1　流域基本情况

流域名称	流域面积（km²）	多年平均年降水量(mm)	1992 年城市用地占比	2019 年城市用地占比	现状排涝标准
猎德涌流域	15.82	1 597	24.00%	94.50%	20 年一遇
程界涌流域	7.31	1 597	20.00%	93.80%	10～20 年一遇
棠下涌流域	10.44	1 597	21.00%	94.40%	20 年一遇
车陂涌流域	73.71	1 597	14.00%	60.20%	10～20 年一遇
深涌流域	18.72	1 597	27.50%	95.00%	20 年一遇

　　分析了研究区内 3 h、24 h 洪峰流量变化和峰现时间变化,如表 2.2-2 至表 2.2-4 所示。以猎德涌流域为例,高度城镇化后,调蓄空间减少了 70.5%,硬化地表面积约增加了 3 倍,发生 20、50、100 年一遇暴雨时,流域出口 3 h 洪峰流量分别增加了 57%、44%、34%,24 h 洪峰流量分别增加了 22%、20%、18%,峰现时间分别提前了 0.43 h、0.41 h、0.40 h。从 5 个流域的整体情况看,城镇化后,流域 20～100 年一遇暴雨 3 h、24 h 洪峰流量分别平均增加了 42%、20%,峰现时间平均提前了 0.43 h,城镇化洪涝效应显著。

表 2.2-2　3 h 洪峰流量对比表(m³/s)

序号	流域名称	20 年一遇			50 年一遇			100 年一遇		
		1992 年	2019 年	差值(%)	1992 年	2019 年	差值(%)	1992 年	2019 年	差值(%)
1	猎德涌流域	115	181	57	147	211	44	174	234	34
2	程界涌流域	34	56	65	44	67	52	51	73	43
3	棠下涌流域	53	85	60	68	100	47	80	110	38
4	车陂涌流域	322	433	34	398	509	28	450	561	25
5	深涌流域	132	187	42	164	219	34	188	242	29

表 2.2-3　24 h 洪峰流量对比表(m³/s)

序号	流域名称	20 年一遇			50 年一遇			100 年一遇		
		1992 年	2019 年	差值(%)	1992 年	2019 年	差值(%)	1992 年	2019 年	差值(%)
1	猎德涌流域	158	193	22	189	226	20	213	251	18
2	程界涌流域	52	64	23	63	75	19	71	84	18
3	棠下涌流域	78	96	23	94	113	20	106	125	18

序号	流域名称	20年一遇			50年一遇			100年一遇		
		1992年	2019年	差值（%）	1992年	2019年	差值（%）	1992年	2019年	差值（%）
4	车陂涌流域	407	487	20	486	572	18	546	633	16
5	深涌流域	160	201	26	192	235	22	216	261	21

表 2.2-4　峰现时间对比表(h)

序号	名称	20年一遇	50年一遇	100年一遇
		1992—2019年	1992—2019年	1992—2019年
1	猎德涌流域	0.43	0.41	0.40
2	程界涌流域	0.24	0.23	0.22
3	棠下涌流域	0.28	0.24	0.22
4	车陂涌流域	0.87	0.82	0.80
5	深涌流域	0.44	0.42	0.41

广州市增城区翡翠绿洲、凤凰城片区属于埔安河流域，根据2000—2020年二十年间的下垫面对比，埔安河流域范围内城镇建设与交通用地面积不断增加，而园林草及耕地等面积逐渐减少。

翡翠绿洲、凤凰城区域大量农田和林草地建设为城镇，导致中上游土地的蓄水保水能力大幅下降，而流域下游的淹没区周边也在不断建设，城镇建设密集，地面硬化，径流系数增大，是该区域产生多个内涝点的重要原因。

2.2.2　城市自然调蓄能力下降

基于遥感技术提取了广州市2000—2020年长时序的30 m分辨率水体分布。由计算结果可知，随着城镇化的进行，2000—2020年广州市水面率整体呈现出减少的趋势，其中2000—2010年广州市水面率减少了1.40%，各行政区内的水面率都有一定程度降低，其中南沙区的水面率减少了6.13%，为广州市减少量最多的行政区，番禺区的水面率减少了2.90%，排在减少量第二，天河区水面率减少了0.10%，为广州市水面率减少量最少的行政区；2010—2020年广州市水面率减少了1.27%，南沙区的水面率减少量最多，高达6.53%，减少量排在第二的番禺区的水面率减少了3.74%，减少量最少的行政区为从化区，减少了0.10%。由此可见，广州市不同行政区的城镇化建设进程不同导致了水面率有不同程度的减少，导致了调蓄空间减少，增加了发生洪涝灾害的风险。

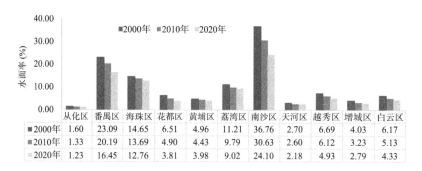

图 2.2-2 广州市各行政区水面率变化(2000 年—2010 年—2020 年)

	从化区	番禺区	海珠区	花都区	黄埔区	荔湾区	南沙区	天河区	越秀区	增城区	白云区
2000年	1.60	23.09	14.65	6.51	4.96	11.21	36.76	2.70	6.69	4.03	6.17
2010年	1.33	20.19	13.69	4.90	4.43	9.79	30.63	2.60	6.12	3.23	5.13
2020年	1.23	16.45	12.76	3.81	3.98	9.02	24.10	2.18	4.93	2.79	4.33

广州市黄埔区九龙大道知识城区域 3 个内涝点第一次上报积涝时间均为 2019 年,根据遥感影像发现该区域有多处水域被侵占,据统计结果,2015—2018 年新增被侵占的水域面积为 0.16 km²,该区域水面率降低,导致调蓄空间减少。侵占的水域大部分处于洼地,其原本具有较强的蓄水功能,被侵占后其蓄水功能大大降低甚至消失。另外,九龙大道的高程低于两边的陆地,其东北和西南方向是山区,降雨后地面积水易向九龙大道汇集,从而产生内涝。

2.2.3 城市汇水格局改变

城市开发建设过程中,一些城市道路的开发建设往往未充分考虑防洪排涝要求,人为地改变汇水格局,道路建设阻挡了天然状态的排水路线,造成涝水只能沿着道路汇集,导致道路的两旁成为内涝易发生区域,如图 2.2-3 所示。

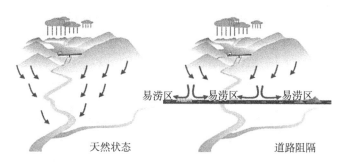

图 2.2-3 流域产汇流格局的影响示意图

由 2021 年卫星遥感影像及地形数据可以看出,G105 线建设前该区域的排水路线为东边的山区沿山坡流向山脚的河流,G105 线建设后,G105 线的高程高于道路两边,直接阻挡了原有的汇水通道,改变了汇水路径,形成了新的汇水路径,降雨后汇集的雨水被 G105 线阻挡,沿其汇集,导致在 G105 线 K2500＋400 处易发生内涝。

2.3　地形地貌因素

局部地势低洼地带洪涝风险高,城市的重要基础设施建设时应将洪涝风险作为选址建设的刚性约束,充分考虑周边地形及汇水格局,降低洪涝灾害风险。如确实无法改变选址,应对设计方案进行优化,降低洪涝风险。如黄埔区的金坑地铁站,该地铁站所在区域三面环山,位于局部低洼地带,降雨后地表集水将向该区域汇集,因此该站采用高架站的设计方式,可一定程度上降低洪涝风险。

官湖/新沙地铁站于 2020 年 5 月 22 日暴雨期间受灾严重。其中,官湖地铁站以上地面积水深度达 1.3 m,超过地铁站出口、应急通道及风亭顶面 0.8 m,造成洪水倒灌入站,官湖站至新沙站隧道被洪水灌满。这两处内涝点三面环山,周边地势较高,两处地铁站位于区域低洼地段,降雨后雨水向该区域附近汇集。位于地势低洼地带是导致该区域发生内涝的一个重要因素。

图 2.3-1　官湖及新沙地铁站内涝点

2.4　防御体系因素

2.4.1　局部市政排水能力偏低

大湾区大部分城市(除香港、澳门外)现有的排水管道中,绝大部分为 1 年一遇的设计标准,中心城区部分管网为 0.5 年一遇,甚至有些地区(如城中村)还没有排水管网,远低于发达国家普遍采用的 5~10 年一遇的设计标准,雨水管网的排水能力普遍较低。如广州市新建设城区排水管道仅按 3 年一遇排水标准设计,老中心城区主干管网达到2年一遇及以上标准的仅占59%。深圳新规划地区采用2年一遇的设计标准,低洼地区、易涝地区及重要地区采用3～5年一遇设计标准,下沉广场、立交桥、下穿通道及排水困难地区采用5～10年一遇设计标准。随着城市继续扩张以及城镇化影响,原本标准偏低的管网排水能力将被动进一步下降。

另外,在城市快速建设中,部分地区存在路面雨水口数量不足、布置形式不合理等问题;管网排水口标高设置不尽合理,导致河涌水位顶托排水管甚至出现倒灌的问题。老城区排水系统老化失修,淤积堵塞严重;道路垃圾引起的雨水口堵塞,导致路面积水无法及时汇入管网排水系统,这些不确定因素都进一步降低了城市排水能力。面对倾盆大雨,城市排水系统犹如使蚊负山,力不胜任。

2.4.2　城市河道行洪排涝能力不足

一是大湾区城市河道排涝标准偏低,大部分不足20年一遇,在大湾区极端降雨频发、超标准洪水屡现的情势下,城市河道行洪排涝能力明显不足。以广州市为例,至2020年全市大部分河道仍未达到规划要求的20年一遇排涝标准,许多尚未整治的内河水系未达到10年一遇的排涝标准,个别区域甚至未达到5年一遇排涝标准。广州"5·22"暴雨受淹的南岗河、温涌、官湖河三个流域,实测3 h降雨量达230 mm,超100年一遇,而三个流域现状排涝标准仅为10～20年一遇。降雨强度远超区域现状设防标准,导致河道漫堤、管道溢流,最终造成严重的城市洪涝灾害。

二是河道行洪排涝空间不够。在城市扩张过程中,不少河涌全部或部分河段被改建为暗涵,如广州的西濠涌、乐善涌等,深圳的布吉河、笔架山河等;城建过程中跨涌桥梁和管线、涌内桥墩及其他侵占河涌设施使得河涌行洪断面缩窄;有些河涌因为淤积而逐渐变窄甚至消失。据统计,珠三角九市2019年水面率为7.23%,其中广州为10.15%(除外江骨干河道外为5.6%),深圳仅为4.7%。城镇化改变了水面率与河涌水系结构,不利于区域排涝。

表 2.4-1 桥梁、水闸等阻水情况

序号	河道	桥梁名称	阻水比(%)	壅水高度(m)
1	丹山河	迎星西路桥	10.3	0.08
2		东环路桥	26.1	0.22
3		便桥	0	0
4		鸿禧华庭二桥	8	0.11
5		鸿禧华庭一桥	0	0
6		桥兴大道桥	9.4	0.07
7		富华西路人行桥	0	0
8		康乐路桥	5.2	0.04
9		繁华路桥	8.2	0.08
10		禹山大道桥	12.3	0.11
11		十三联水闸(涵洞)	—	0.26
12		北桥路桥	4	0.07
13		解放路桥	4.7	0.2
14		西城路桥	7.2	0.04
15		长堤西路桥	8	0.09
16	丹山分洪河	丹山分洪闸	—	0.26
17		康乐大街桥	14.8	0.16
18		西丽路桥	5.9	0.03
19		康乐路桥	4.7	0.04
20		繁华路桥	6.5	0.09
21		禹山大道桥	5	0.03
22		解放路桥	5.9	0.03
23		长堤西路桥	8	0.08
24		丹山挡潮闸	—	0.21
25	东沙涌	乐园路桥梁	31	0.35

3

国外内涝治理技术经验

3.1 内涝治理机制

在城市暴雨内涝治理领域，发达国家的研究起步较早，他们在理论研究、工程实践以及相关制度的建立和完善方面都取得了显著的成果。这些国家不仅在理论层面构建了多种研究模型，而且在实际的治理措施上也投入了大量的精力和资源。西方国家对于城市内涝灾害的治理策略，除了深入进行理论探讨之外，还特别注重将理论应用于实践，以期达到有效的防控效果。他们的内涝防控治理工作大体上可以划分为三个阶段，每个阶段都有其独特的治理机制和方法。

在第一阶段，主要是通过城市规划和基础设施建设来预防内涝的发生。这包括合理规划城市排水系统，确保雨水能够迅速排走，减少积水的可能性。同时，也会考虑到城市绿地和透水地面的建设，以增加雨水的自然渗透和吸收，从而降低地表径流量。

第二阶段的治理重点是提高城市排水系统的效率和应对极端天气的能力。这涉及对现有排水系统的升级改造，比如增加排水管网的容量、提升泵站的排水能力，以及引入智能排水管理系统，实时监控和调节排水设施的运行状态，确保在暴雨期间能够有效应对。

第三阶段则是应急响应和长期管理。在这一阶段，政府和相关部门会制定详细的应急预案，以应对突发的内涝事件。此外，还会通过立法和政策引导，推动社区参与和公众教育，提高居民对内涝灾害的认识和自我保护能力。同时，通过长期的监测和评估，不断优化治理策略，提高城市整体的抗涝能力。

发达国家在城市暴雨内涝治理方面已经形成了一套较为完善的理论体系和实践方法，从预防、应对到长期管理，每个阶段都有明确的目标和措施，共同构成了一个综合性的治理框架。

在城市内涝灾害治理的初期阶段，人们对于内涝问题的认识还比较浅显，往往采取的是直接而简单粗暴的快速排水方式。在这个阶段,治理者们普遍认为内涝积水问题主要是由城市中雨水过多而溢出造成的,因此他们认为只要利用地势的优势,将多余的雨水通过排水管道排向附近的河流,或者通过修建辅助设施来加速雨水的排出,就可以有效解决内涝问题。在这一阶段,治理内涝的主要手段是在有坡度或城市低洼积水地区铺设更多的排水管道,使其通向附近的河流,以便让城市内聚集的大量雨水能够迅速通过管道排出,从而防止内涝灾害的发生。在初期,这种方法在一定程度上取得了显著的效果,能够迅速缓解城市积水问题。

然而,随着城市化进程的不断推进,经济的快速发展带来了城市数量的大幅增加。如果上游城市在遭遇暴雨时采用快速排水的方法,将大量雨水直接排入河流,那么河流下游的水位就会相应升高,导致下游城市内的积水无法排出,同时增加了雨水倒灌的风险,从而使得内涝灾害的概率大大增加。此外,城市的快速发展也导致了下垫面的迅速硬化,雨水无法通过硬化后的地面自然下渗,在相同强度的降雨下会产生更多的地表径流,超过排水管道的承载能力。由此可见,单纯的快速排水方法在治理城市内涝方面是行不通的。

进入第二阶段,人们对内涝灾害的认知有了明显的进步,学者们开始明确指出快速排水法的弊端,并提出更加完善的内涝治理措施,即雨水的综合利用。这个阶段的治理机制主要是采用蓄滞水和渗透雨水的方式。蓄滞水就是通过各种自然和人为的蓄水装置,在降雨时收集和储存大量的雨水,再通过简单处理进行回收利用。虽然蓄滞水的方法不仅可以有效地减缓下游城市积水情况,还可以节约水资源,进行二次利用,但是该方法也有很大的弊端。一是在小范围内发生暴雨积水内涝的时候,其作用无法完全发挥;二是在城市大量修建或装设蓄滞水设备并不现实,成本也相对高昂。而渗透措施是让城市的地表雨水渗透到地下,减少地面的积水,这个方法需要用透水性强的地砖代替水泥等材料,提高地表的雨水自然渗透量。第二阶段的治理可以有效地减少积水量,预防内涝灾害的发生,同时还可以有效地解决地表积水的污染问题。

到了第三阶段,随着经济和科技的发展,人们在内涝灾害治理机制方面找到了更为先进、科学的应对方式。他们摒弃了单纯依靠快速排水的方法,开始采用"渗、蓄、滞、用、排"等综合治理措施,利用工程措施与非工程措施相互补充治理,并形成了城市内涝的治理对策与城市规划和自然生态景观相协调的新型城市内涝治理理念。其中,最佳管理措施(Best Management Practices,BMPs)、低影响开发(Low Impact Development,LID)、绿色雨水基础设施(Green Stormwater Infrastructure,GSI)、可持续城市排水系统(Sustainable

Urban Drainage Systems，SUDS)、水敏感城市设计(Water Sensitive Urban Design，WSUD)是应用比较广泛的几种理念。这些理念不仅关注雨水的排放问题，还强调雨水的收集、利用和渗透，以及与城市规划和自然生态景观的协调，从而实现城市内涝的有效治理和水资源的可持续利用。

本书分别针对以上几种内涝治理措施的机制进行简要阐述与分析。

3.1.1 最佳管理措施

最佳管理措施(Best Management Practices，BMPs)的概念最早是在1972年美国联邦水污染控制法及其后续修正案中提出的，它指的是在特定条件下，用作控制雨水径流量和改善雨水径流水质的技术、措施或工程设施的最有效方式。最初，BMPs的目的是为了控制水质污染，但随着时间的推移，其应用范围逐渐扩大，发展成为一种综合性的措施，旨在解决水量、水质和生态等问题。这种综合措施不仅包括工程性措施，如修建沉淀池、人工湿地、储水池等，还包括非工程性措施，如政策法规和污染源控制等。

在20世纪70年代中期，美国开始将BMPs应用于城市雨水系统；到了80年代，美国制定了相关的法律、法规和政策，以促进BMPs的实施。随后不久，BMPs即已被全面应用于城市雨水径流管理体系。传统的BMPs主要通过建立一套高效的雨水收集、利用和排放系统，控制污染物扩散途径并实行终端治理。这种做法主要强调的是工程类措施，同时也包括政策法规和污染源控制等非工程类措施，形成了一套行之有效的城市雨水径流管理体系，对减少暴雨径流和控制径流污染都有积极的作用。

然而，随着城市的发展，特别是对于大城市的高人口密度和有限的土地空间，传统的BMPs技术已经不能适应现代城市的需求。因此，第二代BMPs应运而生。第二代BMPs是一套高效、经济、符合生态学原理的径流源控制措施，它强调与自然条件和景观结合的生态设计和非工程性的各种管理方法，主要采用分散的、小型的雨水处理设施取代大型的处理设施。例如，美国环保局(Environmental Protection Agency，EPA)制定了大量的法律、法规和政策来促进和要求BMPs的实施，各州也积极立法对雨水的污染负荷及流量、流速等做出规定，以促进BMPs的实施。例如，俄勒冈州波特兰要求最大限度地设计渗透设施，西雅图和华盛顿要求最大限度地实施BMPs技术来控制峰值流量，伊利诺伊州芝加哥要求不透水性路面要减少15%，宾夕法尼亚州费城要求设计重现期至少为一年。

3.1.2　低影响开发

低影响开发(Low Impact Development,LID)体系是从基于微观尺度景观控制的 BMPs 措施发展而来的,由美国马里兰州环境资源署于 1990 年首次提出。与 BMPs 相比,LID 更注重于以分散式小规模措施对雨水径流进行源头控制,以减少开发导致的场地水文条件的改变和雨水径流对周边生态环境的影响。

LID 与传统雨水的末端管理方法不同,它是一种典型的源头管理措施。LID 通过入渗、过滤、蒸发等方式模拟自然水文条件,使得区域开发后的水文特性与开发前一致,进而实现减少径流量、降低径流污染负荷、保护受纳水体的目标。作为一种绿色雨水管理方法,其目标是通过模仿自然水文局部微尺度控制方法来实现水平衡。LID 技术的内在特点是增加城市表面,允许尽可能多的水流入地面,同时通过采取生物措施、化学吸附和过滤来提高水质。主要具有以下原则:①保护自然环境,模拟自然水文循环;②通过分散的本地化、小型化设施促进雨水入渗;③构建自然排水方式取代传统管道排水,补给河流和地下水;④公民参与,构建和谐宜居生态环境。美国佛罗里达州、宾夕法尼亚州等分别制定了雨水管理条例,促进 LID 的实施,并取得显著的效果。

与传统的城市雨水管理模式相比,LID 方案具有使径流回归自然水文循环的功能,包括减少径流入渗、减小峰值流量、延长滞后时间、减少污染物负荷、增加基流等。LID 技术可以是结构化的,也可以是非结构化的,其结构方法包括绿色屋顶、生物滞留池、透水铺装、渗水沟、洼地、缓冲带、雨桶、湿塘、雨水湿地、水平摊铺机、小涵洞和沙坑等多种措施;非结构的方法包括保护自然场地,利用原生植被和减少防渗层表面等。具体措施示例如下。

(1)下沉式绿地

下沉式绿地是一种特殊的雨水管理设施,它包括湿塘、渗透塘、雨水花园以及生物滞留设施等,这些设施通常设计得低于周围的地面,具备一定的容积以储蓄雨水资源。它们的表面覆盖着植被,不仅能够储蓄雨水,还能够通过植物和土壤的自然净化作用来净化径流雨水。下沉式绿地的深度设计需要综合考虑周围环境、植物种类以及地面的质地等因素,通常情况下,它们需要比周围的硬化地面低 10～30 cm,以确保植物能够适应一定的淹水条件,并且内部土壤需具有良好的渗透性。

与普通建筑设施周围的绿地相比,下沉式绿地由于其下凹的设计,能够有效地蓄积雨水,延长雨水与绿地接触和下渗的时间,从而提高雨水的自然净化效率。这种设计不仅有助于减少地表径流带来的污染,还能在洪涝频发的地区发挥重要作用,通过蓄积雨水来减少洪水流量,并推迟洪峰的出现时间,从而减轻洪水对城市排水系统的压力。

下沉式绿地可以灵活地设置在停车场、建筑物、道路等多种城市环境中。例如,在道路边设置下沉式绿地时,可以将绿化带设计得比道路低 10 到 20 cm。这样,在下雨时,道路表面的雨水径流会自然流入绿化带中,经过植被的调蓄和土壤的渗透,多余的水分会通过设置的溢流口进入排水管道,最终排入城市排水系统。这种设计不仅美化了城市景观,还提高了雨水的利用效率,减少了城市内涝的风险,是一种环境友好型的城市雨水管理策略。

(2)绿色屋顶

绿色屋顶,这一创新的建筑概念,将绿色植被巧妙地安置在建筑物的顶部,充分利用了屋顶空间以及自然界的阳光和雨水资源。这种设计通常涉及将植物或生长基质铺设在屋顶的防水层之上,因此它也被称为生态屋顶或屋顶花园(图 3.1-1)。绿色屋顶不仅提升了建筑物的外观美感,还具有调节屋顶温度和湿度的双重功能,有效缓解了城市热岛效应带来的负面影响。

绿色屋顶的构建,与下沉式绿地的设计理念相似,都充分利用了植物及其生长基底对雨水的吸收和储存能力,减少了雨水直接落到地面的量,从而减轻了城市雨水径流的压力,降低了雨水径流引发洪涝灾害的风险。实践证明,绿色屋顶的设置能够显著减少城市雨水径流量,在很大程度上减轻了城市洪涝灾害的威胁。

然而,在设计绿色屋顶时,必须综合考虑建筑屋顶的面积、承重能力以及安全性。除了追求美观性和植被的生态效益外,还必须确保植被及其生长基底能够牢固地固定在屋顶上,以应对强风和其他极端天气条件,避免发生危险。同时,整个屋顶系统的重量必须控制在建筑结构所能承受的安全范围内。

图 3.1-1 绿色屋顶示例

此外,植被的选择也是绿色屋顶设计中的关键环节。由于屋顶的土壤或基底条件通常不如耕地理想,因此需要选择适应性强的植物种类,如乡土树种、地被植物和小灌木等。同时,为了保护建筑结构的安全,应选择根系较浅、不会穿透楼顶结构的常绿植物。通过精心设计和合理选择植物种类,绿色屋顶不仅能够美化城市环境,还能为城市生态系统的可持续发展做出贡献。

(3) 透水铺装

透水铺装指将地面铺设的地砖、混凝土、沥青改为可以渗水的材质,表面是透水性地坪层,由透水地砖、混凝土、沥青铺设;中间是石灰岩、砂石、砂材质铺设的透水性路基层,以及过滤层;最底层是路床(图 3.1-2)。路面既满足居民的使用需求,又使雨水可以被透水层吸收流入地下,减轻小区排水网排水负担,提高排水效率,在发生暴雨的时候可以就地削减并分散处理地面径流,减少小区和城镇内涝的危害,又保持了路床土壤和草坪的生态优势,改善城市的热岛效应。一般设置在居住区车流较小的车道、人行道和停车场。

图 3.1-2　透水铺装示例

(4) 植草沟

植草沟是一种具有植被覆盖的地表沟渠,它不仅具备传统沟渠的基本功能,如收集、输送和排放雨水,而且还通过植被和土壤的自然作用,增强了雨水的渗透和过滤能力。这种沟渠系统通常与其他雨水管理系统相结合,例如与雨水管道、超标雨水径流排放系统相连,或者与一些下沉式绿地结构等设施相接。植草沟的设计旨在通过其植被和土壤层,促进雨水的自然渗透,减小地表径流的速度和量,同时在输送过程中去除雨水中的悬浮颗粒,从而达到净化雨水的目的。这种绿色基础设施不仅有助于改善城市水文循环,还能提升城市生态环境,为城市提供更多的绿色空间,增强城市的可持续性(图 3.1-3)。

图 3.1-3　植草沟示例

（5）雨水花园

雨水花园作为一种特殊的下沉式绿地形式,在众多实际案例中得到了广泛的应用(图 3.1-4)。它们通常被设计在房屋周围,通过人工挖掘形成较浅的绿

图 3.1-4　雨水花园示例

地空间。在降雨时,雨水会自然地汇聚到这些区域,形成一个微型生态系统,体现了海绵城市生态理念的核心。这个系统主要由植物和沙土构成,它们能够吸收并净化来自屋顶和地面的雨水。经过净化的雨水随后会渗透进土壤,并最终补充到地下水中,为周围的植被提供必要的水分,同时也为环卫用水提供了来源。通过这种方式,雨水花园能够有效地管理和利用雨水资源。

在住宅区的景观设计中,雨水花园通常被安置在地势较低的区域,例如小区道路旁或停车场旁边。这些位置的地势差不仅能够防止过往车辆和行人无意中破坏景观,而且还能自然形成雨水花园的边界。这样的设计不仅与周围的自然生态环境相协调,而且还能起到雨水净化和收集的作用,在一定程度上减轻了洪涝灾害的风险。雨水花园的这些特点和功能,使其成为城市和住宅区可持续发展的重要组成部分,有助于提升城市生态环境质量,同时也为居民提供了一个更加宜居的生活环境。

3.1.3　绿色雨水基础设施

绿色雨水基础设施(Green Stormwater Infrastructure,GSI)这一概念源自绿色基础设施的理念,并在城市雨洪管理与利用这一专业领域对其进行了具体化和深化。绿色雨水基础设施作为一种创新的雨水管理策略,不仅能够有效缓解城市面临的水文循环和水质污染问题,而且已经在全球众多城市中得到了广泛的应用和推广。传统的灰色基础设施主要依赖于通过迅速排除场地内的积水来降低径流峰值流量,并利用管道系统来减少洪水的发生,绿色雨水基础设施则更强调与自然环境的和谐共处,通过模仿自然过程来减少雨水径流,并借助自然或半自然的景观特征来改善水源的水质。

因此,绿色雨水基础设施在实施过程中能够尽可能地保留场地开发前的水文特性,或者在开发后最大限度地减少对城市水文循环的影响。这种做法不仅具有显著的环境效益,而且能够有效减少地表径流和峰值流量,通过自然或半自然的景观设计来提升雨水在源头的质量,从而降低城市内涝的风险以及由此带来的对城市基础设施的潜在破坏。此外,绿色基础设施还能够为城市居民提供更多的生态服务,如改善城市微气候、增加生物多样性、提供休闲娱乐空间等,从而提升城市居民的生活质量和城市的可持续发展能力。

3.1.4　可持续城市排水系统

可持续城市排水系统(Sustainable Urban Drainage Systems,SUDS)是英国针对传统排水体制产生的洪涝多发、污染严重和破坏环境等问题提出的,将仅以"排水"为核心的传统的排水系统上升至能维持市良性水循环的可持续排水系统。1999 年 5 月,英国更新国家可持续发展战略和 21 世纪议程,建立了 SUDS。到了 2000 年初则发布了一套指导文件,为苏格兰、北爱尔兰、英格兰和威尔士分别提供了类似但独立的设计手册,最终形成了权威的 SUDS 手册,以此来指导 SUDS 在英国的全面实施,且该指导手册同时考虑农村和城市土地使用的情况。

可持续排水系统的技术措施是在 BMPs 和 LID 的基础上发展而来的,也可以分为源头控制、中途控制和末端控制三种途径,以及工程性、非工程性两类措施,这些措施相互配合贯穿于整个雨水管理链,从源头扩展至较大的下游地区分级削减和控制雨水,且同时考虑雨水、污水与再生水的结合,以及景观潜力和生态价值的发挥。目前应用最广泛的 SUDS 技术包括过滤和渗透沟、透水表面、蓄水、洼地、集水、滞留盆地、湿地和池塘。设施可以是结构化的,主要采用固定的物理结构,如湿地、池塘和沼泽。而非结构性设施包括小型分散设施,如植被,以及利用知识和实践影响利益相关者的行为和态度的软措施,如培训和教育项目、政策和法律。在实践中,SUDS 通常结合结构化设施以及非结构化设施,以在不同的时间和空间上达到最佳效果。

图 3.1-5　SUDS 应用

这一时期学者们逐渐意识到水环境问题的解决,应从多目标综合治理的角度出发,而非单一目标地解决水质或水量问题。同时也提出"排水"并不是解决水问题的唯一出路,良性的城市水循环才是可持续治水途径。

SUDS 以自然水循环的方式管理地表径流,通过"管理链"设计,运用一系列技术手段,尽量控制和管理地表水流量,减少污染,主要体现在预防、源头控制、场地控制、区域控制 4 个方面。此外,利用"收集"、"过滤"、"转移"、"储存与减缓"4 个技术,更全面地模仿自然雨水循环模式。SUDS 的开发设计主要考虑以下 4 类控制目标:水力指标、水质指标、舒适性指标和生态指标。其中水力指标更偏向于防洪排涝安全,追求将一次降水过程产生的径流储存或排空,同时防止下游渠道河堤侵蚀,保证不引发其他受水河道的洪水风险。制定水质指标的目的是保护受水河道免受径流污染。除重点考虑上述洪涝控制指标和径流污染控制指标之外,SUDS 还重点将视觉美观、安全性以及生态效益融入了排水系统设计指标之中,前者充分考虑了池塘和湿地等对居民生命健康安全的影响(主要是疾病滋生、视觉美观等方面的影响),后者则通过采用原生种植、创建栖息地等方式,加强生物的多样性保护,更侧重于人与自然和谐相处。

目前,西欧国家相继开发了适用于本国的 SUDS 系统,分别应用于城市雨水规划、设计、施工和管理。SUDS 系统是个多层次、全过程的控制系统,将水的质量、水的流量和环境的舒适度综合考虑来解决雨水的排放问题,在设计中要求综合考虑土地利用、水质、水量、水资源保护、景观环境、生物多样性、社会经济因素等多方面问题,其主要宗旨是从可持续的角度处理城市的水质和水量问题,并体现城市水系的宜人性。SUDS 系统改变了传统雨水设计的快速排放方式,采取过滤式沉淀池、渗透路面等多种措施来调峰控污,可以应用于各种不同的地区,既可以应用于新建城区增加雨水的利用,也可以改造老城区扩展其饱和的排水系统容量。

3.1.5 水敏感城市设计

水敏感性城市设计(Water Sensitive Urban Design,WSUD)是澳大利亚对传统开发措施的改进,通过"城市规划和设计的整体分析方法"来减少城市开发对自然水循环的负面影响,同时保护水生态系统的健康。

WSUD 将城市设计与雨水管理相结合,为城市解决水问题提供整合管理的整体性、综合性解决方案,通过协调土地利用、循环与雨水系统之间的关系来提高城市的可持续性(图 3.1-6),主要包括五点理念:(1)保护自然系统;(2)协调雨水处理与景观营造;(3)保证水质;(4)减少径流和峰值流量;(5)减少城市发展成本的同时增加效益。WSUD 的指标主要体现在水质、水量、供水、设施、功能 5 个方面,其首要目标是水质控制、雨洪水量控制以及雨水再利用,对应的是水质、水量、供水这 3 个部分,其主要方法是通过将地表水管理和城市空间设计结合来实现降低洪峰流量、改善水质、废水再利用的目的。

除上述传统目标之外,WSUD的目标还包括改善微气候、美化城市以及提升环境效益,对应的是设施指标这一部分。此外,功能指标这一部分主要是评价项目运行的可持续性。

与BMPs和LID相比,WSUD更加全面。在保护和加强市区发展天然供水系统的基础上,将雨水处理设施融入景观,包括多个用途,使雨水项目的审美和休闲价值达到最佳,同时保证了城市排水质量。在雨水的处理上,采用本地截留措施及减少不透水地区,以减少城市雨水径流的峰值流量;在增加额外价值的同时,还减少排水基建的建设成本。WSUD提出的一系列措施,通过规划设计的实践,实现多目标管理,同时还改变传统的规划方法,开始考虑通过合理的规划方法来规避对城市水文过程的影响,而不仅仅改变城市的排水系统,并且强调重建水生态系统的健康,考虑其景观潜力与生态价值。

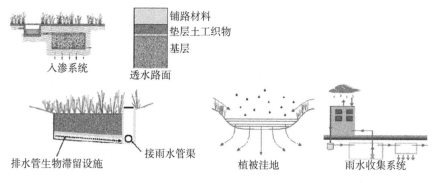

图3.1-6　WUSD技术示意图

3.1.6　机制理念总结

由上文可知,各种雨水控制方法作用和特征都十分显著,总结上述几种内涝治理措施如表3.1-1所示。

表3.1-1　国外典型雨洪管理体系的内容与比较

雨洪管理体系	核心内容
传统排水系统	快速排放、集中处理
BMPs	利用末端处理措施控制城市的非点源污染
LID	从源头控制雨水径流,削减雨水冲击负荷,降低径流污染浓度
GSI	利用一切自然、半自然和人工绿地,以更为生态的方式控制雨洪

雨洪管理体系	核心内容
SUDS	在源头、传输、末端都布置雨水处理措施,侧重于城市可持续性排水系统的规划与建设
WSUD	在城市设计中将雨水处理与景观设计结合起来提高视觉、文化、社会和生态的价值

3.2 内涝防治标准

发达国家在排水规划和基础设施建设方面进行了长期深入的研究,尤其重视城市内涝问题的治理。在这些国家,市政基础设施的财政资金中,有相当一部分被专门用于排水设施的建设,而且这些排水系统的建设标准非常严格。以美国为例,早期的城市雨洪管理主要集中在控制径流峰值上,但近年来,随着径流总量控制理念的逐渐普及,美国的许多州和地方政府在雨洪管理法规中也引入了径流总量控制的标准,并进一步将其细分为降雨入渗、面源污染、河道侵蚀控制等多个指标。

降雨入渗控制指标旨在解决不透水地面对于雨水径流的阻隔问题,从而影响地下水和河川基流的补充;面源污染控制则侧重于减轻城市发展过程中对河流、湖泊等水体的污染影响;河道侵蚀控制指标的目标在于保护河流、湖泊的水质以及沿岸的涉水建筑物,减少泥沙的运移。美国城市洪涝防护控制指标分为小量级洪水控制指标和极端洪水控制指标。小量级洪水控制指标是根据城市和下游洪水风险的评估来确定的,而极端洪水控制指标则是基于下游洪水风险的模拟结果来设定的。

例如,纽约市的排水系统设计重现期被设定为 10 至 15 年一遇,这意味着该系统能够应对每 10 至 15 年可能出现的最大降雨量。而法国巴黎的排水系统设计重现期为 5 年一遇,这个标准也高于我国目前的 3 至 5 年一遇的标准。这些高标准的排水系统设计不仅体现了发达国家在城市防洪减灾方面的先进理念,也反映了它们在城市规划和环境保护方面的长远考虑和较高投入。通过这些措施,发达国家的城市能够更有效地应对极端天气事件,减少内涝灾害的发生,保障城市居民的生命财产安全。

发达国家和地区的排水系统一般包括有小排水系统、大排水系统和防洪系统三套体系。小排水系统(minor system)功能与我国市政排水系统相似,但设计标准远高于我国,能保证城市功能在较高标准暴雨时正常实现,主要由排水沟、泵站、滞留池以及管道设施构成;大排水系统(major system)是应对超过小排水系统标准暴雨的排水系统,通常由"蓄"和"排"两大部分组成。"蓄"是指利用天然水体(河流湖泊)、大型调蓄池与深层隧道等系统调蓄积水,而"排"是指利用沟渠、道路、水泵等具有排水功能的设施及时排出蓄水设施中积存的雨水。

综合对比国内外管网和内涝系统的设计标准发现,国外的排水体系的设计标准都较国内更高。例如,美国的内涝设计标准是可以应对100年一遇或者程度更严重的内涝,管网设计标准分为城市排水支线和住宅区两种标准,分别可以应对50年一遇和10年一遇的暴雨;英国设计标准是可以应对30~100年一遇的内涝情况,管网设计也达到了应对30年一遇暴雨的标准;澳大利亚的内涝设计标准也是可以应对100年一遇或以上的内涝,高密度商业、工业区的管网设计标准达到20~50年一遇,居民住宅区设计标准达到10年一遇水平;但中国的内涝设计标准通常为20年一遇,不少地区的标准更低,仅为10年一遇,管网的设计标准一般为1~5年一遇,更有不少地区低于1年一遇(表3.2-1)。

表 3.2-1 国内外内涝和排水管网设计标准对比

国家	内涝设计标准	管网设计标准
美国	100年或高于100年	城市排水支线50年,一般住宅区10年
英国	30~100年	30年
澳大利亚	100年或高于100年	高密度商业、工业区20~50年,住宅区10年
中国	一般20年,不少地区10年	一般1~5年,不少地区低于1年

随着经济的快速发展,人们对于雨水系统的重要性有了更加深刻的认识,这不仅体现在对城市排水系统的规划、设计和管理提出了更高的要求,也体现在对城市防洪排涝能力的重视程度上。以日本东京为例,东京在2007年就制定了应对暴雨内涝的基本政策,旨在通过科学规划和技术创新,有效应对极端天气带来的挑战。东京提出,近期的目标是消除每小时50 mm降雨造成的大范围城市积水危害事件,并积极推进每小时降雨达到75 mm情况时新的应对政策方案的制定。而长远来看,东京预计在30年内完全消除每小时50 mm降雨造成的城市积水。

为了实现这些目标,东京针对内涝高风险地区,在现有雨水排水设施的基础上,增加了重点地区流域浅埋管网的铺设。同时,对于那些发生城市积水内涝危害影响较大的大规模地下街道等,东京制定了应对每小时降雨达到75 mm暴雨的应急方案措施。特别是对于积水高危区域,如地下购物中心等,东京对其排水设施进行了提升改造,使其能够应对强度超过每小时50 mm降雨的挑战。

自 2013 年发生积水事件后,东京在同年 12 月制定了应对暴雨的下水道紧急计划,以确保城市排水系统的应急响应能力。为了保障 2020 年东京奥运会和残奥会的顺利进行,东京特别划定了四个"每小时降雨量 75 mm 对策地区"、六个"每小时降雨量 50 mm 扩充对策地区"和六个"小规模紧急对策地区",并为这些区域制定了相应的对策。

到 2014 年,东京对其暴雨对策基本方针进行了修订,将原来 50 mm/h 的标准,提升至 75 mm/h(多摩地区为 65 mm/h),并将暴雨重现期从 3 年一遇提升至 20 年一遇。这一目标的提升,主要考虑了不同目标下提升标准所需的经济投入与可能受灾房屋修复所需资金的投入产出比,从经济的合理性出发,最终确定了 75 mm/h 的标准。

东京的综合治水对策根据区域范围大小或权责大小,将 75 mm/h 的降雨标准细分到流域、区域内部河流和排水系统,以及民宅和建筑,这有利于各个系统的排水能力提升和总体目标的达成。

在国内,学者们在 20 世纪 90 年代的中后期才开始对城市积涝进行系统研究。其中,谭术魁等通过对武汉市的积涝灾害及治理策略的探讨,认为暴雨频发、地势低洼以及暴雨强度超过了排水标准是导致城市内涝的主要原因。针对这种情况,国内并不能一味追求"一排了之",而是应该结合城市排水系统标准偏低和雨水利用系统缺乏的现状,致力于建立更加科学完善的城市水循环系统。

为了改变现状,国内学者提出了建立"渗、蓄、滞、用、排"五位一体的新型城市雨水处理系统,旨在留住大约 80% 的雨水。住房和城乡建设部对外印发了《海绵城市建设技术指南——低影响开发雨水系统构建(试行)》,规定了低影响开发雨水系统的径流总量控制目标,最佳为 80%~85%。并且,根据我国的实际情况,将全国大致分为五个区,给出了各区年径流总量控制率 α 的最低和最高限值,即 Ⅰ 区(85%≤α≤90%)、Ⅱ 区(80%≤α≤85%)、Ⅲ 区(75%≤α≤85%)、Ⅳ 区(70%≤α≤85%)、Ⅴ 区(60%≤α≤85%)。各地根据自身情况,因地制宜地确定本地区的径流总量控制目标,以实现城市水环境的可持续发展。

3.3 内涝防治措施

在国际上,发达国家对于城市暴雨内涝问题的研究和治理已经历了相当长的一段历程。这些国家在理论研究、工程实践以及相关政策制度的制定和实施方面,都积累了丰富的经验和显著的成果。他们不仅在传统的工程措施上进行了深入的探索和实践,如建设大型排水系统、提升泵站能力等,而且在新型计算机技术和大数据分析的推动下,研究方向开始转向非工程措施,例如建立数字化的灾害信息平台,强化内涝风险评估,完善暴雨监测预警系统,以及优化应急响应机制等。

这些国家认识到,要有效应对内涝灾害,不仅需要依靠传统的工程措施,还需要综合运用信息管理技术、融合非工程措施与工程措施,以实现对内涝全过程的高效响应。例如,通过建立全面的数字化灾害信息平台,可以实时监控降雨情况,预测可能发生的内涝风险,并及时发布预警信息,从而提高应对内涝灾害的效率和效果。

在具体的治理措施方面,各国根据自身的城市特点和地理环境,探索出了多种有效的治理策略,例如,BMPs(最佳管理措施)、LID(低影响开发)、SUDS(可持续城市排水系统)、WSUD(城市水敏感设计)、LIUDD(低影响城市设计与发展)和 DSI(分布式系统集成)等。这些措施在实际应用中展现出了各自的优势。

本节将以几个具有代表性的城市为例,结合相应的治理理念及治理措施,从源头减排、排水管渠、排涝除险以及非工程性措施等方面,对这些治理措施进行详细的阐述和分析。通过这些案例,我们可以看到不同城市如何根据自身条件,采取不同的策略来应对内涝问题,以及这些策略在实际操作中的效果和面临的挑战。这不仅为其他城市提供了宝贵的借鉴经验,也为未来城市内涝治理的研究和实践指明了方向。

3.3.1 纽约洪涝防治经验

纽约市,这座位于美国东北部纽约州东南部的城市,坐落在哈德逊河口,属于北温带气候区,其气候类型为温带大陆性气候。这里四季分明,夏季的平均气温大约为 23℃,而冬季则相对寒冷,平均气温约为 1℃。纽约市的降雨量相当充足,年均降水量达到 1 056.4 mm。这座城市占地 789 km²(陆地),拥有庞大的人口,总人口数超过 800 万,因此人口密度相对较高。纽约市的地理特征包括流经其境内的哈德逊河,这条河流穿过哈德逊河谷,最终汇入纽约湾。

由于纽约市拥有密集的海滨和广阔的沿海地形,因此该市极易受到洪涝和潮汐灾害的影响。为了应对这些自然灾害,纽约市的城市防洪标准设定为100 至 200 年一遇,内涝防治标准为 100 年一遇,而排水管网的排水标准则为10 至 15 年一遇。

美国在雨水综合利用方面起步较早,其城市雨水管理经历了三个主要阶段:排放管理、水质管理和生态管理。目前,美国主要采用的是一种分散、小规模的源头场地雨水收集、渗透去污和回收利用的管理模式,这种模式旨在减少暴雨径流量和洪水污染,从而实现生态管理阶段的"低影响开发"。作为美国的代表性城市,纽约市充分吸收了最佳管理措施(BMPs)和低影响开发(LID)等理念,在城市内涝治理方面拥有较为成熟和先进的措施。

在城市防洪排涝方面,纽约市采取了工程与非工程举措并重的手段。工程措施主要包括源头减排、混合下水道改造、建筑及基础设施的防洪设计等,而非工程措施则主要涉及内涝预警系统的建立、绿色基础设施计划的实施等。这些综合性的措施共同构成了纽约市应对洪涝灾害的坚实防线,确保了城市的安全和居民的生活质量。

1. 源头减排措施。主要包括生物滞留池(雨水花园)、渗透铺装、绿色屋顶、蓄水池等。通过截留、滞蓄和净化雨水径流,减少进入合流制管道系统的雨水量,从而延迟径流峰值的时间,降低管道系统及城市道路的负荷。

2. 排水管渠系统。纽约市的下水道系统主要分布在城市地下的深处,其深度大约在 30 ft① 到 200 ft 之间,整个网络的总长度惊人,超过了 10 600 km。这个庞大的地下网络不仅覆盖了城市的各个角落,而且在一些道路和绿地之间精心设计了特殊的水通道。在暴雨天气,这些通道能够有效地引导地表的径流进入绿地,这样不仅能够为绿地中的树木提供必要的水分,还能防止道路表面形成积水,从而保持交通的顺畅。

除此之外,纽约的许多社区在道路、停车场以及楼房周边的绿地中建设了露天低地或者排洪沟,这些设计是为了在雨水量大的时候能够迅速地将水排出,减少内涝的风险。同时,这些措施也增加了城市的绿化面积,提升了城市的生态环境质量。在立交桥的设计上,工程师们在桥两侧的护板上开设了多个直排雨水孔,这样在大雨来临时,能够及时地排掉桥面上的积水,避免积水在桥下低地汇集,影响交通。

在纽约市 70% 的地区,卫浴和工业废水以及雨水都被统一收集到同一个排水系统中,然后一起被输送到城市的污水处理站进行处理,最后才排入河流中。这样的设计既节约了资源,也减少了对环境的污染。对于排水系统的设计标准,小暴雨排水系统是按照 10 到 15 年一遇的标准来设计的,而对于一些特别重要的地区,如低洼地带和下凹桥区,排水系统的设计重现期则高达 50 年一遇,并且使用 100 年一遇的降雨量来校核。此外,通过一系列的政策和法律规定,纽约市还要求大暴雨排水系统必须能够应对 100 年一遇甚至更高的超标降

---

① 1 ft=0.304 8 m。

雨量,确保城市在极端天气下的安全和稳定。这些措施体现了纽约市在城市规划和基础设施建设方面的前瞻性和严谨性,为市民的生活提供了坚实的保障。

3. 建筑基础设施。纽约市对规划修正案及建筑设计施工规范进行了修订,旨在提升100年一遇洪水淹没区内建筑物的防洪能力,同时鼓励对现有建筑物进行改造。这些改造措施包括加固建筑物结构、提高建筑物首层地板高度、加固建筑物外墙以及改善其防潮和防水性能。此外,规划还要求将供电、通信等关键基础设施安置于较高地区,并为这些基础设施建设防洪墙,准备沙袋以防止洪水侵袭。

4. 非工程措施。洪水预警是构成美国防洪减灾非工程措施的关键部分。美国将国土划分为13个流域,每个流域均建立了洪水预警系统,以实现及时的洪水预报,其中最长的预报期限可达三个月。纽约市依托先进的专业技术与现代信息技术,构建了以地理信息系统(GIS)、遥感系统(RS)、全球卫星定位系统(GPS)为核心的分级洪水预警系统。此外,为促进绿色基础设施建设,纽约市提出了绿色基础设施计划(Green Infrastructure Program),该计划涵盖了对城市街道、人行道、公共及私人建筑等设施的更新改造与维护使用,通过补偿计划实施。纽约市每年发布绿色基础设施年报,对绿色基础设施的状况进行追踪和资产管理,统计并更新全市的不透水面情况,并制定下一年度的不透水面改造计划。在具体的绿色基础设施计划实施推进过程中,首先考虑在道路、绿地布局绿色基础设施的可能性,依据汇水区面积计算设施能力需求并进行设计;其次考虑在新建地块布局绿色基础设施的可能性,通过减免排水税等措施鼓励绿色基础设施的建设;最后考虑在已建地块改造、增设绿色基础设施的可能性,通过政府投资与减免排水税的双重方式推进设施建设。

3.3.2 伦敦洪涝防治经验

伦敦位于英格兰东南部,跨泰晤士河下游两岸,距河口 88 km,总面积 1 572 km²。地形以平原为主,较为平坦,地势较低,全市平均海拔约为 24 m。伦敦受北大西洋暖流和西风影响,属温带海洋性气候,空气湿润,多降雨,年平均降雨 600~800 mm,夏秋季尤多,易发生城市洪涝灾害。泰晤士河是伦敦重要的河流之一,泰晤士河水网较复杂,支流众多,使得洪涝灾害更为难以控制。

伦敦城市防洪标准为 50~200 年一遇,内涝防治标准为 30~100 年一遇,排水管网排水标准为 5~30 年一遇。

伦敦城市防洪排涝采取前期规划和后期风险评估并重的手段,并且辅以安全预警系统、绿色排水工程和其他先进技术来全面解决城市内涝。其工程措施主要包括可持续的排水系统、超级工程等措施，非工程主要措施主要包括构建城市内涝预防体系、完善暴雨预警机制等。

1. 排水管渠系统。以伦敦为中心，英国大力推动采用先进的可持续排水系统技术来管理地表和地下水，要求所有新开发和重新开发的地区都要认真考虑建设既能减少排水压力，又环保的可持续排水系统。例如，伦敦北部的卡姆登区采用了屋顶绿化、建设可渗水步道等可持续排水方式。当地居民在院子里植树种草，或者用细沙、石子或砖头铺地，较少采用硬邦邦的水泥地面，街道两边的人行道大多是方砖铺地，有利于雨水的渗透，减少地面水流量。市区排水系统标准视具体情况普遍按 5～30 年一遇标准建设，对于重要排水管渠则进一步提高了其设计标准。

2. 排涝除险措施。伦敦市政府授权成立的独立委员会建议实施一项名为"泰晤士河隧道"的超级排涝工程，该工程将沿泰晤士河贯穿伦敦东西，全长15 至 25 km，位于地下 67 m 深处。这一庞大的隧道系统将连接 34 个污染最严重的下水管道，旨在收集原本排入泰晤士河的污水进行处理，并在暴雨期间及时输送排水系统的洪水，以防止溢流造成城市内涝。经过多年的讨论，伦敦市政府最终决定启动这项预计耗资约 170 亿英镑的工程，一旦完工，将显著减轻城市防洪排涝的压力。

3. 非工程措施。包括进行科学规划，构建城市内涝预防体系，以及完善暴雨预警机制。伦敦政府严格把关城市建设规划以控制洪灾风险，特别是禁止在洪灾高危地区搞建设。社区和地方政府部门公布的规划政策声明要求，地方规划当局在其开发文件中要考虑洪灾风险及管理，规划程序各个层面都要进行洪灾风险评估，其中，开发商要对其开发项目进行相关评估。此外，伦敦已经建立起广泛的防洪排涝预警体系，在出现洪灾危险时，政府通过电话、手机短信、网站向人们发布警告，而且都是及时信息，几分钟之内就可以迅速传到市民手中。伦敦政府要求地方区县政府部门和地方当局建立强降雨预警制度，制定应对内涝方案等。英国还成立了洪水预报中心，该中心综合利用气象局的预报技术和环境署的水文模型，就强降雨可能引发地表水泛滥风险发布预警。

3.3.3　东京洪涝防治经验

东京大致位于日本列岛中心，地处关东平原南端，面向东京湾，面积2 194 km²，总人口 1 418 万（截至 2024 年 10 月），人口密度 0.65 万/km²。东京属于亚热带季风气候，中心部分年平均气温为 15.6℃。降水充沛，年均降水量1 400～1 600 mm，夏季受东南季风影响，降水较多。河流多有河道短小、比降较大的特征,在强降雨条件下产汇流速度快,河道水位迅速升高。受地理和气候的影响,东京常年遭受台风和强降水的袭击,面临着严重的内涝问题。

东京城市防洪标准为 100～200 年一遇,内涝防治标准为 40～150 年一遇,排水管网排水标准为 5～10 年一遇。

东京在降雨径流治理方面的工作主要侧重于"蓄""用""排"的联合应用,即建设城市泄洪系统和雨水地下储存系统,提高市政系统与建筑物地下储水设施的调蓄能力,并通过将储蓄雨水回用于浇灌和冲洗的方式,提升水资源利用的效率,达到城市节水的效果。其工程措施主要包括:雨洪调蓄设施、雨水管渠、环保型透水沥青马路、河道水系、东京市中心圈外围放水设施,非工程措施主要为内涝预警系统"Tokyo-Amesh"。

1. 源头减排措施。得益于健全的体系,东京其中一个源头治理措施是科学安排城市排水调度,建设环保型的透水沥青马路。东京设有降雨信息系统来预测和统计各种降雨数据,并进行各地的排水调度。利用统计结果,可以在一些容易浸水的地区采取特殊的处理措施。比如,东京江东区南沙地区就建立了雨水调整池,其中最大的一个池一次可以最多存储 2.5 万 m³ 的雨水。此外,东京的城市规划部门重视绿地、沙石地面的吸收雨水作用,尽量减少地面硬化面积。政府立法规定,道路等市政设施的建筑材料要有一定的透水性。在停车场、人行道等处铺设透水性路面或碎石路面,并建有渗水井,遇到降雨可以迅速将雨水渗透到地下。近年来,东京政府还把路面逐渐改变为环保的透水沥青。在一些公园的小广场、水池等设施下,还建有小型的蓄水池,容积通常为数千立方米,用于雨季存水。

2. 排水管渠系统。东京市区雨水排水管渠的设计标准为 5～10 年一遇,雨水管道、河道、调蓄设施等防涝设施能有效应对 60 mm/h 的降雨。大型地下商场等重要地下公共设施可应对 75 mm/h 暴雨。当发生 20 年一遇降雨时(局部 75 mm/h;多摩地区 65 mm/h),能确保城市的基本功能。超过 20 年一遇的降雨,须采取综合措施保障居民的生命安全。

3. 排涝除险设施。日本推行雨水贮留渗透计划,并修改了建筑法,要求大型建筑物和大型建筑群必须建设地下雨水储存和再利用系统。在该规划体系下,东京将雨洪调蓄设施的布置作为大型公共建筑设计与实施的必要组成部分,在城市中广泛利用公共场所,甚至住宅院落、地下室、地下隧洞等一切可利用的空间调蓄雨洪,防止发生城市内涝灾害,在城市中新开发土地,每公顷土地应设 500 m³ 的雨洪调蓄池。此外,东京市中心圈还修建有外廓放水设施。环东京外围排水系统埋深 50 m,全长 6.3 km,由五个巨大的圆柱形集水坑、直径约 10 m 的输水隧道及巨大的调压水槽组成,蓄水量达 67 万 m^3。暴雨时,能够有效收集、储纳雨水,极大减轻中川、绫濑川流域洪涝灾害,调洪减灾成效显著。

4. 非工程措施。东京建立了内涝预警系统"Tokyo-Amesh",利用雷达外推技术,对东京地区未来 2 小时内的降雨情况进行模拟预测。当城市突降暴雨时,民众可以通过电脑和手机随时了解险情,还可以通过小区配备的灾情警报系统,进行紧急疏散或避难。

3.3.4　新加坡洪涝防治经验

新加坡,这个位于东南亚的岛国,虽然国土面积仅为 735.2 km^2(2023 年),却拥有着 592 万(2023 年)的人口总数,人口密度相当高,是世界上人口最密集的国家之一。新加坡地处热带,气候炎热潮湿,年平均降雨量达到 2 345 mm,这使得新加坡成为一个雨水充沛的国家。每年的 11 月到次年的 1 月,是新加坡的雨季,此时降雨量尤为集中。

通过对新加坡 1980 年至 2010 年这 30 年间的数据进行分析,我们发现降雨事件的强度和持续时间都有所增加。这一变化对新加坡的城市排水系统提出了更高的要求。由于新加坡大部分土地已经被高度城市化,大量的土地被开发用于住宅、商业或工业用途,这对原本的自然排水系统产生了极大的影响。更令人担忧的是,新加坡有 30% 的区域海拔低于海平面 5 m,这使得这些区域在强降雨或风暴潮来临时极易发生内涝。

为了应对这一挑战,新加坡制定了相应的内涝设计标准。一般管渠、次要排水设施以及小河道的设计标准为 5 年一遇,这意味着这些排水系统能够应对每 5 年可能出现的一次较大降雨事件。而对于新加坡河等主要河道,设计标准则提高到 50～100 年一遇,以确保这些重要水道在极端天气下的安全。此外,对于机场、隧道等关键基础设施和区域,设计标准达到 50 年一遇,以保障这些重要设施的正常运行和安全。

在城市排水系统规划方面,新加坡公用事业局(PUB)提出了建立新一代排水系统的构想。这个新一代排水系统将采用"源头-路径-末端"的体系,通过源头控制、路径管理和末端处理相结合的方式,实现排水、阻水及储水的一体化,从而有效降低城市排水系统面临的风险。这一系统不仅能够提高排水效率,减少内涝发生的风险,还能够促进水资源的循环利用,为新加坡的可持续发展提供有力支持。

1. 源头减排措施。在新加坡,政府为了有效管理雨水径流,采用了多种低影响开发(LID)和水敏感城市设计(WSUD)的策略,这些策略主要应用于社区蓄水池、池塘、绿色屋顶、雨水花园以及透水路面等设施中。在新加坡的358个公园和开放空间中，政府利用了5 375 hm² 的土地进行径流的源头处理，其中2 588 hm² 专门用于路边绿地建设。这些措施不仅有助于减少城市径流对环境的影响，还能提高城市的生态质量、改善居民的生活环境。

特别值得一提的是，空中绿化在新加坡的城市发展中扮演着至关重要的角色。空中绿化主要包括绿色屋顶、垂直绿化和空中花园等多种形式。由于新加坡土地资源稀缺，空间有限，空中绿化成了一种创新的解决方案，它不仅能够美化城市景观，还能有效利用空间，提高城市的生态效益。目前，新加坡的空中绿化面积已经超过140万 m²。

通过这些措施，新加坡不仅提升了城市的美观度和生态价值，还提高了城市的可持续性，为居民提供了一个更加宜居的环境。这些绿色基础设施的建设，不仅有助于雨水的收集和利用，还能缓解城市热岛效应，提高生物多样性，为城市居民提供更多的休闲和娱乐空间。随着技术的进步和设计理念的创新，新加坡在空中绿化方面的实践将继续为全球其他城市提供宝贵的经验和启示。

2. 排水管渠系统。新加坡虽然国土面积不大，但却在水资源管理方面展现出了卓越的远见和高效的执行力。为了确保国家的水资源安全，新加坡建立了一套长达8 000 km 的先进排水系统。这套系统的主要功能是收集雨水，这些雨水经过收集后，会被输送到新加坡现有的17个水库中，以便进行后续的处理，最终转化为可供民众日常使用的饮用水。

新加坡采取了多种流域管理战略进行水资源管理。首先，在新加坡中部地区，政府建造了一系列蓄水池，这些蓄水池能够有效地收集来自该区域的雨水。其次，新加坡还从受保护的集水区收集雨水，这些区域通常位于国家的内陆，由于自然地形和植被的关系，雨水的质量得到了较好的保持。此外，新加坡还在海岸线附近开发了蓄水池，这些蓄水池不仅能够收集雨水，还能够防止海水倒灌，保护淡水资源不受污染。在高度城市化的住宅区，新加坡也建立了雨水收集池，这些收集池通常位于建筑物的屋顶或地下，能够收集屋顶和地面的雨水，减少城市径流，降低洪水风险。最后，新加坡还从无保护的集水区收集雨水，虽然这些区域的雨水质量可能不如其他区域，但通过先进的处理技术，这些雨水仍然可以被转化为安全的饮用水。

目前，新加坡大约三分之二的陆地表面被用作饮用水供应的集水区。这一比例在世界上是非常高的，使得新加坡成为少数几个能够如此大规模收集城市雨水的国家之一。这种集水区的广泛分布，不仅确保了新加坡的水资源供应，还为城市的可持续发展提供了坚实的基础。

由于这些高效的水资源管理措施,新加坡在经历了快速的城市化发展的同时,成功地减少了洪水易发区的面积。洪水易发区从 20 世纪 70 年代的 3 200 公顷,显著减少到 2010 年的 66 公顷,这一成就充分展示了新加坡在城市规划和水资源管理方面的卓越能力。通过持续的创新和投资,新加坡不仅保障了国家的水资源安全,还为全球其他面临类似挑战的城市提供了宝贵的经验和启示。

3. 排涝除险设施。为了确保关键基础设施能够抵御洪水的威胁,新加坡采取了一系列具体而有效的措施。首先,通过垫高道路表面,可以有效地促进雨水的快速汇流,减少积水的风险。其次,提升开发区的平台高度,可以确保即使在极端降雨情况下,地面也不会被洪水淹没。此外,增加地下室和地下设施顶部的高度,可以防止洪水倒灌,保护地下空间的安全。在新加坡,Kallang Riverside Park 的运河修复项目是一个典型的例子,该项目由 ABC Waters、PUB 以及国家公园委员会共同合作实施。通过应用土壤生物工程技术和天然材料,原本 2.7 km 长的混凝土渠道被改造成了一个具有强大排水能力的生态河流。这一改造不仅提升了河流的生态价值,还增强了其防洪能力。

然而,河流修复项目通常比水源修复项目成本更高,需要更多的专业技术支持。因此,这种做法可能并不适用于所有沿海城市,尤其是在资源有限的发展中国家。除了泄洪河道和人行道下的排水沟、车行道的独立排水系统外,新加坡还特别重视建筑物的雨水排放系统。在住宅区内,楼房的底层被设计成架空结构,建筑周围设有明沟,屋顶的雨水通过雨水管道直接排入明沟,然后流入地下排水管线。这种设计的好处在于,一方面,建筑物屋顶的雨水通过明沟直接进入地下,减少了地面积水的可能性;另一方面,明沟有效地阻止了地面积水向建筑物内部的涌入,同时可作为场地雨水排放的通道。

总的来说,新加坡采取了一种分区域、独立排水的方式,将不同位置的雨水直接排入地下管网,最大限度地减少了地面水的汇集,避免了因排水管道过窄而导致的排水不畅问题。即便在明沟排水受阻的情况下,积水也可以通过人行道和车行道的排水口进入地下管网。最终,地下管网中的水汇入泄洪河道,再流入大海,形成一个完整的防洪排水体系。

4. 非工程性措施。为应对强降雨引发的城市内涝风险,相关部门针对主要沟渠、河道及积水风险较高的区域,部署了 201 个水位传感器进行实时监测。这些传感器能够提供实时水位数据,以反映强降雨期间的现场状况,并据此发布相应的预警信息。新加坡市民可以根据个人需求,查询水位监测点的实时水位信息以及重要交通节点的实时路况信息。

3.3.5 巴黎洪涝防治经验

巴黎是欧洲大陆规模最大的城市之一,其海拔相对较低,地形呈盆地状,年均降雨量超 600 mm,属海洋性气候。小巴黎的面积为 105.4 km²,人口约 224 万;大巴黎都会区的面积大约为 12 000 km²,都会区人口约为 1 100 万。巴黎遵循欧盟 EN752 排水设计规范,该规范要求城市排涝系统在遭遇 50 年一遇的降雨情况下,仍需确保排水管道中的雨水不会溢出地面。得益于庞大且完善的城市下水道排水系统,以及对自然灾害预防和应急管理的重视,巴黎建立了风险预警系统,有效减轻了洪涝灾害的潜在威胁。

1. 排水管渠系统。在大巴黎都会区,居住着超过一千万的人口,该区域的地下水处理系统是一个庞大的工程,其管道网络的总长度达到了令人瞩目的 2 400 km,相当于从法国的巴黎延伸至土耳其的伊斯坦布尔的距离。在这个庞大的系统中,污水处理管道占据了 1 425 km 的长度,它们是保障该地区环境健康的重要组成部分。该网络不仅包括了污水处理管道,还涵盖了污水干管、溢洪道、排水沟渠以及用于疏通的管道等,其规模之大、程度之复杂甚至超过了巴黎四通八达的地铁。

巴黎的下水道系统位于地面以下 50 m 的深处,形成了一个错综复杂的排水网络。根据沟渠的大小,巴黎的下水道可以分为三种类型:小下水道、中下水道和排水渠。排水渠特别宽敞,中间是宽约 3 m 的排水道,两侧则是宽约 1 m 的便道,供检修人员通行。在下水道的下部流动的是废水,而在上部则排列着各种粗细不同的管道,这些管道不仅包括了饮用水和非饮用水的输送管道,甚至还包括了通信设施的管道。

尽管这样的市政工程在初期需要较大的投资,但从长远来看,它能够节省大量的劳动力和物资资源。因为任何一处管线发生泄漏、电缆发生短路或其他故障时,维修工人都可以直接进入地下进行维修工作,而无需挖开地面、切断交通后再进行处理,这样不仅提高了维修效率,也减少了对市民日常生活的影响。

2. 非工程措施。第一,进行风险预防规划。风险预防规划(PPR)是法国自然灾害风险管理的重要组成部分,目的是通过规划手段,降低自然灾害造成的损失。法国风险预防规划是划定区域的风险级别,给予无风险地区优先发展权,对有风险地区提出城镇规划、建设和管理方面的建议和指导。第二,各省设立重大风险预警系统。法国法律还规定各省需设立重大风险省政府文件记录,目的在于明确所在省份的重要自然和人为风险并对此做出防护措施。巴黎大区下属的上塞纳省是塞纳河流入巴黎的必经之路,该省详尽发布了各类水灾风险和应对措施。文件记录指出,鉴于巴黎大区塞纳河流经区域地形平缓,若有水灾发生,市民可以在 48 小时到 72 小时内得到预警。预警分绿、黄、橙、红色四级。当出现橙、红色警报后,省政府将通知警察、宪兵等相关机构,并向所属市镇的市长发送警报讯息,市长负责向当地居民发布警报讯息。同时,巴黎市消防大队也发布警报并告知有关的救护中心,为水灾特备的洪灾救助小艇等特别救助设备开始在受到水灾威胁地区部署。

4

高密度城市暴雨洪涝治理理论

4.1 高密度城市洪涝治理新目标

在传统的洪涝治理模式中,主要采取的是对抗性防御策略,这种模式下,防御压力主要集中在管道和河网等排水设施上。然而,这种排涝体系往往缺乏足够的韧性,一旦遭遇超标准的降雨,就可能造成巨大的损失和影响。与这种传统的对抗性防御模式不同,洪涝韧性防治强调的是城市系统在面对洪涝灾害时,能够有效地规避、缓解以及应对灾害的冲击,并确保城市的主要功能在灾害发生后仍能保持正常运作,不受明显影响。

在城市洪涝灾害的防治中,任何防洪排涝体系都有其设计标准,但是极端超标准的暴雨所带来的灾害往往是难以完全避免的。因此,洪涝灾害的根治并非易事,这就要求城市在暴雨洪涝的防治上采用新的治理理念,实现三大目标:首先是防御体系的韧性,其次是基础设施的韧性,最后是极端暴雨造成的损失最小化。这样的转变意味着城市洪涝治理需要从传统的对抗性防御向韧性治理模式转变。

城市洪涝韧性防御主要体现在两个方面。首先,提升城市防洪排涝工程体系的防御韧性,避免在超标准暴雨洪水面前仅仅依赖堤防的对抗性脆性防御。其次,提高城市重大基础设施在洪涝灾害面前的防御能力和韧性。这需要从城市规划阶段就开始落实"源头"洪涝安全管控,确保重要基础设施的设防标准不低于城市洪涝设防标准,并制定相应的独立应急预案。

构建一个高标准、有韧性的高质量防御体系,是实现极端暴雨损失最小化这一终极目标的关键。这样的体系不仅能够在洪涝灾害发生时有效地保护城市的安全,还能在灾害过后迅速恢复城市的正常运作,减少灾害带来的长期影响。通过这样的转变,城市将能够更好地适应气候变化带来的挑战,提高整体的抗灾能力,保障居民的生命财产安全。

4.2　城市暴雨洪涝防治流域系统整体观

4.2.1　"流域树"结构

城市防洪防涝系统中城市海绵（包括透水铺装、绿色屋顶、下凹式绿地等）、市政排水系统（包括雨水管道、管渠、雨水泵站等）与水利排涝系统（包括河道、湖泊、水库、水闸等）三部分，可概化为由"地—管—河"组成的"流域树"结构，其中，城市河网构成树干和枝杈，排水区为树叶（地面、城市海绵、地下排水管网）。

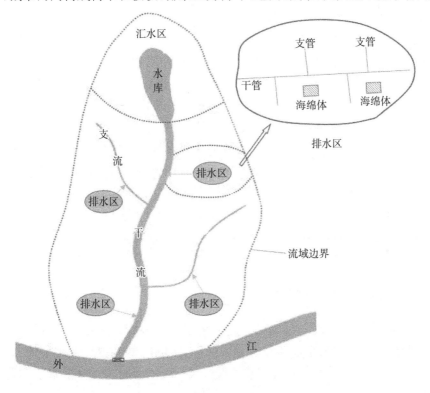

图 4.2-1　"流域树"结构示意图

4.2.2　洪涝同源

"流域树"是一个有机的整体，城市洪涝过程实质是降到地面的雨水按"水往低处流"的特性在"流域树"中运动的过程。从纵向看，城市河网上、中、下游，干支流相互联系，上游流量大，则下游水位高，下游水位高又会顶托上游来水。从横向看，"地—管—河"相互耦合，地面排水快，管网流量大；管网水流慢，地面就会积水;管网排水快,则河道下游水位高;河道水位高,又会顶托管网排水,甚至漫过堤顶造成水淹。"流域树"的纵向来水和横向来水相互交汇、相互影响、相互转移、相生相伴,洪涝同源。例如,粤港澳大湾区环山面海,地势北高南低,山洪容易进城,洪涝交织问题突出。

4.2.3 洪涝共治

城市洪涝过程的流域整体性决定了城市暴雨洪涝治理必须以流域为单元,而不是刻板地按行政区划界定洪涝边界;城市洪涝过程的系统性决定了城市排水和水利排涝规划设计必须充分考虑两个系统的衔接,保证工程规模的协调。城市内涝防御能力是指在相应频率设计暴雨下,城市海绵、市政排水系统和水利排涝系统整体设防、综合协调作用下的合力。城市暴雨洪涝防御必须树立整体设防、系统达标的理念。以广州某小流域洪涝治理为例,流域城市内涝防治标准要从现状 20 年一遇提升到 100 年一遇,意味着河口断面设计流量将从 181 m^3/s 增加到 234 m^3/s,在河道拓宽、堤防加高受限的条件下,如何消减增加的 53 m^3/s 峰量就是治理关键。假如通过水库、蓄滞洪区的极限挖潜能力(如降低水库溢洪道高程、加设闸门进行控泄)只能削减 30 m^3/s,剩余 23 m^3/s 峰量缺口,则要求市政建设若干分布式调蓄设施,通过精细控制错峰解决。因此,城市暴雨洪涝治理要树立流域治理和洪涝共治的系统整体观,即统筹城市海绵、市政排水系统和水利排涝系统三大要素,从流域尺度加强"流域树"建设。

4.3 防御工程体系规划设计新技术

在那些经历了快速城市化进程的区域,提升城市洪涝防治标准已经成为一个涉及整个流域、具有全局性和系统性的重要问题。由于受到土地使用、经济发展和城市景观等多种因素的严重限制,要在高密度城市中显著提高洪涝防御能力,仅仅依靠单一的、局部的工程项目是远远不够的。传统的城市洪涝分治模式存在诸多不足,例如无法有效应对复杂多变的水文气象条件,以及难以实现城市排水系统的长期可持续发展等。

针对这些问题,陈文龙提出了一种创新的规划设计方法,即"统一目标、统一规划、多维共治、系统优化"的高密度城市暴雨洪涝治理策略。这种方法强调了流域系统整体性的理念,即认识到洪涝灾害的源头是相同的,因此需要从整个流域的角度出发,进行统一的目标设定和规划布局。通过多维度的综合治理,包括工程措施与非工程措施的有机结合,以及对现有城市排水系统的优化升级,可以更有效地提升城市对暴雨洪涝的应对能力。

具体来说,这种方法主张在城市规划和建设中,不仅要考虑传统的防洪工程,如堤坝、泵站和排水管道的建设,还要考虑到城市绿地、湿地等自然生态系统的保护和恢复,以及城市水文循环的改善。此外,还需要通过政策引导和技术创新,推动城市基础设施的智能化和信息化,提高城市洪涝管理的效率和响应速度。通过这种全方位、多层次的综合治理措施,可以实现城市洪涝灾害的有效防控,保障城市居民的生命财产安全,促进城市的可持续发展。

4.3.1 统一目标

城市在面对暴雨洪涝时,为了确保城市的安全和正常运行,必须制定一套全面的防治规划。这套规划的核心目标是在设计暴雨的条件下,确保市政排水系统和水利排涝系统能够达到标准,以保障城市内河堤防的安全,防止地面积水造成灾害。为了实现这一目标,统一水利和市政设计雨型是至关重要的,因为这是确保两者协同工作的基础。

然而,在实际操作中,由于样本选取方法的差异以及统计时所依赖的雨量站不同,市政排水和水利排涝的设计成果往往存在一定的差异,这导致了两者在实际操作中的衔接不匹配。为了解决这一问题,我们需要从洪涝治理的流域系统整体观出发,更好地统筹市政排水与水利排涝的工作。

为了实现这一目标,我们必须统一设计雨型。这意味着我们需要从一个更加全面和安全的角度出发,选择一个设计雨型,它不仅能够考虑到水利系统在长历时降雨条件下的水量,同时也能够考虑到市政系统在短历时降雨条件下的峰值流量。这样的设计雨型能够确保在面对不同类型的降雨情况时,市政排水和水利排涝系统都能够有效地协同工作,共同抵御暴雨洪涝带来的威胁。

通过这样的统一设计雨型,我们可以确保城市排水系统的整体性和协调性,从而在极端天气事件发生时,最大限度地减少洪涝灾害对城市的影响,保障市民的生命财产安全。这不仅需要技术上的创新和改进,还需要跨部门之间的紧密合作和协调,以及对现有基础设施的升级改造。通过这样的综合措施,我们可以构建一个更加安全、更加韧性的城市排水和防洪体系,为城市的可持续发展提供坚实的保障。

4.3.2 统一规划

统一规划是城市洪涝治理中至关重要的原则。在这一领域,与城市洪涝治理紧密相关的规划主要包括海绵城市规划、城市雨水与排水规划以及城市防洪排涝规划。这些规划分别对应着城市海绵系统、市政排水系统以及水利排涝系统。在过去,由于这三个规划各自遵循城建、市政、水利部门的相关规范要求,它们往往是独立编制的,缺乏对三大子系统的统筹和协调。这种传统的"洪涝分治"模式导致了规划之间的脱节,使得城市洪涝治理的效果不尽如人意。

为了实现城市洪涝治理系统的全面达标,我们必须打破这种传统的治理模式,采取一种更为系统和综合的规划方法。这意味着我们需要对城市洪涝治理的各个系统进行一体化规划,确保它们之间能够无缝衔接和充分协调。具体来说,就是要同步一体化编制城市排水防涝规划,从整体上考虑城市海绵系统、市政排水系统和水利排涝系统的工程布局和工程规模。通过这种一体化的规划方法,我们可以确保各个系统之间的相互配合和优化,从而提高城市洪涝治理的整体效率和效果。这不仅有助于减少城市内涝的风险,还能提升城市的可持续发展能力,为居民提供更加安全和宜居的生活环境。

4.3.3 多维共治

4.3.3.1 多维共治体系

在城市洪涝治理的空间受到严重限制的情况下,我们面临着一个巨大的挑战,即无法仅通过单一的工程措施来实现城市内涝的整体治理目标。为了应对这一挑战,我们必须在整个内河流域的尺度上,全面挖掘治理空间和蓄水排涝的潜力。这意味着我们需要构建一个多层次、多维度的共治体系,这个体系将涵盖上游、中游、下游,地面、管网、河流,以及表层、浅层、深层等多个维度。

在纵向维度上,我们可以通过实施一系列综合措施,包括上游的蓄水、中游的疏导和下游的泄洪,来挖掘城市内河水位的管控潜力。这些措施将有助于在洪水发生时,有效地控制水位,减少内涝的风险。

在横向维度上,我们将采取蓄滞排相结合的策略,重点挖掘地面蓄滞的潜力,同时控制排水管网的流量。通过这种方式,我们可以在雨水积聚时,有效地利用地面空间进行蓄水,减少排水系统的压力。

在竖向维度上,我们将实施立体防控措施,当表层和浅层的蓄水能力达到极限时,我们将开发深层的蓄排能力。这将确保即使在极端降雨事件中,我们也能有效地管理和控制洪水。

多维共治体系的关键在于,在有限的空间内分散布局,充分挖掘每一个潜在的治理点,积少成多,形成合力。这种策略可以共同消纳流域内暴雨产生的洪水,实现整个系统的达标治理。与传统的防御体系相比,这种多维共治体系在面对超标准暴雨时,将展现出更强的韧性和适应能力,从而为城市提供更加可靠和有效的洪涝治理解决方案。

4.3.3.2 工程布局方法

(1)流域区间划分:在城市洪涝规划治理设计中,依据内河流域水系、管网汇流、地形等特征,将流域从上游到下游划分为 M 个区段,依次编号为 1,2,…,N,$N+1$,…,M,每个区段包括所在河段及若干个排水分区(图 4.3-1)。

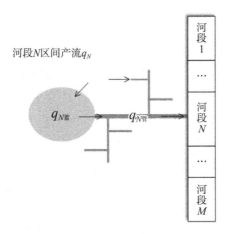

图 4.3-1 流域区间划分示意图

(2)在对整个流域进行规划时,应当遵循"从上游到下游"的顺序,逐个区段进行细致规划;而在对每个区段进行工程布局时,则应按照"先河道后地面,先表层后深层"的原则来进行。这样的规划和布局方式,能够确保流域内水资源的合理分配和利用,同时也能够有效地预防和减轻洪水灾害的影响。

(3)在每个区段内,我们通常会采取一系列的规划措施来实现洪涝治理目标。首先,为了减少区段上游的来流量,我们可以采取提升水库调蓄能力、利用蓄滞洪区进行分洪、建设分洪通道等措施。其次,为了增加河道的过流能力,我们可以实施河道扩宽开挖、清淤疏浚、加高堤防、增设排涝泵站等工程。此外,为了提升管网的排水能力,我们可以对现有管网进行提标改造、增设雨水泵站。最后,为了提升地面的蓄滞能力并减少区段内的汇流,我们可以充分利用和改造坑塘、湿地、湖泊、调蓄池、绿地花园等分散调蓄设施。每个区段都可以根据当地的实际情况,灵活采用上述措施进行模块化组合,以达到最佳的规划效果。

（4）区段 N 工程布局（图 4.3-2）

①先河道后地面

当上游 $N-1$ 区段达标后，开始规划区段 N。假定规划重现期河段 N 的设计洪峰流量为 $Q_{N\text{设}}$，现状河段 N 过流能力为 Q_N，河段采取清淤、扩卡后的过流能力为 Q_N，则区间 N 允许的入河流量 $Q_{N\text{允}}=Q_N-Q_{N\text{设}}$。

②蓄排结合的地面工程布局

假定区段 N 规划条件下区间产流为 q_N，现状管网排水能力为 $q_{\text{管现}}$，现状滞蓄能力为 $q_{\text{蓄现}}$，规划条件下管网排水能力为 $q_{\text{管}}$，规划滞蓄能力为 $q_{\text{蓄}}$。

若 $Q_{\text{允}} \geqslant q_N$，则河道可消纳区间全部汇流，此时地面蓄排工程布局重点解决地面积水问题，使 $q_{\text{蓄}}+q_{\text{管}} \geqslant q_N$，即可实现地面不内涝。

若 $Q_{\text{允}} < q_N$，则河道无法完全消纳区间汇流，需对区间汇流进行管控，减小入河流量，重点是提升地面蓄滞能力，加大 $q_{\text{蓄}}$。为确保河道防洪安全，地面蓄滞能力应满足 $q_{\text{蓄}} \geqslant q_N-Q_{\text{允}}$；为确保地面不内涝，地面蓄滞能力还应满足 $q_{\text{蓄}} \geqslant q_N-q_{\text{管}}$。为同时满足河道防洪安全及地面不内涝要求，地面蓄滞能力应取两者大值，即使得 $q_{\text{蓄}} \geqslant q_N-\min(Q_{\text{允}},q_{\text{管}})$。

（5）采取上述方法对流域规划工程措施进行初步布局，在此基础上通过城市洪涝耦合数学模型对流域工程布局及规模进行精细化优化与效果评估。

在工程布局及规模精细化优化后，仍达不到规划目标时，则需考虑建设深层隧道、地下水库，配合大型泵站，对河道、地表无法消减量进行存蓄和错峰排放。

4.3.4 系统优化

在高度城镇化地区，城市土地资源极为宝贵，每一寸土地都价值连城，因此河道整治和排水管网的升级改造面临着显著的空间限制。在这种情况下，要在有限的土地空间内大幅提升内涝防治能力，精细化布局显得尤为重要。流域洪涝数值模拟作为一种科学工具，为实现精细化布局提供了有效途径。

为了科学指导城市洪涝防治工程的布局优化，我们可以构建一个全流域耦合的城市洪涝水文水动力模型。这个模型将全面考虑城市海绵系统、市政排水系统、水利排涝设施之间的相互作用，以及流域上下游、干支流之间的联系。通过模拟河道流量、河道水位、地面淹没情况等关键指标，我们可以对工程布局的洪涝防御效果进行整体评估。

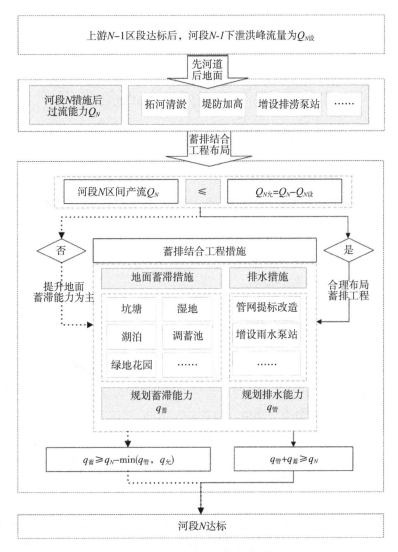

图 4.3-2　工程布局流程图

这种精细化的评估方法能够帮助我们科学地指导工程布局的优化,确保各维度分散工程的联动累加效应达到最优化。通过这种方式,我们不仅能够提高城市对洪涝灾害的防御能力,还能在有限的城市土地空间内,实现城市排水系统的高效运行和城市空间的可持续发展。

5

高密度城市暴雨洪涝灾害防治理念与思路

5.1 规划设计新理念

在治理过程中，论证按照统一目标、统一规划的原则，采取多维共治的方式，致力于实现系统的全面优化，治理思路如图 5.1-1 所示。

统一目标主要是考虑城市暴雨洪涝防治规划要以设计暴雨条件下市政排水和水利排涝系统达标为目的，即暴雨洪涝过程中城市内河堤防保安全、地面积水不成灾。统一水利和市政设计雨型是统一目标的前提。由于样本选取方法及统计采用的雨量站不同，两者设计成果存在差异，导致市政排水与水利排涝衔接不匹配。基于洪涝治理的流域系统整体观，为更好统筹市政排水与水利排涝，必须统一设计雨型。从偏安全角度考虑，采用的设计雨型须兼顾水利长历时降雨的量和市政短历时降雨的峰。

统一规划是重要原则。与城市洪涝治理相关的规划主要有海绵城市规划、城市雨水与排水规划、城市防洪排涝规划，分别对应城市海绵系统、市政排水系统和水利排涝系统。以往这三个规划各自按照城建、市政、水利部门的相关规范要求独立编制，缺少对三大子系统的统筹协调。要实现系统达标的目标，必须打破传统"洪涝分治"模式，对城市洪涝治理各个系统进行一体化规划，同步一体化编制城市排水防涝规划，确保其工程布局和工程规模的无缝衔接和充分协调。

多维共治是体系。在城市洪涝治理空间严重受限的条件下，难以通过单一的工程实现城市内涝的整体达标，必须在整个内河流域尺度充分挖潜治理空间和蓄排潜力。构建"上-中-下、地-管-河、表-浅-深"的流域多维共治体系，在纵向上，通过对流域开展上蓄、中疏、下泄综合措施，挖潜城市内河水位管控潜力；在横向上，蓄滞排结合，重点挖潜地面蓄滞潜力，控制排水管网流量；在竖向上，立体防控，在表、浅层充分挖潜仍不满足要求时，开发深层蓄排能力。多维共治体系的关键是在有限的空间分散布局、充分挖潜、积少成多、形成合力，共同消纳流域内的暴雨产流,实现系统达标,与传统防御体系相比,其在面对超标准暴雨时,具有更强的韧性。

经过审慎地考量与规划,本书研究致力于从统一目标、统一规划、多维共治三个维度出发,力求实现整个流域系统的全面优化。这涵盖了水利市政项目各自达成既定标准,系统复核以确保整体效能,以及工程设施局部优化的目标,从而确保整个流域系统的高效运行和可持续发展。

图 5.1-1　治理思路图

5.2　智慧化建设管理新思路

本书针对智慧化建设管理存在的问题,从科技赋能、政府治理、社会参与等层面入手,构建科技先进、治理科学、广泛参与的防洪(潮)排涝非工程规划技术体系。

智慧化建设管理充分依托市区两级智慧水务体系及平台建设,通过加强防洪排涝工程智慧化建设、提升防洪排涝现代化治理体系、加快形成一体化协同、制定超标准洪水预案、巩固灾害应对能力、完善防洪(潮)排涝非工程措施,进一步提高防灾减灾综合能力。

5.2.1　防洪排涝治理体系智慧化赋能

为了做好新形势下整个暴雨洪涝的防灾减灾技术支撑服务,补齐洪涝预警预报工作中信息化及可视化程度不高、站点密度及数据自动化采集程度不够、业务协同程度低等短板,亟须全面提高防洪排涝工程的智能化水平。建设智能化的防洪排涝体系主要依托于流域信息全面透彻感知、数据资源标准化整合、模型支撑服务云平台的开发,并最终集成为智能指挥决策系统,系统建成后将为各类水务工作提供全方位、立体化的技术支撑。

1）构建全流域智慧监测体系

监测体系是智慧化防洪排涝的"感官"所在，打造"天地管河江"一体化感知体系，实现水文和涉水对象的全过程、全要素、全量程立体透彻感知是构建智能化防洪排涝体系的基础。现有监测体系主要存在感知范围小、感知技术水平低、感知装备落后等不足，主要表现在以下几个方面。

（1）水文监测

目前大多数城市主要存在两个问题。一是僵尸站点问题，部分水文点因年久失修、河道整治、无人维护等原因基本失能，升级很难解决问题，且升级与重建成本接近，建议重建。二是站点密度问题，现有水文点密度较低，仅对河涌干流及部分水库进行监测，未能实现全覆盖，区内多处易涝河涌均未设置水文点，未能形成有效的水文监测网络，无法为行政决策提供有效支撑。

（2）排水监测

需对排水薄弱管网段进行评估，结合实际内涝情况，进一步布设雨水管网监测设备。汛期天气复杂多变，局部短历时强降水频发、洪涝灾害风险突出。涵洞积水情况在汛期较为严重。

（3）积水监测

内涝点监测需要满足全方位、地毯式积水监测需求。

（4）工地监测

现有城市工地部分尚未安装视频在线监测设备，未满足对水务工地进行人、机、料、法、环的全方位实时监控，缺少全区统一的水务工程建设信息化监管系统。需通过建设智慧工地信息化系统，充分利用信息技术完成对水务施工工地的人、机、料、法、环的全方位实时监控，实现可视化"智能"监管，从而进一步提高质量监督水平，提高对工程现场的远程监督管理水平，加快对工程现场洪涝安全隐患处理的速度。

针对上述问题，提出以下几点改进措施。

（1）扩展感知范围，实现河流、水库、湖泊、管网、地表积水、水务工程的全面感知。在加强对水文要素监测的基础上，注重对水利工程自身的安全监测，如水库大坝、河道堤岸的安全检测等；加快推进城市内涝监测体系建设，对重要的城市主干道路、下沉式立交、隧道、涵洞、低洼地带等内涝风险点部署内涝积水监测设备；加强地下排水管网流量、窨井液位、排水口流量监测；优化城市内河涌水位监测，强化在排涝片区交界处、汇流处、河道卡口等关键点的水位监测。

（2）提高感知技术水平。在传统监测手段的基础上，引入物联网、卫星遥感、无人机、视频监控、智能手机、5G、人工智能、大数据、云计算、BIM 等新技术手段，按照自动化、无人化、立体化的要求，构建"天地管河江"一体化感知体系，提升水务智慧物联感知能力。

（3）提升感知装备标准。在感知网络建设中，要转变以往单要素、少装备、低标准的做法，适应智慧水务建设的需要，统筹全局、着眼长远、适当超前，提升装备标准。既要考虑水文要素的监测，也要考虑监测设施设备工况的监测，还要考虑工作环境状态的监测；既要考虑数值数据的感知，也要考虑图片、视频等非结构化数据的采集，还要考虑其他形态监测数据的采集。

（4）优化水文站网布局，推进水文现代化建设。围绕站点能源保障、可靠数据传输、安全高效测量等方面，提升水文站网信息化装备水平，推进站网标准化建设。升级完善站网水文要素监测，对水文站配置自动化测流及实时视频监控设备，加快融合机器学习、图像识别等人工智能技术，逐步实现基于视频（图像）的边缘侧的智能分析与预警。加强对风暴潮的水文要素自动监测。

（5）加强水利设施及调蓄设施的智能管控。完善全区水闸、泵站等水务设施的自动控制与统一监管，打造决策指挥的"双手"；加强对调蓄池、调蓄湖等海绵设施的监管，对调蓄设施补充配置相关的自动化监控设备，实现基于水情涝情的智能联动及远程统一调度控制。

（6）推进水务物联标准化建设，实现水务监测数据的互联互通。一是通过整合外江、河涌、湖库、水闸、泵站和堤防等视频监控信息，接入现有公安、交通、城管等部门在水务方面的视频监控系统；二是加强与海洋、气象方面的数据共享交换，形成跨部门跨层级的全方位水务数据资源池。

（7）加快信息化相关基础软硬件设施建设。加速 5G、IPV6 等网络能力提升部署，形成高速安全的新一代水利信息网，保障监测数据传输的稳定性、可靠性、高效性。

2）数据资源整合标准化

现有防汛应急、水资源管理业务系统间数据及用户自成体系，如水雨情监测数据主要在市水务局、市水文局，水质监测数据大多集中在区生态环境局，排水管网及监测数据多集中在市/区排水公司等，存在跨业务调取数据困难、同类数据多头采集的情况，数据、用户、平台的割裂为深入融合制造了障碍，不利于防洪排涝智慧化体系建设。为了打通系统、数据、应用之间的共享壁垒，解决数据跨部门、跨业务共享的难题，需要加强数据底板建设，整合标准化的数据资源,建立一个遵循国家标准和规范的整合共享体系,提高信息资源的利用效率和共享水平。

数据接入标准化。建立数据采集平台,对物联网通信规约进行平台规范配置;对注册在平台的监测设备进行管理和控制;对平台功能进行基于角色的权限控制;对服务器系统资源、数据库资源、消息队列使用情况、报文信息进行监控统计。基于数据采集平台,实现水务部门、工程建设部门、工程运行管理部门全联通的物联网平台,让支撑某具体业务的监测数据获取变得简单。

数据存储标准化。依据国家标准和规范,依托智慧水务数据云,建立水务大数据中心,构建数据标准化存储规则,实现多类型数据结构及字段的标准化定义。

数据处理标准化。在实际的数据采集过程中,受到诸多因素如测量仪器损坏、人工录入错误等影响,往往存在大量缺失数据、异常数据以及包含大量噪声的数据,因此需要建立具有标准流程的数据处理手段,主要流程包括数据清洗、针对同一数据多重来源进行多源数据融合、数据同化。

数据服务标准化。建立数据服务标准化接口,明确接口任务及输入输出。

3)构建模型支撑服务云平台

模型云计算平台主要是接入按照标准输入输出和具备网络接口开发功能的各类模型,对接入模型进行统一管理与维护,并向用户提供模型云计算服务。目前,相关部门在模型支撑服务建设方面基础薄弱,主要表现在各业务系统间模型服务存在壁垒,难以统一管理,专业模型多以 jar、exe、dll 等文件作为接口,存在难以实现多用户并发、难以监测模型运行状态等问题。为提升水务工作的效率,并为未来智慧水务体系建设的拓展奠定基础,提出以下措施。

(1)在智慧水务体系框架下,构建开放统一的模型支撑服务云平台,接入不同类型的专业模型并升级为模型计算云服务。

(2)统一模型标准接口与组织方式,提升数据交互管理能力。统一计算业务应用、数据交互、模型管理接口,支撑水务模型计算与输入数据之间的自由流动。

(3)加强模型模拟计算能力,支撑防洪排涝上层业务应用。依托已有模拟系统,整合集成模型计算服务及学习算法服务,通过强大算力支撑预测预报、工程调度、辅助决策等功能应用。

(4)加强模型算法管理功能,建立模型服务统一管理机制。围绕业务支撑、服务支持、辅助决策、综合运维方面的公共基础服务,对模型部署、模型调用、模型更新等模型服务全生命周期进行统一管理。

4) 构建智能指挥决策平台

智慧水务作为智慧城市的有机组成部分,力求充分利用已有的信息化资源,结合水务业务实际,构建智能决策指挥平台,为上层业务应用赋能。

为实现水务工作全业务链在线协同和一站式服务,需将各水务支撑业务集成为智能指挥决策平台,智能指挥决策平台主要包括的服务支撑有通用基础应用支撑、通用专业应用支撑、水务专业应用支撑。通用基础应用主要用于支撑业务应用的服务能力,如数据库管理、地理服务、报表服务、身份认证服务等;通用专业应用指有较强专业特点,可进一步提升水务工作的自动化水平和能力的专业技术服务,如 VR、BIM、数据挖掘、深度学习、图像识别、语音识别等;水务专业应用是专门针对水务工作专业技术特点的通用技术服务,如水动力模型、水文模型、水质模型、工程安全运行评估、工程运行联合调度、地下水模型、数字孪生等。为了增强智能指挥决策平台的可靠性、科学性,须对各应用支撑提出更高的要求。

(1)运用高新技术提高洪涝灾害预报预警能力。深入开展水文大数据计算分析,基于水文数据分析技术,结合水文专家知识,利用人工智能、大数据等新技术研发新一代水文计算方法、模型、模式,开展水文大数据计算,挖掘大数据中心海量数据价值,实现洪涝精细化预报,综合利用多种信息化手段提高预警信息发布时效性与可达性,提升洪涝靶向预警能力。

(2)加快城市洪涝风险滚动预报建设。综合运用水力学模型及大数据挖掘技术建立洪涝融合模型,通过耦合降雨数值预报,实现洪涝风险的滚动预报。

(3)提升海量数据可视化渲染效率。基于数字孪生可视化技术,综合运用无人机倾斜摄影、BIM、VR 等技术,实现河道实时水位渲染、河道预警动态渲染、路面积水水深动态渲染、管网充满度动态渲染、水利工程状态动态渲染,为防洪排涝应急决策提供更加直观、生动的数据展示。

(4)实现水资源预报调度控制一体化。通过水力学模型、人工智能、大数据等实现水文要素的精准预测,以预报结果指导水库、闸泵群的联合优化调度,并通过物联技术实现水利工程的实时控制,有效提高流域水工程调度的智能化和科学化水平,实现科学调度、自动控制全过程的联调联控。

(5)基于智慧水务体系构建一体化智能指挥决策平台。集成信息共享系统、实时监控系统、洪水调度系统、超警触发、监测预报系统、视频会商系统等,打造灾害防御全方位决策指挥体系。

(6)依托政务"互联网＋"平台为创业部门、社会公众提供预警、报警及信息服务。

5.2.2 防洪排涝规划管控现代化提升

1) 强化监管约束能力

(1) 完善防洪排涝规章制度体系

建设完善"横向覆盖、纵向延伸"的规章制度体系。横向上,应急管理、水务、交通运输、城乡建设等行政管理部门按职责分工,在信息报送、联合值守、巡查查险、应急抢险等方面建设并完善符合部门实际、可操作性强的规章制度。纵向上,区、镇街各单位根据本级三防指挥机构和上级主管部门的要求,对本单位规章制度进行补充细化;通过研究推进符合本区实际的规章制度,规范本区监管约束。

(2) 强化全过程监管体系

强化与各项城市规划的衔接关系。在各级城市规划编制阶段逐层落实防洪排涝建设要求,合理安排城市用地布局和竖向系统。在城市总体规划的层面,在编制或修编工作中,应融合防洪排涝规划思路,将规划目标、总体布局、控制性指标等有关内容纳入城市总体规划。水务部门在编制水系规划、排水规划等专项规划时注意与防洪排涝规划的衔接,强化洪涝灾害防御理念,结合防洪排涝工程布局,预留工程设施空间。规划和自然资源部门(规自部门)在编制国土空间规划时应重视优化绿地布局,考虑适当降低公共绿地、次要广场、活动操场等地块的规划标高,采用暴雨期间允许其临时积水的手段实现调蓄水量。交通运输部门在编制交通道路规划时应加强道路排水管理,预留地表雨水廊道和排水设施空间,对于沿河道路考虑就近散排入河道,部分次干道路可作为雨水行洪通道。

加强城市建设活动管理。在开展三旧改造、开发新建等建设活动时,应统筹考虑防洪排涝工程设施布局和建设进度。建设活动应为监测设施设备及其线路预留安装、检测空间,以保障后续持续推进动态监测网络建设。建设活动范围内规划有防洪排涝工程措施的,建设活动与防洪排涝建设应同步进行,住房和城乡建设部门、水务部门共同做好监督。

强化涉河建设项目管理。加强涉河建设项目前期的技术审查和行政审批把关,降低涉河建设项目对河道行洪影响。强化涉河建设项目事中事后监管,要求施工期间临时设施和施工器械不得影响防洪,工程完工后及时恢复河道正常行洪断面。从严查处各类违法行为,加大水行政执法力度,早发现、早制止、早处理,严厉打击侵占河湖的违法行为。

(3) 加强防洪排涝空间管控

加强现有防洪排涝工程的管理与保护机制。应明确防洪排涝工程管理范围和保护范围,建立工程管理体制、明确管理权属并设置管理机构,提出工程管理能力建设内容。在相关法律法规、技术标准、管理规定的基础上,划定临水控制线和管理范围线,有条件确权的应进行划界确权,建立管理范围图表台账和空间数据库。管理范围内严控新建、扩建、改建项目,逐步清退管理范围内影响防洪安全的建筑物、构筑物。

强化工程设施空间预控。应结合防洪排涝分区和行政分区,综合考虑用地条件、投资效益等因素,对防洪排涝工程设施的位置、规模、配置方案进一步深化研究。确定后尽快编制防洪排涝工程设施的用地专项规划,尽快划定用地界线,规定用地范围内控制指标和要求,加强用地控制。防洪排涝设施用地规划应注意避免占用水域,协调好影响防洪排涝安全的合法建筑物,可考虑采取补偿后予以拆除的方式。

科学开发利用滨水空间。亲水平台、河滨公园等滨水空间的开发利用,应融合土地集约节约利用、合理设置用地功能的概念,在确保不影响防洪排涝功能的基础上进行。高水位和常水位之间的用地空间,可考虑结合城市规划设置景观,作为绿化和水域用地的空间叠加,高水位时作为水域用地可适当淹没,常水位时作为绿化用地公共开放,实现空间优化利用,提升人居环境,突显城市活力。

2)提升风险管理能力

(1)推动洪涝灾害风险识别评估

灾害风险识别评估是风险精准化管理的重要手段,是洪涝灾害风险日常防治和应急指挥调度的有效技术依据。目前已完成洪涝风险图的建设工作,结合洪涝风险图项目成果,分析估算不同频率或量级洪水可能波及的淹没范围、淹没程度和造成的灾害损失,综合评价区域洪水风险,并针对洪涝灾害易发多发区域、重点生命线工程、防洪排涝工程设施及其他重点风险要素,以"识别、登记、评估、防控"为工作框架,开展深入调研、详细摸查工作,精准识别洪涝灾害风险,探索适合实际情况的洪涝灾害风险评估模型,以评促改,以评促建,为后续风险防控工作提供有效依据,推动风险精准化管理。

(2)充分利用智慧平台实现洪涝风险的预报预警

在实时洪涝风险图项目中广州市黄埔水务局建设了实时洪涝预报预警系统,是静态风险图向实时化、动态化的革新转变。系统针对防汛应急管理与决策需求,在集成各类模型算法及数据支撑服务的基础上,以数字孪生、智能模拟、精准防御为目标,结合可视化 GIS 地图、模拟仿真、大数据、人工智能等前沿高新技术,建立了涵盖雨情监测、气象监测、降雨预报、洪涝模拟、内涝风险管理功能的洪涝预报预警系统。

充分利用已建成的预报预警系统,结合实时监测数据,将计算机并行计算、云计算等先进技术引入水利行业,实现洪水风险实时模拟计算,为管理机构和决策部门提供技术支持,为保险、税务、土地利用规划等工作提供思路依据,同时为市民防灾避险提供可靠参考。在制定空间规划和经济社会发展规划过程中,充分考虑各类洪涝灾害风险,合理安排土地利用、产业布局,加强洪涝灾害风险管控。

随着工程措施的落地,流域下垫面条件不断改变,为了精准地模拟流域洪涝过程,需要不断更新洪水风险计算模型。

(3)增强洪涝风险管理理念

洪涝灾害的发生是不可避免的,政府、社会增强洪涝管理能力是超标准洪涝下减少人员伤亡和经济损失的关键。防洪排涝应尊重自然规律,在人与自然和谐发展的基础上,提高防洪排涝能力的同时,进一步增强城市洪涝"韧性"防治。将灾害控制和适应洪涝相结合,降低自然生态和社会经济脆弱性的同时,提高城市适应环境变化和应对洪涝灾害的韧性。强化贯彻事前防御和事后处置的风险管理理念,由事中应对最大限度地向事前防御和事后处置两端延伸,实现全过程循环风险管理。

加强"四预"(预报、预警、预演、预案)体系建设,加强会商研判,以提升超标准暴雨应急管理能力。

强化洪涝科普,提升公众应急避险能力。当前技术水平条件下,暴雨短临预报、洪涝预报还存在误报和漏报,因此,在面临极端天气条件时,公众的洪涝灾害风险意识和自救能力极其重要。通过向社会公布洪涝风险图、线上线下普及暴雨洪涝风险源及避险常识等措施,加强对公众洪涝灾害应急避险的培训,增强公众的防灾减灾意识,科学指导公众学会正确的自保方式,增强公众危险状态下的自救能力、互助能力和理智行为能力,提高恶劣环境下公众自身对洪涝灾害的适应性。

(4)提出防洪交通管理方案

为确保在发生洪涝灾害时能够及时、有效保障公路桥梁通行,对损坏路段、桥涵和其他交通设施实施及时修复,提高应急反应能力,减轻公路桥梁灾害财产损失,保障人民生命财产安全,维护社会大局稳定,根据《中华人民共和国防洪法》、《中华人民共和国防汛条例》、《中华人民共和国抗旱条例》、《国家防汛抗旱应急预案》等有关法律法规,结合交通工作实际情况,制定并完善系统防汛应急预案。

立足预防、主动防范。把预防洪涝灾害和强化公路、桥梁排水设施的安全管理放在防洪减灾工作的中心环节,密切监视雨情、水情和险情,认真做好各项安全防范工作。

科学调度、保障安全。认真分析洪涝灾害的发展情况和对公路设施现状的影响,科学管理,优化调度,保障安全。以实施紧急救援为重点,以建立部门联动机制为依托,整合资源,形成合力。

果断处置、全力抢险。一旦发生重大洪涝灾害和公路及桥梁险情,应快速反应,组织人员、机械全力抢险救灾,最大程度避免和减少人员伤亡及财产损失。

分级负责、加强督查,公路桥梁应急抢险救援工作实行责任制。相关单位、部门要齐抓共管,各司职责,对因玩忽职守、工作不力造成严重损失和后果的要依法追责问责,严肃处理。

(5) 加强排涝设施日常管理

加强对城市排水防涝设施建设和运行状况的监管,将规划编制、设施建设和运行维护等方面的要求落到实处。

强化人防。定期对源头减排设施、排水管渠设施、排涝除险设施进行巡查、检查。设备管理养护实行定员制,责任落实到每个人。增强管理人员的管理意识,出现问题,及时发现解决,促进泵站管理水平整体提高。

严格执行排水管网施工与工程质量验收规范,强化监理、验收和移交制度落实。

加强并规范日常巡查和养护,及时清理管渠淤泥,汛前要严格按照防汛要求对城市排水设施进行全面检查、维护和清疏,确保设施排水能力有效发挥。

改变排水系统维护工艺落后的现状,进一步提高养管水平,采用高效、安全、卫生、经济的清掏技术和管道修补技术,实现排水技术进步。

加强通沟污泥的处理处置,实现减量化和资源化。

加强监督管理,对于建成后排水管网的功效发挥至关重要。要严格实施接入排水管网许可制度,避免雨水、污水管道混接。

3) 提升联排联调管理能力

应根据流域防洪工程布局,拟定流域干流、支流、重要控制枢纽的洪水调度原则,提出编制防御洪水方案、洪水调度方案的总体要求,提出流域排涝管理的总体安排。对于重要的控制枢纽应确定调度管理权限。

在应对具体防洪排涝事件时,应以数字孪生平台为辅,围绕"调水防洪、调人防灾、疏人避灾"三大目标,制定工程调度、抢险调度、避险转移综合预案。在充分预演模拟的基础上,构建防洪情景应对预案库。拉了几级预警信号,则启动几级调度预案,应急响应有案可用,不会手忙脚乱。依托精细化预案,优化调度的"尺度"与"精度"。同时,结合数字孪生综合调度平台,为会商决策者快速、全面、直观地展示各类预案执行过程。

防洪排涝调度实际应用过程中,离不开对闸泵群的启闭或操控,目前调度自动化水平不足。为实现洪水的精细化调度,应对闸泵群进行升级改建,实现闸门的自动化控制及泵站的无人值守,建设闸泵群联排联调系统,实现辖区内所有闸泵的统一调度及管理,进一步提升防洪排涝调度的主动性与科学性。

4) 实现洪涝共治向洪涝污共治核心化转变,防洪规划也需从洪涝共治向洪涝污共治核心化转变。洪涝污共治,要系统治理,齐抓共治。洪涝污共治是个系统工程,必须运用系统的思维才能统筹推进,主要包括以下几点。

(1) 加强蓝图建设:洪涝污共治需要明确水生态建设规划、水环境治理规划、水资源配置规划、洪涝防治规划等,以及与此直接或间接相关的主体功能区规划、国土空间规划、环境保护规划、生态文明建设规划等。洪涝污共治既要注意自身的相对独立性和整体性,又要注意处理好与其他相关规划的衔接和呼应。

(2) 加强技术建设:洪涝污共治应在智慧水务总体框架下,注重监测技术的突破,水文监测、水质监测、水量监测等都要提高科学性,要重视不同监测体系的整合,重视监测信息的及时发布、传输和运用。不仅要加强水利部门、环保部门、建设部门、经济部门等不同部门之间涉水统计的合作,还要解决部门内部涉水统计的多口径整合和权威性发布的问题,避免多口径统计和统计数据无法对接的现象。构建开放统一的模型支撑服务云平台,接入不同类型的专业模型,如各个流域的水流、管网、水质、水温、调度、评价模型。统一计算业务应用、数据交互、模型管理接口,支撑模型计算与输入数据之间的自由流动。依托已有模拟系统,整合集成模型计算服务及学习算法服务,通过强大算力支撑预测预报、水工程调度、辅助决策等功能应用,共同为洪涝污治理发力。

(3) 加强制度建设:第一,加强管制性制度建设,实施最严格的水安全、水资源、水环境管理制度。要坚持以水定产原则,保障生态用水;要坚持功能导向原则,保障水体环境;要坚持安全第一原则,保障涉水安全。第二,加强经济性制度建设,让市场机制在水资源、水环境配置中发挥决定性作用。要加快水权界定进程,实施水权交易制度;加快水污染权界定进程,实施水污染权交易制度;加快生态产权界定进程,实施水资源保护补偿制度。第三,加强社会性制度建设,广泛发动用水户参与到洪涝污共治工作中,既参与建设,又参与监督,实现政府、企业、居民之间的相互监督和相互制衡。

(4)加强组织建设：要建立领导体系，健全组织机构，明确部门职责，在可能的情况下责任到人。洪涝污共治要实现监管功能与建设功能的分离，因此，企业要按照规范和程序积极参与公共工程建设。而作为被服务的主体公众，一方面要负责涉水俱乐部物品的供给；另一方面也可以参与涉水公共物品的生产。

5.2.3 防洪排涝管理服务一体化协同

(1)多部门协同，健全防汛责任体系

城市洪涝是系统病，包括防御体系和被保护对象两个方面，涉及水务、交通、住建、规自、供电等多部门，城市洪涝治理必须是多元主体，需统筹协调、明确责任、各司其职，确保防御体系和被保护对象之间的协调。水务部门负责河道、水库范围内防洪排涝能力建设，交通部门负责道路、涵隧、桥梁等区域防洪排涝能力建设；住建部门负责地下停车场、地下通道、大型地下商场等地下空间的防洪排涝能力建设；规自部门负责地质灾害易发区域的防洪排涝能力建设；供电部门负责供电设施防洪排涝能力建设。通过防御体系"全局战场"和被保护对象"局部战场"的有机结合，才能实现城市洪涝标本兼治。

在面对重大级别以上自然灾害应急处置工作时，应加强各部门间应急救援联动，统筹社会各方应急资源。特别是基层各区域应急力量较为薄弱且分散，应急人员流动性大，各镇人民政府(街道办事处)需在区政府和区防汛抗旱指挥部的统一领导下，在区三防办的协调部署下，负责所属各行政区域的超标准洪水防御工作，完善应急联动机制，形成政府主导、部门协调、军地联合、区域联动、全社会共同参与的灾害应急救援协调联动局面，构建部门参与、社会协作、联合作战的一体化综合防灾减灾体系，形成防灾减灾的工作合力。

(2)加强引导，形成企业民众共同参与的基层防灾体系

提升基层减灾能力是防灾减灾救灾中一项重要的基础性工作，各政府部门要坚持群众观点和群众路线，坚持社会共治，完善公民安全教育体系，推动安全宣传进企业、进农村、进社区、进学校、进家庭，加强公益宣传，普及安全知识，培育安全文化，开展常态化应急疏散演练，支持引导社区居民开展风险隐患排查和治理，积极推进安全风险网格化管理，筑牢防灾减灾救灾的人民防线，切实加强基层应急能力建设，从源头上防范化解群众身边的安全风险，真正把问题解决在萌芽之时、成灾之前。具体的引导措施如下。

①推广雨水资源化理念，以经济为导向，探索雨水回用的鼓励办法。

②制定建筑物楼顶调蓄设施相关标准,加大对建设项目雨水径流控制力度。

③进一步落实蓄滞设施的配套建设,鼓励已建项目加建蓄滞设施,强制新建项目必须建立蓄滞设施,推动改建项目考虑蓄滞设施。

④充分调动社会民众的防灾主动性,构建基层防灾体系。充分发挥市场、社会和公民在防洪排涝减灾方面的作用,提高全社会的抗灾能力和减灾能力。

⑤结合海绵城市建设,积极构建和完善海绵城市建设的规划调控体系,建设指引体系和技术支撑体系。配套建设低影响开发设施,因地制宜地推广下凹式绿地、透水路面、屋顶绿化、过流型雨水花坛、入渗型雨水花坛、植草沟、植被缓冲带、雨水调蓄池、人工湿地等低影响开发措施。

(3)创新专家合作框架,鼓励科研参与

①研究建立"专家点对点,单位面对面"的工作机制。行业专家和专业单位是防洪排涝工作的有力技术保障。加强防洪排涝专业化建设,建立防洪排涝行业专家库,涵盖水文水资源、水工结构、给排水、岩土、水环境等多个专业。基于专家库建设情况,行业专家以"点对点"的形式对重点防护区域、易涝隐患黑点开展一对一研究。防洪排涝责任单位与专业单位建立长效合作机制,形成"面对面"的长期技术支持,构建"专家点对点,单位面对面"的专业服务支持机制,对存在的防洪排涝问题进行全面、多方位的研究。

②产学研结合,加快开展洪涝灾害相关科研工作。鼓励高校、科研机构组建专业专家团队参与防洪排涝治理研究,大力支持防洪排涝相关项目申请和课题研究。基于数理统计、序列分析、机理研究等方法,持续开展大尺度水汽循环、城市下垫面特征、管网排水能力、外江潮位顶托等对城市暴雨内涝影响分析,适时开展暴雨强度公式的更新工作,构建水库的纳雨能力分析模型等,加快推动防洪标准和排涝标准关系衔接研究,开发适合实际情况的城市雨洪模型等。

(4)全民宣传科普,增强避险自救意识

①完善社会宣传科普体系。加强社会防洪排涝知识宣传教育,培养防灾意识,利用图册发放、网络传播、实体培训等方式加大公众科普教育,大力倡导"防灾避险、生命至上、自救互救、人人有责"的公共安全文化理念,增强公众防灾避灾意识,提高公众对洪涝灾害防治等方面的知识水平,增强公众紧急状况下的自救互救能力,形成防灾避灾习惯,提高社会公众对洪涝灾害的适应性,最大限度地减轻洪涝灾害造成的人民生命财产损失。

②加强引导,鼓励社会参与。注重政府功能和社会功能优势互补、良性互动,加强社会动员能力建设,充分发挥市场、社会和公众在防洪排涝方面的作

用,提高全社会的防灾减灾和避灾能力。政府作为核心,应有组织、有步骤、有计划地发展市场手段、社会团体及个人行动能力,通过一定的政策引导和财政激励等方式鼓励各种力量有效参与。

(5)明确信息公开等公共服务的原则和任务

灾害发生时,信息的公开和获取是最为重要的,因为它是避灾和救援的基础。自《中华人民共和国政府信息公开条例》正式生效后,在现行的法律框架下把"公开为原则,不公开为例外"尺度的法理依据体现为秩序和自由的权衡。此外,灾害信息因为紧迫性,可以成为信息公开例外的例外。然而我国受到长期计划经济体制的影响,在行政信息管理的过程中,我国政府往往是以"下发红头文件,自上而下、内部层层"的方式运作,不随便发布消息,尤其是负面的消息。其基本理念是为了不引起社会的恐慌和混乱,要维持社会稳定。这就直接造成了社会和公众对政府决策和行政过程认知的匮乏,也导致了我国自然灾害应急信息沟通机制仍存在着一些问题,主要表现在:信息管理系统不够完善,缺乏独立的常设危机信息机构;各政府部门之间的信息沟通不畅,操纵信息的现象十分严重;另外,我国政府尚未建立起有效的灾害信息对外通报机制,新闻发言人制度也还不够完善。

应急信息沟通机制能够帮助政府更好地实施危机管理,基于现状机制的不足,对灾害应急信息公开机制提出以下几点建议。

①完善信息管理系统,建立独立的常设危机信息机构。

信息管理系统在整个灾害危机管理体系中占有非常重要的地位。完善的信息管理系统应是一个开放的信息交互平台,支持数据、语音和视频等业务,以实现信息交换和资源共享,同时建立起比较完善的信息安全体系和相应的子系统,进行跨部门、跨行业、跨地区的信息资源重组和共享。另外,建立独立的常设危机信息沟通机构,在突发自然灾害救助中能及时收集信息,准确对外发布救灾情况。一方面,真实准确的信息报道有利于决策主体做出科学、果断的判断,及时掌握有效预防、预控、预报危机的有利时机;另一方面,政府及时对外发布信息,能有效打击虚假信息,不至于信息混乱,谣言四起,避免公众在不了解危机事件缘由的情况下陷入重重的担忧之中,产生不稳定的因素。

②建立有效的灾害信息对外通报机制,不断完善新闻发言人制度。

政府应建立起有效的灾害信息对外通报机制,在灾害应急救援阶段,政府新闻发言人在危机管理外部信息沟通中处于重要地位,是直接面对媒体发布政府官方解释或立场的窗口人物。新闻发言人制度有利于增加政府机构与媒体、公众之间的信息沟通。新闻发言人制度并不是只是为危机管理而建立,但是危机管理的外部信息沟通又离不开新闻发言人制度。政府通过新闻发言人发布信息,在灾害爆发后,可以将不良的影响降到最低程度。另外,构建一个政府与群众之间的沟通桥梁,架起政府与公众的桥梁,达到营造透明环境、建设阳光政府的目的。

③建立完善的信息沟通机制,培育人民群众的危机意识

加强对公众的危机教育,使人们具有足够的应对灾害的心理准备和防灾知识储备。当真正面临危机时,这将会大大地降低人们的心理恐慌程度并使其具备足够的应对能力。政府有关部门应该利用网络传播的特性,有意识、有针对性地对公众进行危机知识的传播,如在网站上设立各种危机相关知识的小窗口,窗口的内容主要包括危机的成因和危害,各种危机的基本常识等;如何在灾难中自救求生存;如何寻求危机救援等相关的知识。同时,各窗口的内容应该定期更新,不断丰富。政府通过建立完善的信息沟通机制来培养和强化大众的危机应急救助意识,并通过网络进一步地影响社会其他公众,从而提高全社会抵御和应对突发自然灾害事件的能力。

(6)加快发展洪水保险

根据《国务院关于加快发展现代保险服务业的若干意见》(国发〔2014〕29号)中建立巨灾保险制度的要求,在总结现有自然灾害保险的基础上,应结合洪水风险分析,推动河道管理范围、地下空间、道路下立交等重点部位的防洪排涝综合保险工作,逐步探索覆盖全区范围内的洪水保险,加快填补损失补偿制度的空白,减轻城市的救灾经济压力。

5.2.4 超标准洪水综合应对

1)明确超标准洪水防御目标与任务

根据所在的地理位置、水系分布、水文气象及区内洪涝防御体系,超标准洪水风险来源主要包括两类:一是外洪,部分河段两岸堤防尚未达到20年一遇的防洪标准,因此发生超标准洪水时,洪水会通过堤防之间的河岸或防洪缺口漫溢至后方陆域,造成洪涝灾害;二是堤防决堤与水库溃坝,但发生超标准洪水时部分河段的堤防可能仍然存在溃堤的风险。

针对洪水风险来源,结合历史上曾经发生的最大洪水及其他大洪水情况,综合考虑主要河流发生溃堤以及中型水库发生溃坝的情况、河道漫溢情况,拟定不同量级的超标准洪水特征及其地区组成。

根据拟定的超标准洪水,基于洪涝数值模型模拟计算各超标准洪水条件下的洪水量及其洪水过程。在确保整体防洪安全和防洪工程自身安全的前提下,

分析估算超额洪量。

根据超标准洪水的超额洪量和防洪保护对象的重要性，以及受灾后对经济社会的冲击程度，制定超标准洪水的整体防御方案。方案应以维护整体防洪安全，保障人民生命财产、重点防洪保护区、重要基础设施的安全为目标。

2）强化暴雨洪涝应急处置能力——超标准洪涝预案

超标准洪水防御工作在超标准洪水防御预案的框架下开展，以"以人为本，安全第一；以防为主，防抗救结合；统一领导，分级负责；资源整合，联动处置；科学防控，有效应对"为原则。

遭遇超标准洪水时，要以确保人民群众生命安全为首要目标，在深入分析超标准洪水风险的基础上，采取综合措施有效管理洪水，做到措施可操作、风险可管控、结果可承受，防止演变成系统性、全局性风险。

（1）江河流域超标洪水应对

①加强洪涝风险图的应用推广

丰富静态洪涝风险图应用场景。基于现有静态风险图，划定不同量级设计暴雨条件下洪涝风险控制线和灾害风险区，增补重大基础设施特性参数、关键高程信息，提升风险信息快速查询效率。摸清城市重大基础设施洪涝风险隐患，建立链式灾害影响台账，确保洪涝风险图的精细化程度和可靠性。

推广实时洪涝风险图应用经验。实现提前 2～6 h 滚动预报极端降雨致灾风险水平（包括范围、程度、历时等），同步共享至应急、气象、交通、电力、通信等部门，支撑精准应急、协同救灾。

②河道险情处置措施

a. 在超标准洪水过程中，组织开展对河道、堤防等工程的巡查，结合工程现状和历史出险情况，重点关注堤顶、堤坡、平台、堤脚、背水侧堤防工程管理和安全保护范围内区域及临水侧堤防附近水域，包括有无裂缝、脱坡、陷坑、浪坎、渗水、管涌等。对外江堤岸、险工险段、砂基堤段、穿堤建筑物、堤防附近洼地、水塘等易出险区域，要扩大查险范围，加大巡查力量。

b. 开展工程调度，挖掘工程调度潜力，在保证防洪工程自身安全的情况下，结合上游来水情况，适时提高运行水位，以实现工程拦洪、削峰、错峰等调洪作用。涉及范围以外的水工程调度，提请上级三防指挥机构协调。

c. 重点工程、重点保护场所及危险高发地区提前预置抢险救灾人员、抢险设备和物资，一旦出现险情，立即组织先期处置，水务部门协调专业抢险队伍开展工程防守抢护。三防指挥机构协调解放军、民兵预备役、武警部队、消防救援队伍参与抢险救灾工作，有关专家根据收集掌握的信息进行评估研判，协助分析掌握发展态势,提出决策建议,参与工程险情应急救援处置工作。

d. 河道险情处置主要分为有堤防河段出险应急处置和无堤防河段出险应急处置。

有堤防河段指河道保证水位高于两岸地面高程的河段。抢险对策主要为:堤防临时加高加固、堤防的险情处置及人员的撤离等。

当河道水位即将达到保证水位,水位有进一步上涨趋势时,采用无纺布对河堤进行防冲刷覆盖;在堤顶上临时堆砌沙袋,一般底宽不小于 3 m,背水坡坡比不陡于 1∶1,沙袋上下两层之间采用骑缝布置,沙袋与沙袋之间应紧密衔接,每层沙袋铺设后应人工踩压一遍,临时堤防实施后铺设一次无纺布,并在无纺布上用不少于 30 cm 厚沙袋压实。

发生渗水、裂缝、管涌、漏洞险情时:重点应做好临河截渗,背河导渗。当发生管涌险情时,重点应做好反滤导渗,控制带沙,同时重点应做好前堵后导,临背并举。主要措施有围井法,反滤层法。当发生裂缝险情时,主要措施有填堵裂缝法、灌浆裂缝法、开挖回填法、横墙隔断法、防渗土工织物隔断法。

发生滑坡、崩塌险情时:重点应做好固坡阻滑,削坡减载;当发生陷坑险情时,重点应做好查明原因,还土填实。主要措施:可采用在冲刷部位抛投土袋、石块、石笼等防冲物体。抛投从坍塌严重部位开始,依次向两边展开,抛至坡度稳定为止。在水深流缓的冲刷位置,还可采用枝叶茂密的树头、捆扎大块石等重物,顺堤依次抛沉。

当堤前水位已经达到保证水位,极端天气尚未结束,堤前水位仍在上涨,河道洪水存在漫堤风险或堤防存在溃决风险时,应及时开展堤防保护范围内人员的撤离工作。

无堤防河段指河道的保证水位低于两岸地面高程的河段,其河道主要承担区域内雨水与涝水的排放任务。抢险对策主要为:疏导河道行洪断面、加大低洼区域的排涝能力及对人员进行撤离等。

当河道内出现了阻洪情况时,应及时疏浚河道。对于漂浮的阻水障碍物可采用人工清除,对于因泥石流、岸坡坍塌等引起的河道阻塞可采用机械清除。利用移动泵车、移动泵站,提高低洼受涝区域内的排涝能力。当区域内发生超标准降雨时,及时组织低洼易涝区域、旧城老屋人员撤退。

(2)超标准暴雨内涝应对

①内涝风险隐患点台账及预警指标确立

根据防洪排涝工程体系建设现状,结合易涝点的调查资料及治理情况,采取资料整理、现场调研和重要区域模型模拟等手段,明确内涝风险隐患点并建立台账。针对暴雨洪涝中内涝风险点，通过座谈调研、实测资料分析、历史洪涝灾害调查等手段，结合局部区域的暴雨洪涝水文水动力模型，确定不同时段的雨量为积水预警指标。

②内涝风险点处置措施

a. 在超标准暴雨过程中，组织对排水管网、闸泵、涵闸等水务工程进行巡查。检查井箅丢失或堵塞、井盖丢失或松动、检查井或雨水口坍塌等问题，以及排水管道渗漏、堵塞、变形、沉陷、断裂、脱节等问题；检查启闭设施能否正常运行，工程基础有无裂缝、断裂、沉陷等情况，电气设施设备、输电线路、备用电源等工作情况等。

b. 对拥堵路段进行交通疏导，实施交通管控，及时向市民和车辆发布最新交通状况，提醒市民避开水浸及拥堵的路段。及时封闭行泄通道和隧涵，提前布防。地铁、地下商场、地下车库、地下通道等地下设施和隧涵等低洼易涝地带做好防水浸、防倒灌措施，备足沙袋、备好挡雨板（易进水口要设置半米以上高度的围挡准备），确保地下空间安全。山洪灾害、地质灾害监测预防责任人应加强山洪灾害易发区、地质灾害易发区和主要隐患点的巡查、监测工作，发现问题及时报告。

c. 持续强暴雨导致严重内涝时，组织开展排水管网等水务设施巡查，清理雨水口格栅及周边阻水物，打开雨水井盖排涝，确保排水管网排水通畅；及时在积水严重区域设置警示牌；不间断巡查布防范围内其余各处的排水设施运行情况、路面水浸情况；启动强排车抽水等保证排水设施的排水能力；根据内涝态势和外江水位，及时启动排水泵站等抽水设备进行强排；预判水浸发展态势，及时调动抢险力量投入内涝应急抢险工作。具体要求如下。

工程车、应急车及工人进场，马上从车上取用警示栏板及警示带直奔检查井或雨水箅子；

排除积聚在雨水箅子上的垃圾，或半开、全开雨水箅子；

打开雨水箅子时应注意防止较大的固体物冲入管道中，造成管道堵塞；

在打开雨水箅子的雨水口围上围栏或做上危险标志，在危险地段树立禁止行人通行标志，协助疏导行人或车辆通行；

管道排水不畅时，应用高压清洗车或吸污车等进行疏通；

启用潜水泵或移动泵车（或"龙吸水"）排除积水；

挖掘临时排洪沟渠；

主管道及政治经济敏感地段应增派人员加快积水排除；

灾情严重地段，应派专人值守，看护并疏散、救助群众。

6

高密度城市暴雨洪涝治理实践——广州市

6.1 南岗河排涝片

1) 片区基本情况

广州市南岗河排涝片位于黄埔区中部,是黄埔区内最大的排涝片,集雨面积 115.99 km²。排涝片地势整体呈北高南低,广深铁路以北为丘陵地带,最高约 365 m(广州城建,下同),广深铁路以南至东江边属于低丘平原区,最低约 5 m。

南岗河是东江北干流右岸最后一支一级支流,发源于鹅山,流经木强水库、水西、罗兰、南岗至龟山,全长 26.5 km,黄埔区内的河长 20.77 km。南岗河主要一级支流包括:芳尾涌、珠山涌、龟咀涌、塘尾涌、水声涌、沙田涌、天窀河、华埔涌、四清河、笔岗涌、宏岗河、大氹涌、南岗河支涌。排涝片内共有 5 座水库,其中包括 1 座中型水库(木强水库),1 座小(1)型水库(水声水库),3 座小(2)型水库(花窟水库、禾叉窟水库、木朽窟水库)。南岗河干流河口现建有南岗河水闸,总净宽 48 m,水闸分三孔,其中中孔为通航孔,宽度为 16 m,两侧边孔均为 16 m。水闸闸底高程为 2 m,闸顶高程为 9.2 m。设计防洪标准为 200 年一遇。

南岗河排涝片由北至南主要涉及黄埔区长岭街道、萝岗街道、云埔街道、南岗街道 4 个街道。排涝片范围内除北部芳尾涌、珠山涌、水声涌、沙田涌、天窀河上游山区外,大部分地区在规划的城市开发边界内,经统计,排涝片内城市开发边界范围总面积为 66.61 km²,约占排涝片面积的 60%。排涝片现状北部以一般农业用地、林业用地为主,中南部以城乡建设用地为主。排涝片范围内分布有 20 所学校,4 座医院,19 座重点桥隧,5 个地铁站,4 个重点企事业单位。

区域旧村改造有利于内涝防治规划措施的实施。根据广州市 2024 年城市更新项目年度计划,南岗河排涝片共涉及 14 个旧村改建项目,其中南岗街 3 个,云埔街 4 个,萝岗街 3 个,长岭街 4 个,旧改总面积约 7.461 km²,占排涝片总面积的 6.74%。

2）内涝风险与问题分析

（1）现状内涝风险

经核,南岗河排涝片现状有 33 处易涝点,其中 3 处为隧道易涝风险点（表 6.1-1、图 6.1-1）。内涝点主要集中于中下游洼地。

表 6.1-1　南岗河排涝片现状内涝点分布情况

序号	内涝点	所属街道	类别	内涝原因分析
1	荔红一路 10 号	新福港社区	内涝点	雨量过大,地势低注,排水设施标准较低
2	开源大道与东捷路交界处(开源西)隧道	火村社区	内涝点	四清河过涌航油管阻塞,河涌水位过高顶托;泵房抽排能力标准较低
3	伴河路与果园一路交界处高速桥底	火村社区	内涝点	地势低注,伴河路管道存在缩径逆坡现象,排水设施标准较低,排水能力不足
4	开创骏达路交界路口	刘村社区	内涝点	雨量过大,地势低注,未完成道路升级改建,开创大道排水能力不足
5	东众路连云路段	火村社区	内涝点	四清河河道过流能力不足,导致水位顶托
6	开发大道 830 仓库路段	笔岗社区	内涝点	开发大道南往北上桥位置雨水支管存在结构性问题,导致排水不畅
7	广园快速笔村立交	笔岗社区	内涝点	雨势较大,排水设施标准低,快速路下排水不及时
8	联广路旁涵洞	笔岗社区	内涝点	大量客水汇入,受笔岗涌水位高影响,瞬时来水超过管网排水能力
9	开源瑞和路口	火村社区	内涝点	瑞和路—开源大道段存在管径缩径问题,开源大道北侧雨水管排水能力不足
10	开创与开源大道隧道	刘村社区	内涝点	客水量大,隧道泵站设施标准较低
11	岗贝村	刘村社区	内涝点	地势低注,排水管网能力不足
12	开创大道云埔一路广深桥底	交警大队	内涝点	客水汇入,排水管道能力不足
13	黄埔东路南岗牌坊至广海路口(含南岗地铁站)	交警大队	内涝点	地势低注,排水能力不足,同时大冰涌、沙步涌过流能力不足
14	东勤路(京港澳高速涵洞)	交警大队	内涝点	四清河过涌航油管阻塞,河涌水位过高顶托;泵房抽排能力标准较低
15	汇星路隧道	交警大队	易涝风险点	下穿隧道,存在较高内涝风险

序号	内涝点	所属街道	类别	内涝原因分析
16	东明二路与东明一路交界	交警大队	内涝点	大量客水汇入,东明一路排水管道能力不足
17	东明二路与赵溪路交界	交警大队	内涝点	大量客水汇入,赵溪路排水管道能力不足
18	萝平路京珠高速桥底	交警大队	易涝风险点	下穿隧道,存在较高内涝风险
19	开泰大道石桥新村广深桥底	交警大队	内涝点	大坑涌等排水通道受阻
20	开创大道黄埔东路跨线桥底	交警大队	内涝点	地面不平,收水能力不足,受南岗河水位顶托排水不畅
21	富南路广深桥底	交警大队	内涝点	地面不平,收水能力不足,受南岗河水位顶托排水不畅
22	永顺大道岭头隧道	交警大队	易涝风险点	下穿隧道,存在较高内涝风险
23	果园路涵洞	交警大队	内涝点	涵洞排水设施标准较低,收水能力不足
24	广园快速开创立交	东区社区	内涝点	广园快速雨水泵站易受南岗河水位顶托影响,水量过大,泵房淹没
25	东澳广场地下停车库	东区社区	内涝点	雨量过大,受南岗河水位顶托,排水不畅,路面积水汇入
26	荔红路	荔红社区	内涝点	荔红路排水能力不足,天鹿河水位顶托
27	公路街	荔红社区	内涝点	公路街排水能力不足,天鹿河水位顶托
28	市民广场 A、B 区地下停车场	香雪社区	内涝点	汇星路排水能力不够,大量路面积水汇入,停车场未做好防汛措施
29	南岗中街大滘洲街	南岗社区	内涝点	受南岗河水位顶托,排水不畅
30	丹水坑路	南岗社区	内涝点	缺少雨水设施,无法排水
31	沙元下村	沧联社区	内涝点	村居地势低洼,易受河涌水位顶托影响
32	东区市场	沧联社区	内涝点	村居地势低洼,易受河涌水位顶托影响
33	亨元牌坊	南岗社区	内涝点	地势低洼,大沙涌因历史原因,阻水建筑物较多,排水通道不畅

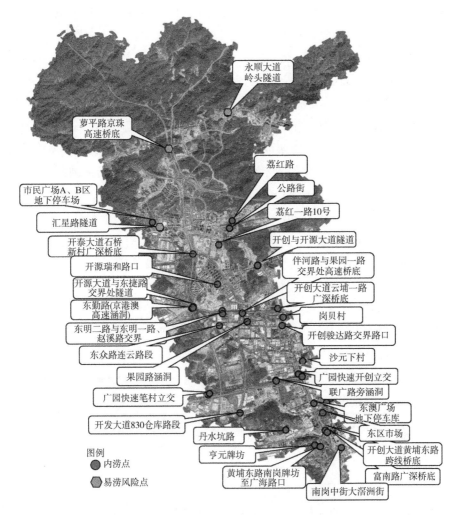

图 6.1-1 南岗河片区现状易涝点分布图

（2）100 年一遇暴雨内涝风险

100 年一遇 24 h 暴雨条件下，除现状易涝点内涝风险较大以外，新增部分易涝区如下。

重度易涝区：南岗河支涌两岸地块、笔岗工业区、笔村大路（宏三街—笔岗路）、荔红一路、萝岗立交北侧萝平路西侧地块。

中、轻度易涝区：腾讯路、耀南路、骏丰路、黄埔东路（康南路—富南路）、笔岗路佳兆业未来城、开创大道与春晖一街中间地块、开发大道（京东仓库南侧）、笔岗路宏明路辅路西南地块、兴达路荔联街派出所、开创大道（埔北路—广园快速路匝道)、莲潭村莲潭路、赵溪路、水东街、水西路(峻福路—济广高速)区域。

(3)存在问题

造成上述区域内涝风险较大的主要原因有河道过流能力不足、管网排水能力不足、局部地势低洼、河道水位顶托等。

①河道过流能力不足

现状南岗河河道较窄,排涝片面积相近的二龙河河口宽 90～120 m,南岗河河口仅宽 45～60 m。沿程分布有 12 座溢流堰及 31 座桥梁,其中部分阻水严重,主要卡口有 6 座。南岗河排涝片 5 年一遇设计洪峰流量约 404 m³/s,50 年一遇设计洪峰流量约 785 m³/s。现状干流河口段过流能力约 600 m³/s,约为 20 年一遇。在规划 50 年一遇防洪标准条件下,中下游部分河段行洪能力不足,易出现漫溢。主要不达标河段包括:广园快速路上游段(5+100～6+500 段、6+800～8+300 段)、严田村段(3+500～3+700 段)、107 国道桥上游段(2+190～3+500 段)、南岗社区段(0+000～2+190 段)。其中严田村段右岸长度约 300 m,最低高程约为 9.7 m,最大欠高约 0.4 m;南岗社区段右岸长度约 1 500 m,最低高程约为 7.5 m,最大欠高约 1.5 m。

经复核,设计洪水条件下,南岗河 11 个片区存在河道漫溢或超高不足问题,主要原因有承泄区顶托、局部过流能力不足、河道卡口、违章建筑侵占河道、两岸竖向高程不足等几类,各区域排涝片河道存在问题见表 6.1-2。

表 6.1-2 规划标准洪水条件下南岗河排涝片河道存在问题

序号	所在排涝片区域	所在河道	起点	终点	长度(m)	主要问题	主要原因
1	南岗河下游片	南岗河	河口(0+000)	107 国道桥(2+200)	2 200	两岸发生漫溢,最大漫溢深度 0.7 m	外江顶托,两岸地势低洼
		南岗河支涌	河口(0+000)	骏丰路金冠印刷厂(0+979)	979	下游约 250 m 发生漫溢,最大漫溢深度 1.1 m	河道过流能力不足,南岗河顶托,两岸地势低洼
		大氹涌	河口(0+000)	广州加藤机械设备有限公司(1+560)	1 560	暗渠满管,水头高出地面 0.3 m	河道过流能力不足,南岗河顶托,两岸地势低洼
2	宏岗河片	宏岗河	河口(0+000)	105 国道(1+771)	1 771	河口 400 m 存在超高不足情况,约欠高 20 cm,持续时间约 2 h	南岗河顶托

续表

序号	所在排涝片区域	所在河道	起点	终点	长度（m）	主要问题	主要原因
3	笔岗涌片	笔岗涌	河口（0+000）	禾叉隆水库坝下（4+089）	4 089	笔岗涌中游段2 000 m出现漫溢	河道过流能力不足，两岸地势低洼
4	四清河片	分岔口上游	分岔口（0+000）	大坑村（2+556）	2 556	在500 m河道出现漫溢，最大漫溢深度0.7 m	河道过流能力不足
		分岔口下游干流段	河口（0+000）	分岔口（1+160）	1 160	河道淤积	南岗河顶托
		分岔口下游支流段	河口（0+000）	分岔口（3+689）	3 689	部分河段存在欠高，最大欠高0.4 m	河道卡口较多、过流能力不足、南岗河顶托
5	华埔涌片	华埔涌	河口（0+000）	穿开创大道箱涵（1+416）	1 416	下游暗渠段有800 m距离水头高于地表高程，最大处高于地表0.8 m	过流能力不足、南岗河顶托
6	天窿河片	天窿河	河口（0+000））	迳子路（3+845）	3 845	荔红二路箱涵过流能力不足，箱涵满管，箱涵口以上650 m河段发生漫溢	过流能力不足、南岗河顶托
7	沙田涌片	沙田涌	河口（0+000）	源头（2+752）	2 752	两岸为天然岸坡，多处存在漫溢	两岸未整治、河道过流能力不足
8	塘尾涌片	塘尾涌	河口（0+000）	山塘（1+912）	1 912	上游山塘病险，无法蓄水	年久失修
9	龟咀涌片	龟咀涌	河口（0+000）	沙挞村（4+416）	4 416	上游约1 000 m存在漫溢，最大漫溢深度1 m；中游约1 000 m出现漫溢，最大漫溢深度0.7 m	过流能力不足
10	珠山涌片	珠山涌	河口（0+000）	下完村（6+500）	6 500	珠山涌局部河段出现漫溢，局部河段最大欠高约1.4 m	部分河道未整治、过流能力不足
11	芳尾涌片	芳尾涌	河口（0+000）	李伯坳（3+871）	3 871	部分河道发生漫溢，最大漫溢深度1 m	部分河道未整治、过流能力不足
		芳尾涌支涌	汇入芳尾涌（0+000）	华合混凝土搅拌站（0+540）	540	—	—

②管网排水能力不足、局部地势低洼、河道水位顶托

片区内荔红一路10号、伴河路与果园一路交界处高速桥底、开创骏达路交界路口、开发大道830仓库路段、开源瑞和路口、岗贝村、开创大道云埔一路广深桥底、黄埔东路南岗牌坊至广海路口(含南岗地铁站)、东明二路与东明一路交界、东明二路与赵溪路交界、荔红路、公路街、丹水坑路、亨元牌坊共计14处易涝点因排水管网能力不足、局部地势低洼导致内涝风险较大(表6.1-3)。

表6.1-3 规划标准洪水条件下南岗河排涝片存在问题管网情况表

序号	内涝点	周边雨水管道	存在问题
1	荔红一路10号	荔红一路往北 DN500～1350 雨水管排至天鹰河、往南 DN400～1200 雨水管排至南岗河	地势低洼,排水设施标准较低
2	伴河路与果园一路交界处高速桥底	伴河路 DN600～1000 雨水管,排至南岗河	地势低洼、伴河路管道存在缩径逆坡现象,排水设施标准较低,排水能力不足
3	开创骏达路交界路口	开创大道 DN1200 雨水管,骏达路 DN500 雨水管,排至南岗河	雨量过大,地势低洼,未完成道路升级改建,开创大道排水能力不足
4	开发大道830仓库路段	开发大道两侧 DN400～1000 雨水管道,排至笔岗涌	开发大道南往北上桥位置雨水支管存在结构性问题,导致排水不畅
5	开源瑞和路口	瑞和路(瑞发路—开源大道段)DN400～800(缩径),开源大道 DN800～1000 雨水管	瑞和路—开源大道段存在管径缩径问题,开源大道北侧雨水管排水能力不足
6	岗贝村	开创大道 DN1200 雨水管,最终排至南岗河	地势低洼,排水管网能力不足
7	开创大道云埔一路广深桥底	开创大道 DN1400 雨水管,最终排至南岗河	客水汇入,排水管道能力不足
8	黄埔东路南岗牌坊至广海路口(含南岗地铁站)	黄埔东路东侧地块雨水通过周边雨水管网流入大冰涌,最终排至南岗河。黄埔东路双侧布置 DN600～800 管,汇入黄埔东路过路雨水箱涵后排入沙步涌	地势低洼、排水能力不足,同时大冰涌、沙步涌过流能力不足,黄埔东路过路箱涵淤堵严重
9	东明二路与东明一路交界	东明一路 DN600 雨水管	东明一路管道过流能力不足,京港澳高速路排水系统不完善,雨水散排地面,导致区域水浸
10	东明二路与赵溪路交界	东明二路 DN12000 雨水管,赵溪路 DN700 雨水管及 2.5 m×1.9 m 雨水箱涵	赵溪路雨水管道排水能力不足

续表

序号	内涝点	周边雨水管道	存在问题
11	荔红路	荔红路 DN500～1200 雨水管道，排至天鹿河	荔红路排水能力不足，天鹿河水位顶托
12	公路街	公路街 DN500～800 雨水管道及 1.2 m×1.5 m～1.5 m×2.0 m 雨水箱涵，排至天鹿河	公路街排水能力不足，天鹿河水位顶托
13	丹水坑路	雨水管缺失	丹水坑路此段缺少雨水设施，无法排水
14	亨元牌坊	亨元路 DN1200 雨水管，排至沙步涌暗涵，通过黄埔东路过路箱涵排至大冚涌	地势低洼，黄埔东路过路箱涵淤堵严重，大冚涌因历史原因，受房屋占压，排水通道不畅

100 年一遇暴雨条件下，南岗河排涝片在雨峰前后两小时内的产流量为955.1 万 m³，排出水量总计 576.58 万 m³，片区内调蓄水量总计 337.5 万 m³，积水总量为 223.06 万 m³。干支流沿线发生漫溢，整个片区最大积水深度超过1 m。雨峰过后 3 h 最大积水深度减小到 0.15 m 以下，此时的积水总量仍有161.48 万 m³。

3）源头减排绿色设施

根据《黄埔区海绵城市专项规划》，规划南岗河片区年径流总量控制率72%（设计降雨量 27.5 mm），初雨截流量 4 mm，片区建设用地需每公顷设置40 m³ 的初雨截留设施。

（1）建筑小区径流控制规划

分区内规划新建地块建设参照《黄埔区海绵城市专项规划》和广州市水务局、广州市规划和自然资源局、广州市住房和城乡建设局、广州市交通运输局、广州市林业和园林局联合印发的《广州市建设项目海绵城市建设管控指标分类指引（试行）》要求，将海绵城市建设指标落实在建设项目全过程周期中。

分区总面积 11 066 hm²，其中建设用地面积 5 293 hm²，通过透水铺装、下沉式绿地、生物滞留设施、植草沟等海绵设施，达到规划年径流总量控制率 72%。

（2）旧改及城市更新地区径流控制

区内现有萝峰旧村改建、大塱旧村改建、沙步旧村改建、笔村旧村改建、火村旧村改建、南岗（南片）旧村改建、水西（元贝片）旧村改建等 28 个旧改项目。城市更新片区占地面积约 782.7 hm²，规划新增源头径流控制容积 9.85万 m³。通过植草沟、洼地、生态湿地、雨水花园等雨水滞蓄、渗透或污染消减设施,保留并利用现有坑塘、湿地、潜在淹没区,共计约 22.97 hm² ,构建湿地缓冲带,增加片区径流调蓄和控制能力。

（3）规划保留地区径流控制规划

结合开创大道(北二环至新阳西路段)污水管网完善工程、黄埔区四清河片区排水单元达标治理工程、开创大道(广汕公路—广深高速)道路升级改建工程、开创大道快速化工程、科学城外环线(广汕公路、永顺大道、新桂路、新阳东路)道路改建提升工程、黄埔东路道路及绿化景观升级改建工程等控源截污和道路工程及周边排水单元达标项目,通过建设透水铺装、下沉式绿地、生物滞留设施、植草沟等源头径流控制设施,削减径流量。

（4）绿地调蓄设施规划

南岗河分区内有香雪公园生态调蓄公园、创业公园生态调蓄公园、南岗山生态调蓄公园、丹水坑湿地调蓄区、发展公园调蓄湖等带有调蓄功能的公园绿地,其中创业公园海绵生态改建已于 2021 年完工。为提升区域的径流控制能力,恢复原本与外界隔绝湖区的径流行泄自然流动通道,结合公园微改建,在地块内沿线设置植草沟和线性排水沟,将山体、道路径流导流汇入池塘。南岗河片区内规划调蓄公园可调蓄水量共计约 13.6 万 m³ 。通过生态措施净化雨水后,可作为城市生态用水。

（5）初雨控制及雨水利用规划

结合分区内旧改和新建区的建设,每公顷建设用地配建 40 m³ 的初雨截留调蓄设施,分区初期雨水控制调蓄容积总量 13.43 万 m³ ,经初期雨水处理后,可就地用于地块内绿化浇洒和景观水体补水等。

（6）规划实施效益

通过南岗河分区源头径流控制及利用建设,分区年径流总量控制率由 49% 提高至 72%(建成区),源头雨水调蓄总量 76.13 万 m³ ,其中雨水资源利用量 13.43 万 m³ ;通过旧改项目新增调蓄容积 9.85 万 m³ ;区域内规划水面率不低于 1.31% ,旧村改建水面面积不小于 22.97 万 m² 。

4）排水管渠灰色设施

（1）雨水管渠规划

根据《室外排水设计标准》(GB 50014—2021),原则上按照 5 年一遇的排水标准(改建难度大但无内涝积水的已建成区域可放宽标准至 2～3 年一遇)完善片区雨水管网,同时结合《黄埔区给排水系统专项规划(2019—2035 年)》、片区内已批旧村改造方案及相关拟建工程方案,进一步统筹片区雨水管网。南岗河排涝片区规划新建雨水管渠共 97.87 km,其中管道规格 DN600～2200,箱涵规格为 1.0 m×1.0 m～5.0 m×2.0 m。对不满足 5 年一遇排水标准的现状雨水管道进行改建扩建(改建难度大但无积水的已建成区域除外),扩建管道 45.99 km,管道规格 DN600～2200。雨水管道的规划均考虑下游河道水位顶托作用,通过耦合模型,模拟 5 年一遇及 100 年一遇两种工况下的管道能力和积水情况,系统考虑雨水管管径及坡度等改造。

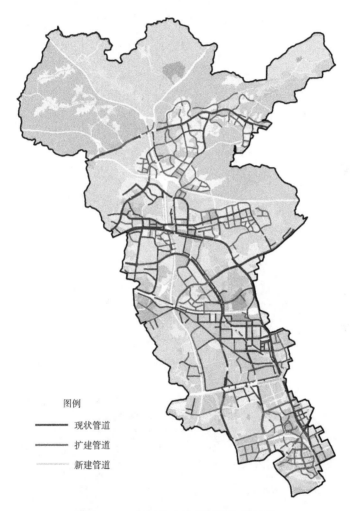

图例
——— 现状管道
——— 扩建管道
········· 新建管道

图 6.1-2　规划排水管渠平面布置总图

(2)雨水泵站规划

南岗河排涝片规划新增强排片区 6 个,新建雨水泵站 2 座,分别为 NG1♯ 雨水泵站、NG2♯雨水泵站。雨水泵站规模基于地块海绵改造后的径流系数,结合 5 年一遇暴雨遭遇 100 年一遇潮位和 100 年一遇暴雨遭遇 5 年一遇潮位两种工况综合而定。NG1♯雨水泵站拟建于黄埔东路富南路交叉口绿地处，排水规模 20 m³/s，服务面积 1.32 km²，服务范围为大滘洲以北广园快速路以南区域；NG2♯雨水泵站拟建于开创大道广园快速路立交绿地处，排水规模 25 m³/s，服务面积 2.22 km²，服务范围为广园快速路以北开源大道以南开创大道周围地块。

表 6.1-4　南岗河排涝片泵站一览表

序号	规划泵站名称	受纳水体	现状规模 （m³/s）	规划规模 （m³/s）	服务面积 （km²）	备注
1	NG1♯泵站	南岗河	—	20	1.32	规划新增
2	NG2♯泵站	南岗河	—	25	2.22	规划新增

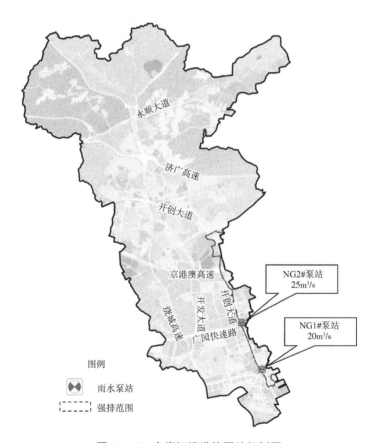

图 6.1-3　南岗河排涝片泵站规划图

（3）行泄通道规划

根据《城镇内涝防治技术规范》（GB 51222—2017）的相关要求,内涝风险大的地区宜结合其地理位置、地形特点等设置雨水行泄通道。在城镇易涝区域可选取部分道路作为排涝除险的行泄通道。

为保证南岗河排涝片满足 100 年一遇内涝防治要求,规划将超过排水管网设计能力的降雨由排水箱涵以及城市道路两大系统外排入河。规划在南岗河沿线新建 4 条排水箱涵作为行泄通道,总长度约 4.53 km,同时将 3 条道路定义为承担涝水行泄任务的通道。

表 6.1-5　南岗河排涝片行泄通道一览表

序号	类别	行泄通道	长度(km)
1	承担涝水行泄任务的排水箱涵	宏达路、宏岗南街 3.0 m×2.0 m 排水箱涵	1.92
2		信华路 5.0 m×2.0 m 排水箱涵	1.48
3		开发大道 5.0 m×2.0 m 排水箱涵	0.65
4		萝元路 3.0 m×2.0 m 排水箱涵	0.48
5	承担涝水行泄任务的道路	东众路行泄通道	1.45
6		瑞和路行泄通道	0.8
7		荔红一路行泄通道	0.47

其中,道路行泄通道均为纵坡较大的道路,在 100 年一遇工况下,径流超出海绵源头设施及雨水管渠的能力,该道路产生较严重的积水,并呈现由道路系统向下游排泄雨水的状态,雨水管道改造效益不明显,因此,将此类路定义为 100 年一遇下的道路行泄通道。在 100 年一遇降雨发生时,将上述道路部分或全部交通封闭中断,道路路面转变为涝水行泄通道,超出管网承载能力的雨水通过路缘石、机动车道、人行道及斜坡形成的几何空间蓄积、传输,排入就近河道,辅以下游应急强排措施,可以最大程度地发挥排涝除险作用。

在行泄道路段应设置警示牌并采取相应的安全防护措施,一般来说,道路积水深度超过 27 cm 时会淹没排气管造成车辆积水,因此,规定当积水深度超出 27 cm,需封闭上述行泄通道,禁止车辆行人通行,待降雨高峰过去,可逐步恢复通行。道路行泄通道封闭时长约为 4~6 h。

表 6.1-6　南岗河排涝片道路行泄通道特性表

序号	承担涝水行泄任务的道路	规划标准	不同重现期下最大积水深度(cm)			封闭道路时积水限值(cm)	受纳河道
			P=20	P=50	P=100		
1	东众路行泄通道	100 年一遇	49	61	78	27	四清河

序号	承担涝水行泄任务的道路	规划标准	不同重现期下最大积水深度(cm)			封闭道路时积水限值(cm)	受纳河道
			$P=20$	$P=50$	$P=100$		
2	瑞和路行泄通道	100年一遇	11	29	52	27	南岗河
3	荔红一路行泄通道	100年一遇	7	21	44	27	南岗河

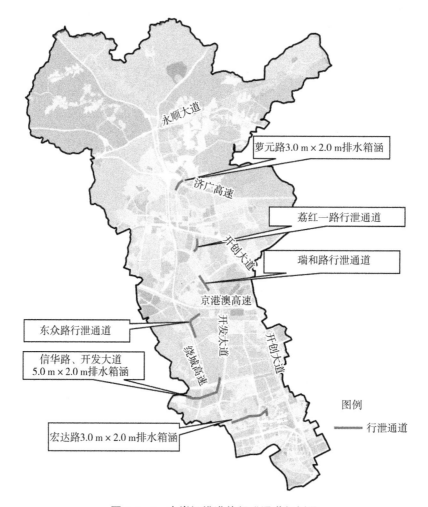

永顺大道

萝元路3.0 m×2.0 m排水箱涵

济广高速

荔红一路行泄通道

开创大道

瑞和路行泄通道

京港澳高速

东众路行泄通道

开发大道

开创大道

信华路、开发大道
5.0 m×2.0 m排水箱涵

绕城高速

图例

行泄通道

宏达路3.0 m×2.0 m排水箱涵

图6.1-4　南岗河排涝片行泄通道规划图

（4）调蓄设施规划

根据《城镇内涝防治技术规范》(GB 51222—2017)及《城镇雨水调蓄工程技术规范》(GB 51174—2017)的相关要求,新建、改建和扩建地区,应就地设置源头调蓄设施,并应优先利用自然洼地、沟、塘、渠和景观水体等敞开式雨水调蓄设施;当需要削减城镇管渠系统雨水峰值流量时,宜设置雨水调蓄池。按照水体调蓄为先、绿地广场调蓄次之、调蓄池工程等灰色设施在后的顺序合理规划城镇雨水调蓄系统。

南岗河排涝片遭遇百年一遇降雨时,峰值流量过大,超出雨水管渠设计能力,造成低洼地块的积水,需设置雨水调蓄塘或雨水调蓄池等调蓄设施削减雨水峰值流量。

为保证南岗河排涝片符合 100 年一遇内涝防治要求,遵循低影响开发理念,优先利用现有自然蓄排水设施,结合旧村改建实施方案和雨水管网规划成果,在现状旧村坑塘基础上改建(建设)景观调蓄水塘 10 处,规划绿地处新建地埋式雨水调蓄池 1 座,用于调蓄地块超标准雨水。

调蓄设施规模计算采用历时 24 h 设计降雨,通过计算该汇水区内出入调蓄设施的雨水量之差,得到所需的调蓄容积,并进行 100 年一遇内涝防治设计重现期的模型校核,得出最终的调蓄容积。

表 6.1-7　南岗河排涝片调蓄设施一览表

序号	调蓄工程	规模
1	南岗街调蓄工程	两处调蓄水塘,调蓄容积共 8 000 m³
2	宏岗村调蓄工程	一处调蓄水塘,调蓄容积 10 000 m³
3	笔岗村调蓄工程	一处调蓄水塘,调蓄容积 13 000 m³
4	笔岗路调蓄工程	一处调蓄水塘,调蓄容积 5 000 m³
5	开发大道乌石村调蓄工程	一处调蓄水塘,调蓄容积 14 000 m³
6	开创大道调蓄工程	一处地埋式调蓄池,调蓄容积 8 000 m³
7	荷村调蓄工程	一处调蓄水塘,调蓄容积 12 000 m³
8	小塱村调蓄工程	一处调蓄水塘,调蓄容积 6 000 m³
9	水西社区调蓄工程	一处调蓄水塘,调蓄容积 7 500 m³
10	塘头村调蓄工程	一处调蓄水塘,调蓄容积 30 000 m³

对于调蓄设施的运行管理,应满足以下要求:在降雨前,调蓄塘应预降水位;调蓄塘的进水格栅、前置塘和溢流口等设施应定期维护;调蓄塘应进行日常维护,包括设施检查、杂物打捞、水质维护和清淤等;调蓄池的运行应根据降雨情况、排水系统的运行情况和河道水位等因素综合确定。

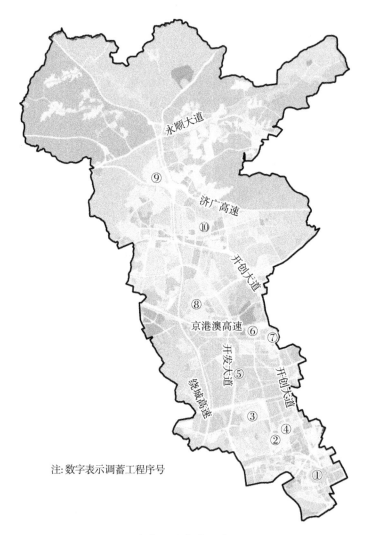

注: 数字表示调蓄工程序号

图 6.1-5 南岗河排涝片调蓄设施规划图

（5）竖向规划

南岗河下游洪水位较高,针对广园快速路以南的城市更新区域,需对其进行竖向控制,保证地块和道路排水安全。

规划南岗南片区旧改竖向均抬高至 8.7～11.5 m,南岗南片区(南岗河以北)旧改竖向均抬高至 8.7 m 以上,笔村旧改竖向均抬高至 11.2 m 以上。

5）排涝除险蓝色措施

（1）蓝色措施汇总

水库优化调度:优化调度木强水库,通过汛限水位由 45 m 降低至 43.7 m,

增加调蓄容积,最高水位不超过溢流堰底高程。100 年一遇条件可削减水库下泄流量约 27.54 m³/s;优化调度水声水库,通过汛限水位由 69 m 降低至64.2 m,增加调蓄容积,最高水位不超过溢流堰底高程。100 年一遇条件可削减水库下泄流量约 40.16 m³/s。

新建调蓄湖:充分利用和挖潜排涝片内调蓄空间,排涝片内新增 7 处调蓄湖,50 年一遇条件有效容积约 65 万 m³。配合预泄,5 年一遇条件约可削减南岗河洪峰 35 m³/s,50 年一遇条件约可削减南岗河洪峰 50 m³/s。

河道整治:广园快速桥—河口段(约 4.5 km):两岸均外拓 4 m;开源大道桥—广园快速桥段:拓宽河道(平均拓宽 5~15 m);开源大道桥以上河段:维持现状河宽。河口广深高速公路至河口段继续实施"南岗河(广深公路至河口段)综合整治工程"设计方案,河底高程范围 2.0~3.1 m;广园快速路桥—上游1.1 km 河段清淤,平均清淤深度 1.5 m;香雪大道桥—上游 1.5 km 河段清淤,平均清淤深度 1.5 m。河口至 G107 广深公路段河道两岸堤岸加高至 8.08~9.1 m,严田村段右岸堤岸加高至 10.15 m。对中游卡口交通桥梁进行改造。所有支流河道拓宽共计 12.01 km,河道挖深长度共计 2.55 km,河道清淤疏浚共计 6.7 km,新建渠道 3.27 km。

表 6.1-8 河道桥梁改建方案

序号	名称	改建方案
1	107 国道桥	107 国道两侧用顶管各顶宽 5 m×4.6 m 箱涵
2	广园快速路桥及铁路桥	广园快速路桥—上游 1.1 km 清淤,平均清淤深度 1.5 m,清淤土方量约 8.25 万 m³;用顶管各顶宽 5 m×4.6 m 箱涵
3	骏业路桥综合	骏业路桥两侧用顶管各顶宽 7.5 m×4.6 m 箱涵;东鹏大道桥底清淤疏浚;上游违章建筑拆除
4	X274 荔红大道桥	荔红大道桥桥墩附近向下清理 1 m 深岩块,同时加强桥墩稳定防护

(2)南岗河下游泵站研究

南岗河下游片包括南岗河 107 国道桥以下干流汇水范围及大迳涌、南岗河支涌汇水范围。该片区主要以商住用地为主,少量工业用地,大部分区域属于南岗(南片)旧村改建范围。规划排涝标准为 20 年一遇。

该片区现状排涝体系为自排与抽排结合,大迳涌口设有流量 0.22 m³/s 的临时泵站,南岗河支涌涌口设有流量 2.8 m³/s 的大滘洲泵站,南岗河口建有净宽 48 m 水闸,未建排涝泵站。

片区排涝的主要问题有:①南岗河干流段受外江潮位顶托,水位较高。两岸多为南岗旧村范围,地势低洼。受到干流顶托影响,两岸涝水难以排入干流。②大氹涌、南岗河支涌现状过流能力不足,涌口泵站能力有限,涝水无法及时排出。在规划排涝标准下,南岗河支涌下游约 250 m 河段将发生漫溢,最大漫溢深度 1.1 m,大氹涌暗渠满管,水头高出地面 0.3 m。③100 年一遇情况下,河道水位顶托严重,地块内涝严重,主要集中在南岗(南片)、笔岗村、宏光路至腾讯路地块、开创大道以东(广园快速路—埔北路)等。

结合本片区排涝存在的问题,在南岗河干流规划的河道整治、堤岸加高措施的基础上,结合南岗(南片)旧村改建竖向高程,在南岗河河口段开展"干流大泵站集中抽排"和"两岸雨水泵站分散抽排"两种方案比选;支流结合干流推荐方案及旧村改建方案,论证不同综合整治措施效果。

①方案一:旧改竖向抬高、两岸雨水泵站分散抽排

竖向抬高:河口 0+000～2+200 段两岸,结合南岗(南片)旧村改建,将地面竖向标高抬升至 8.7～11.5 m。

分散抽排:大氹涌临时泵站扩建至 10 m³/s,大滘洲泵站扩建至 6 m³/s。右岸旧改区增加一处 5 m³/s 排涝泵站。

雨水泵站:河口段左岸非旧改区域新增总能力约 20 m³/s 雨水泵站。

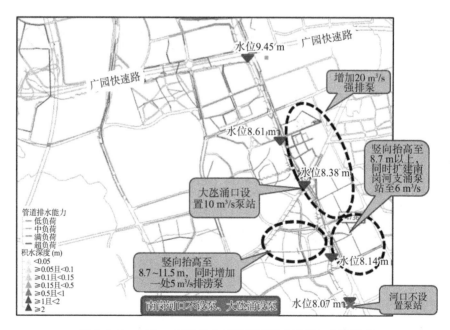

图 6.1-6 方案一:以潮为主工况下河道水面线与内涝情况

方案一在 5 年一遇降雨遭遇外江 100 年一遇潮位（以潮为主）的工况和 100 年一遇降雨遭遇外江 5 年一遇潮位（以洪为主）的工况下均可实现地块不积水的目标。

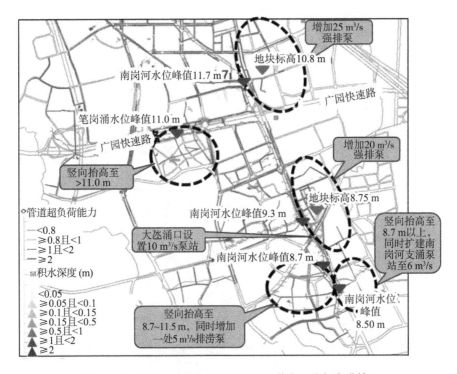

图 6.1-7　方案一：以洪为主工况下河道水面线与内涝情况

②方案二：旧改竖向抬高、干流大泵站集中抽排

竖向抬高：河口 0+000～2+200 段两岸，结合南岗（南片）旧村改建，将地面竖向标高抬升至 8.7～11.5 m。

河口泵站：南岗河河口新建 260 m³/s 排涝泵站。大氹涌临时泵站扩建至 10 m³/s，大滘洲泵站扩建至 6 m³/s。右岸旧改区增加一处 5 m³/s 排涝泵站。

雨水泵站：河口段左岸非旧改区域新增总能力约 20 m³/s 雨水泵站。

方案二在 5 年一遇降雨遭遇外江 100 年一遇潮位（以潮为主）的工况和 100 年一遇降雨遭遇外江 5 年一遇潮位（以洪为主）的工况下均可实现地块不积水的目标。

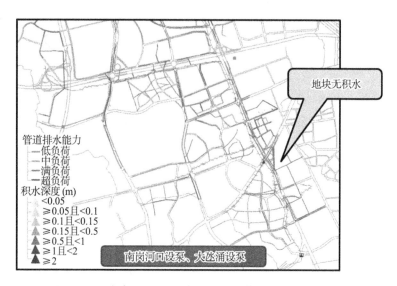

图 6.1-8　方案二：以潮为主工况下河道水面线与内涝情况

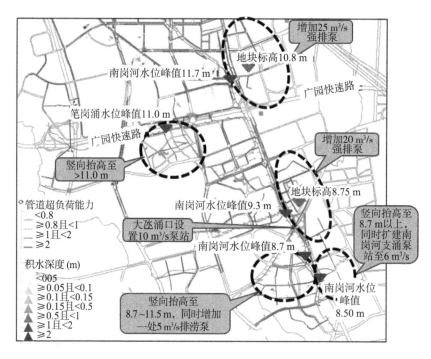

图 6.1-9　方案二：以洪为主工况下河道水面线与内涝情况

③方案比选

方案一:优点是不需要建河口泵站,工程投资相对较小。缺点是两岸地块抬高土方量约 108.36 万 m³,工程量较大,以潮为主时河口段水位相对较高,两岸需要通过雨水泵站强排的区域范围较大。

方案二:优点是降低以潮为主条件下南岗河河口段水位 1~2 m,可有效解决以潮为主条件下南岗河中下游的排涝问题。缺点是工程投资相对较大。

南岗南片旧村改建方案,竖向标高基本可以满足方案一竖向标高抬高要求,推荐方案一旧改竖向抬高方案,总投资较少。但若近 5 年内旧改竖向难以抬高至规划值,为了加强区域内涝治理,短期仍需新建河口泵站。

表 6.1-9 南岗河干流段工程方案对比表

方案	方案一	方案二
综合效果	综合效果较好	组合措施,显著降低以潮为主水位,可实现地块不积水目标
工程投资(不含竖向抬高)	4 500 万	81 000 万
实施难度	增加旧改土方量	泵站涉及征地
运维难度	小	大
是否推荐	是	否

④规划效果

在规划标准下,方案一(以潮为主)水位显著下降 1 m,可实现河道 50 年一遇治涝标准。

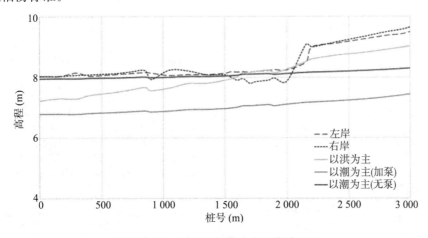

图 6.1-10 河口段南岗河水面线效果图

6) 内涝点整治规划

南岗河排涝片现有 33 处易涝点,其中 3 处为隧道易涝风险点。各内涝点整治规划方案如下。

表 6.1-10　南岗河排涝片内涝点整治规划

序号	内涝点	内涝原因分析	整治规划方案
1	荔红一路 10 号	雨量过大,地势低注,排水设施标准较低	改建荔红一路雨水管道,统一改建为向南排至南岗河,管径扩建为 DN1200～1 800,长度约为 982.1 m
2	开源大道与东捷路交界处(开源西)隧道	四清河过涌航油管阻塞,河涌水位过高顶托;泵房抽排能力标准较低	建议重新复核开源大道东捷路隧道泵站规模,开展开源大道立交隧道泵房及配套设施提升改造工程,保证隧道排水安全。四清河规划拓宽、清淤及拓宽卡口,保证隧涵排水顺畅,避免河道水位顶托
3	伴河路与果园一路交界处高速桥底	地势低注、伴河路管道存在缩径逆坡现象,排水设施标准较低,排水能力不足	规划在伴河路与果园一路交界处高速桥底增设应急强排泵,有积水时开启强排
4	东众路连云路段	四清河河道过流不足,导致水位顶托	规划扩建连云路管道至 DN600～1 800,长度为 1 069.3 m。四清河规划拓宽、清淤及拓宽卡口,保证隧涵排水顺畅,避免河道水位顶托
5	开发大道 830 仓库路段	开发大道南往北上桥位置雨水支管存在结构性问题,导致排水不畅	规划扩建开发大道雨水管道为 DN1 200～1 500,长度为 906.4 m
6	广园快速笔村立交	雨势较大,排水设施标准低,快速路下排水不及时	建议重新复核立交泵站规模,开展泵房及配套设施提升改造工程,将广园快速笔村立交排水泵站提升至安全运行高度,同时加强对立交桥(广园路范围)的排水设施清疏维管工作,确保排水顺畅
7	联广路旁涵洞	大量客水汇入,受笔岗涌水位高影响,瞬时来水超过管网排水能力	笔岗涌桩号 0＋000～1＋339 段按水系规划由 3～10 m 拓宽至 10～19 m,桩号 1＋753～2＋691 段由 5～10 m 拓宽至 20 m。桩号 1＋205 至 1＋700 段断面河底高程由 10～10.8 m 挖深至 10～10.3 m,可有效降低河道水位,解决河道水位顶托问题。建议复核涵洞排水设施,保证涵洞排水安全。汛期应急布防值守,做好边沟清疏工作,属地街镇加强巡查,积水时封闭涵洞
8	开源瑞和路口	瑞和路—开源大道段存在管径缩径问题,开源大道北侧雨水管排水能力不足	规划扩建瑞和路缩径管道,管径扩建为 DN1 500,长度约为 429.5 m。规划对开源大道管道进行扩建,共扩建 DN800～1 800 雨水管 2.45 km,3.3 m×2.2 m 雨水箱涵 107.1 m

序号	内涝点	内涝原因分析	整治规划方案
9	开创与开源大道隧道	客水量大,隧道泵站设施标准较低	规划新建1 303 m DN1 000压力管沿开源大道至南岗河,建议开展开源大道立交隧道泵房及配套设施提升改造工程,重新复核隧道泵站规模,将排水泵站提升至安全运行高度,应对超标准暴雨时,对此隧道进行临时管控封闭
10	岗贝村	地势低注,排水管网能力不足	规划在云埔一路及北部规划道路上新建DN1 800管道用于分流开创大道雨水,减轻开创大道雨水系统负荷,就近排入细陂河。同时,在骏达路和东鹏大道规划新建DN1 800~2 200管道,长度为1.25 km,分流开创大道雨水的同时,收集地块的雨水,排至南岗河。
11	开创大道云埔一路广深桥底	客水汇入,排水管道能力不足	
12	开创骏达路交界路口	雨量过大,地势低注,未完成道路升级改造,开创大道排水能力不足	改造荷村风水塘作为调蓄塘,其规模需至少达到12 000 m³。同时,在开创大道匝道绿地处规划新建一处调蓄池,规模为8 000 m³,用于调蓄开创大道西支超标准雨水
13	黄埔东路南岗牌坊至广海路口(含南岗地铁站)	地势低注,排水能力不足,同时大朱涌、沙步涌过流能力不足	南岗片区旧改竖向抬高至8.7~11.2 m,南岗南片区规划新建排水管渠12.78 km,其中管道10.69 km,排水箱涵2.09 km,景观调蓄水体8 000 m³,雨水排涝泵站5 m³/s,大朱涌河口排水泵站10 m³/s。 南岗河整体拓宽、拓宽卡口,可有效降低河道水位,解决河道水位顶托问题
14	东勤路(京港澳高速涵洞)	四清河过涌航油管阻塞,河涌水位过高顶托;泵房抽排能力标准较低	建议开展东勤路(京港澳高速涵洞)泵房及配套设施提升改造工程,重新复核涵洞泵站规模,保证涵洞排水安全。四清河规划拓宽、清淤及拓宽卡口,保证隧涵排水顺畅,避免河道水位顶托
15	汇星路隧道	下穿隧道,存在较高内涝风险	为易涝风险点,需加强隧道养护和应急值守
16	东明二路与东明一路交界	大量客水汇入,东明一路排水管道能力不足	规划分别在东明一路、东明二路及东明三路新建DN2200雨水管,收集火村地块中部及南部雨水,下游沿东明二路排入赵溪路扩建DN2200雨水渠。
17	东明二路与赵溪路交界	大量客水汇入,赵溪路排水管道能力不足	规划在东明一路新建DN1500雨水管,长度约为723 m,始于东明二路,至南岗河中
18	萝平路京珠高速桥底	下穿隧道,存在较高内涝风险	为易涝风险点,建议日常加强清疏并落实应急巡查布防

序号	内涝点	内涝原因分析	整治规划方案
19	开泰大道石桥新村广深桥底	大坑涌等排水通道受阻	开泰大道(高速段)雨水管扩建至DN2000,总长约为1.02 km。大坑涌片区通过新建雨水管道和箱涵,打通三处雨水箱涵(1.8 m×1.0 m、2.2 m×2.0 m、2.5 m×2.0 m)出口,将片区雨水排至南岗河,减轻开泰大道负担
20	开创大道黄埔东路跨线桥底	地面不平,收水能力不足,受南岗河水位顶托影响,排水不畅	规划在黄埔东路和富南路交叉口绿地位置规划一处20 m³/s的雨水泵站,同时在富南路和开创大道新建DN1 500~2 200排水总管,长度总计2.39 km。
21	富南路广深桥底	地面不平,收水能力不足,受南岗河水位顶托影响,排水不畅	南岗河整体拓宽、拓宽卡口,可有效降低河道水位,解决河道水位顶托问题。
22	永顺大道岭头隧道	下穿隧道,存在较高内涝风险	为易涝风险点,需加强隧道养护和应急值守
23	果园路涵洞	涵洞排水设施标准较低,收水能力不足	规划果园路管道扩建至DN2 000~2 200。建议复核果园路涵洞排水设施,保证涵洞排水安全。汛期应急布防值守,做好边沟清疏工作,属地街镇加强巡查,积水时封闭涵洞
24	广园快速开创立交	广园快速雨水泵站易受南岗河水位顶托影响,水量过大,泵房淹没	南岗河整体拓宽、拓宽卡口,可有效降低河道水位,解决河道水位顶托问题。规划在广园快速路和开创大道交叉口绿地位置规划一处25 m³/s的雨水泵站。建议开展广园快速开创立交泵房及配套设施提升改造工程,重新复核泵站规模,将排水泵站提升至安全运行高度,同时加强对立交桥(广园路范围)排水设施的清疏维管工作,确保排水顺畅
25	东澳广场地下停车库	雨量过大,受南岗河水位顶托,排水不畅,路面积水汇入	规划扩建东澳广场处富南路管道至DN600~1 200,长度496.6 m。建议暴雨期间落实防汛措施,配置挡水板、沙包等防汛物资,确保抽水泵正常运行
26	荔红路	荔红路排水能力不足,天鹿河水位顶托	天鹿河分流口至香雪大道箱涵汇入口段(2+400~3+000),按水系规划拓宽至24 m,河道峰值水位下降,河道顶托效应缓解。扩建荔红路雨水管道至DN1 200~1 800,排水至天鹿河
27	公路街	公路街排水能力不足,天鹿河水位顶托	天鹿河分流口至香雪大道箱涵汇入口段(2+400~3+000),按水系规划拓宽至24 m,河道峰值水位下降,河道顶托效应缓解。扩建公路街道路南侧雨水管道至DN1 000~1 800,排水至天鹿河

序号	内涝点	内涝原因分析	整治规划方案
28	市民广场 A、B 区地下停车场	汇星路排水能力不够,大量路面积水汇入,停车场未做好防汛措施	汇星路上新建两段 DN1 000 雨水管,分流汇星路雨水至开创大道雨水管渠
29	南岗中街大滘洲街	受南岗河水位顶托,排水不畅	南岗中街大滘洲街地块竖向抬高至 8.7 m 以上,南岗河支流排涝泵站扩建至 6 m³/s,大滘洲街雨水排南岗河支流,强排进南岗河
30	丹水坑路	缺少雨水设施,无法排水	丹水坑路新建 DN2 000 管道 542.3 m,排水至笔岗涌
31	沙元下村	村居地势低注,易受河涌水位顶托影响	旧村改造抬高竖向标高,规划此处为强排区,并在兴达路新建 DN1 000 雨水管道
32	东区市场	村居地势低注,易受河涌水位顶托影响	增加强排雨水泵站,强排地块雨水
33	亨元牌坊	地势低注,大氹涌因历史原因,阻水建筑物较多,排水通道不畅	扩建沙步涌上游暗渠至 6.0 m×2.5 m,疏通黄埔东路连通箱涵,扩建广海路管道至 DN2 000,扩建亨元路管道至 DN1 200,旧改抬高亨元片竖向标高,可解决此处积水内涝问题

7) 截洪沟规划

南岗河排涝片整体北高南低,北部山水汇集较快且未形成较为通畅的排水出路,造成黄登、水西、岭头新村、刘村新村等处遭受山洪威胁。南岗河排涝片内已布置有一定的截洪沟设施,但部分截洪沟线路不科学,山洪没有形成有效出路。为有效防治山洪灾害,本次对截洪沟进行重建。

(1) 现状截洪沟复核

南岗河现状截洪沟 41 条,其中 21 条截洪沟汇入河道、水库,20 条截洪沟汇入管网。经复核有 12 条截洪沟过流未达到设计标准,分别为鹅山排洪沟、荔枝坑排洪沟、岭头村排洪沟、黄登村排水渠、沙二设排水沟、竹松村、塘头村、新桂路、科城山庄、善坑顶、赢翠公园、萝峰村旧改截洪沟。

表 6.1-11　南岗河现状截洪沟过流能力复核

序号	截洪沟名称	现状标准	长度(m)	坡度(‰)	设计流量(m³/s)	集雨面积(hm²)	汇入对象	处置方案
1	鹅山排洪沟	10 年一遇	2 100	14.3	11.3	92	木强水库	改建
2	时代天韵排洪渠	20 年一遇	580	6.9	1.6	9.3	管网	
3	创新公园	20 年一遇	260	26.9	0.83	4.4	华埔涌	

序号	截洪沟名称	现状标准	长度(m)	坡度(‰)	设计流量(m³/s)	集雨面积(hm²)	汇入对象	处置方案
4	时代香树里	20年一遇	250	7.6	0.42	1.8	华埔涌	
5	荔枝坑	20年一遇	900	9	1.6	8.8	南岗河	改建
6	东风社涌	20年一遇	300	13.3	1.11	5.7	芳尾涌	
7	珠山公路渠	20年一遇	170	5.9	0.46	2	珠山涌	
8	万科山景城小区与永顺大道交界	20年一遇	90	22	0.28	0.6	管网	
9	岭头村排洪沟	10年一遇	370	108	1.9	11	水库	改建
10	旧村排水沟	20年一遇	570	14	1.48	8	芳尾涌	
11	黄登陆排水渠	20年一遇	440	6.8	1.78	10	芳尾涌	
12	黄登村排水渠	10年一遇	1 080	27.7	2.84	17.4	芳尾涌	改建
13	沙二设排水沟	20年一遇	380	13	1.3	5.3	龟咀涌	改建
14	镜子村	20年一遇	360	5.4	1.42	7.6	天鹿河	
15	竹松村	10年一遇	600	2.5	4.74	32	天鹿河	改建
16	萝岗社区	20年一遇	180	5.1	0.12	0.4	天鹿河	
17	塘头村	10年一遇	166	9	0.65	3.1	管网	改建
18	科城山庄	10年一遇	800	18.7	2.45	14.6	南岗河	改建
19	新桂路	20年一遇	640	8	1.63	9	四清河	改建
20	善坑顶	10年一遇	1 100	3.6	3.72	24	南岗河	改建
21	萝平路	20年一遇	500	2	1.13	5.8	南岗河	
22	香雪8路	20年一遇	500	3	1.1	5.6	管网	
23	保利香雪山庄	20年一遇	500	4	0.88	4.3	管网	
24	赢翠公园	10年一遇	1 300	7.2	4.11	27	南岗河	改建
25	大塱旧村	20年一遇	265	9	0.63	3	大坑涌	
26	品秀星樾	20年一遇	260	6	0.46	2	管网	
27	萝峰村旧改	10年一遇	242	8	2.3	15	天鹿河	改建
28	沙园下山	20年一遇	400	6.8	0.61	2.13	管网	

序号	截洪沟名称	现状标准	长度(m)	坡度(‰)	设计流量(m³/s)	集雨面积(hm²)	汇入对象	处置方案
29	二中苏元校区1#	20年一遇	500	5	3.2	21	管网	
30	二中苏元校区2#	20年一遇	1 000	3	1.78	10	管网	
31	二中苏元校区3#	20年一遇	600	4	0.79	3.8	管网	
32	二中苏元校区4#	20年一遇	300	3	0.61	2.8	管网	
33	永和隧道	20年一遇	520	10	4.49	30	管网	
34	爱晚景1#	20年一遇	400	3	0.4	2	管网	
35	爱晚景2#	20年一遇	400	4	0.5	2.1	管网	
36	北师大1#	20年一遇	200	8	0.21	0.93	管网	
37	北师大2#	20年一遇	200	7.5	0.52	2.2	管网	
38	水西村燕山经济合作社	20年一遇	1 138	9	3.14	20	管网	
39	岭头新村	20年一遇	989	6.3	4.43	29	管网	
40	开源大道1#	20年一遇	300	5	0.74	3.55	管网	
41	开源大道2#	20年一遇	600	6	1.87	10.58	管网	

（2）规划截洪沟

结合南岗河现状截洪沟复核状况,南岗河排涝片共规划74条截洪沟,其中,维持现状29条,规划改建12条,新建33条。所有截洪沟中,接入河道沟渠35条,接入水库山塘湖泊11条,接入雨水管网28条,新建截洪沟配套调蓄池40处,总容积5.33万 m³。

表 6.1-12 南岗河排涝片规划截洪沟特性表

编号	名称	规划标准	长度(m)	坡度(‰)	设计流量(m³/s)	集雨面积(hm²)	是否加调蓄池	调蓄容积(m³)	汇入对象	建设类型
1	时代天韵排洪渠	20年一遇	580	6.9	1.6	9.3	是	811	管网	维持现状
2	创新公园	20年一遇	260	26.9	0.83	4.4	否	0	华埔涌	维持现状
3	时代香树里	20年一遇	250	7.6	0.42	1.8	否	0	华埔涌	维持现状
4	东风社涌	20年一遇	300	13.3	1.11	5.7	否	0	芳尾涌	维持现状

编号	名称	规划标准	长度(m)	坡度(‰)	设计流量(m³/s)	集雨面积(hm²)	是否加调蓄池	调蓄容积(m³)	汇入对象	建设类型
5	珠山公路渠	20年一遇	170	5.9	0.46	2	否	0	珠山涌	维持现状
6	万科山景城小区与永顺大道交界	20年一遇	90	22	0.28	0.6	是	142	管网	维持现状
7	旧村排水沟	20年一遇	570	14	1.48	8	否	0	芳尾涌	维持现状
8	黄登陆排水渠	20年一遇	440	6.8	1.78	10	否	0	芳尾涌	维持现状
9	镜子村	20年一遇	360	5.4	1.42	7.6	否	0	天鹿河	维持现状
10	萝岗社区	20年一遇	180	5.1	0.12	0.4	否	0	天鹿河	维持现状
11	塘头村	20年一遇	670	9	1.2	6.6	是	608	现状山塘	改建
12	新桂路	20年一遇	1 264	3	2.59	15.67	否	0	四清河	改建
13	萝平路	20年一遇	500	2	1.13	5.8	否	0	南岗河	维持现状
14	香雪8路	20年一遇	500	3	1.1	5.6	是	557	管网	维持现状
15	保利香雪山庄	20年一遇	500	4	0.88	4.3	是	446	管网	维持现状
16	大塱旧村	20年一遇	265	9	0.63	3	否	0	大坑涌	维持现状
17	品秀星樾	20年一遇	260	6	0.46	2	是	233	管网	维持现状
18	沙园下山	20年一遇	400	7	0.61	2.13	是	309	管网	维持现状
19	二中苏元校区1#	20年一遇	500	5	3.2	21	是	1 622	管网	维持现状
20	二中苏元校区2#	20年一遇	1 000	3	1.78	10	是	902	管网	维持现状
21	二中苏元校区3#	20年一遇	600	4	0.79	3.8	是	400	管网	维持现状
22	二中苏元校区4#	20年一遇	300	3	0.61	2.8	是	309	管网	维持现状
23	永和隧道	20年一遇	520	10	4.49	30	是	2 275	管网	维持现状
24	爱晚景1#	20年一遇	400	3	0.4	2	是	203	管网	维持现状
25	爱晚景2#	20年一遇	400	4	0.5	2.1	是	253	管网	维持现状
26	北师大1#	20年一遇	200	2	0.21	0.93	是	106	管网	维持现状
27	北师大2#	20年一遇	200	6	0.52	2.2	是	264	管网	维持现状
28	水西村燕山经济合作社	20年一遇	1 138	9	3.14	20	是	1 591	管网	维持现状

续表

编号	名称	规划标准	长度(m)	坡度(‰)	设计流量(m³/s)	集雨面积(hm²)	是否加调蓄池	调蓄容积(m³)	汇入对象	建设类型
29	岭头新村	20年一遇	989	6.3	4.43	29	是	2 245	管网	维持现状
30	塘尾涌上游山塘排洪渠	20年一遇	545	1	9.64	74.5	是	4 885	塘尾涌	新建
31	萝峰村旧改	20年一遇	1 800	2	4.36	29	否	0	天鹿河	改建
32	华埔涌1♯	20年一遇	954	2	1.9	10.8	否	0	规划排洪渠	新建
33	香雪8路2♯	20年一遇	755	4	1.51	8.2	是	765	现状山塘	新建
34	黄登社区2♯	20年一遇	809	2	7.88	58.6	是	3 993	芳尾涌支涌	新建
35	沙挞村	20年一遇	717	55	5.98	42.2	否	0	龟咀涌	改建
36	黄麻村	20年一遇	1 191	19	6.52	46.8	是	3 304	珠山涌	新建
37	芳尾1♯	20年一遇	731	3	2.44	14.5	否	0	芳尾涌支涌	新建
38	芳尾2♯	20年一遇	991	3	4.2	27.7	是	2 128	芳尾涌	新建
39	长平	20年一遇	1 053	3	1.08	5.5	否	0	南岗河	新建
40	石坑尾1♯	20年一遇	1 302	4	3.1	19.3	否	0	水声涌	新建
41	岭头2♯	20年一遇	2 262	2	10.24	80.0	是	5 189	岭湖	改建
42	水声	20年一遇	1 035	3	2.62	15.8	否	0	水声水库	新建
43	黄麻社区	20年一遇	1 772	27	6.08	43.0	是	3 081	珠山涌	新建
44	斗岗	20年一遇	1 038	3	4.24	28.0	否	0	岭湖	新建
45	岭头1♯	20年一遇	668	3	2.65	16.0	否	0	岭湖	新建
46	水西长龙片1♯	20年一遇	608	2	5.26	36.2	否	0	龟咀涌	新建
47	水西长龙片2♯	20年一遇	976	2	3.67	23.6	否	0	龟咀涌	新建
48	水西长龙片3♯	20年一遇	390	3	2.68	16.2	是	1 358	龟咀涌	新建
49	水西长龙片4♯	20年一遇	283	1	3.05	18.9	否	0	龟咀涌	新建
50	芳尾3♯	20年一遇	410	3	2.44	14.5	否	0	芳尾涌	新建
51	水西社区	20年一遇	1 765	2	3.85	25.0	否	0	南岗河	改建
52	沙岗	20年一遇	1 039	3	2.61	15.7	否	0	鸡啼坑	新建

编号	名称	规划标准	长度(m)	坡度(‰)	设计流量(m³/s)	集雨面积(hm²)	是否加调蓄池	调蓄容积(m³)	汇入对象	建设类型
53	东源路	20年一遇	769	2	6.31	45.0	否	0	禾叉窿水库	新建
54	石坑尾2#	20年一遇	1 320	2	2.25	13.2	否	0	现状山塘	新建
55	刘村新村2#	20年一遇	664	4	1.54	8.4	是	780	开源大道北侧DN1 000市政管	新建
56	鹅山排洪渠	20年一遇	2 100	1	11.3	90.0	是	5 726	木强水库	改建
57	黄登村排水渠	20年一遇	1 080	4	2.84	17.4	否	0	芳尾涌	改建
58	竹松村	20年一遇	600	2	4.74	32.0	否	0	天窿河	改建
59	科城山庄	20年一遇	800	3	2.45	14.6	否	0	南岗河	改建
60	善顶坑	20年一遇	1 100	3	3.72	24.0	否	0	南岗河	改建
61	赢翠公园	20年一遇	1 300	1	4.11	27.0	否	0	南岗河	改建
62	石桥村	20年一遇	1 060	1	1.78	10.0	是	902	管网	新建
63	广州第二福利院	20年一遇	830	1	1.74	9.7	是	882	管网	新建
64	丹水坑1#	20年一遇	1 000	8	2.24	13.1	是	1 135	管网	新建
65	丹水坑2#	20年一遇	600	4	0.96	4.8	是	486	管网	新建
66	枝山村	20年一遇	1 240	3	2.65	16.0	是	1 343	排洪渠	新建
67	塘头村2#	20年一遇	670	2	2.2	13.7	是	1 115	现状山塘	新建
68	萝岗立交桥	20年一遇	300	6	0.57	2.59	是	289	管网	新建
69	联众东辅道	20年一遇	1 000	1	1.65	9.08	是	836	管网	新建
70	华埔涌2#	20年一遇	600	3	1.37	7.3	否	0	规划排洪渠	新建
71	萝岗大街1#	20年一遇	200	4	0.48	2.4	是	243	管网	新建
72	萝岗大街2#	20年一遇	200	4	0.48	2.4	是	243	管网	新建
73	开源大道1#	20年一遇	300	5	0.74	3.55	是	375	管网	维持现状
74	开源大道2#	20年一遇	600	6	1.87	10.58	是	948	管网	维持现状

（3）对河道的影响

截洪沟接入河道沟渠 35 条,接入水库山塘湖泊 11 条,其中有 8 条截洪沟对下游河道有影响,对下游的影响分析如表 6.1-13 所示。

表 6.1-13　对下游河道影响分析表

编号	名称	设计流量(m³/s)	集雨面积(hm²)	汇入对象	建设类型	对下游有无影响	补救措施
30	塘尾涌上游山塘排洪渠	9.64	74.5	塘尾涌	新建	有	塘尾涌河道清淤
31	萝峰村旧改截洪沟	4.36	29	天鹿河	改建	有	天鹿河下游荔红二路段新增 7 m×2 m 箱涵
34	黄登社区 2# 截洪沟	7.88	58.6	芳尾涌支涌	新建	有	芳尾涌支涌河道清淤
35	沙挞村截洪沟	5.98	42.2	龟咀涌	改建	有	龟咀涌桩号 1+300~3+700 段按水系规划由 5~10 m 拓宽至 10 m
36	黄麻村截洪沟	6.52	46.8	珠山涌	新建	有	珠山涌 5+300~6+500 段由 7~9 m 拓宽至 15 m
43	黄麻社区截洪沟	6.08	43	珠山涌	新建	有	珠山涌 5+300~6+500 段由 7~9 m 拓宽至 15 m
46	水西长龙片 1# 截洪沟	5.26	36.2	龟咀涌	新建	有	龟咀涌桩号 1+300~3+700 段按水系规划由 5~10 m 拓宽至 10 m
58	竹松村	4.74	32	天鹿河	改建	有	天鹿河下游荔红二路段新增 7 m×2 m 箱涵

（4）规划调蓄池

南岗河排涝片规划截洪沟中,28 条截洪沟汇入市政排水管网。因汇入管网流量过大或本身流量较大,共 40 条截洪沟需要进行调蓄。根据《城镇雨水调蓄工程技术规范》(GB 51174—2017)调蓄容积计算公式计算的调蓄池参数及调蓄效果见表 6.1-14。

表 6.1-14　南岗河排涝片新建调蓄池特性表

序号	名称	容积(m³)	进流量(m³/s)	出流量(m³/s)	占地面积(m²)	用地类型
1	时代天韵排洪渠	811	1.6	0.80	405	绿地
2	万科山景城小区与永顺大道交界	142	0.28	0.14	71	绿地

序号	名称	容积（m³）	进流量（m³/s）	出流量（m³/s）	占地面积（m²）	用地类型
3	塘头村	608	1.2	0.6	304	绿地
4	香雪8路	557	1.1	0.55	279	绿地
5	保利香雪山庄	446	0.88	0.44	223	绿地
6	品秀星樾	233	0.46	0.23	117	绿地
7	沙园下山	309	0.61	0.31	155	绿地
8	二中苏元校区1#	1 622	3.2	1.60	811	绿地
9	二中苏元校区2#	902	1.78	0.89	451	绿地
10	二中苏元校区3#	400	0.79	0.40	200	绿地
11	二中苏元校区4#	309	0.61	0.31	155	绿地
12	永和隧道	2 275	4.49	2.25	1 138	绿地
13	爱晚景1#截洪沟	203	0.4	0.20	101	绿地
14	爱晚景2#截洪沟	253	0.5	0.25	127	绿地
15	北师大1#截洪沟	106	0.21	0.11	53	绿地
16	北师大2#截洪沟	264	0.52	0.26	132	绿地
17	水西村燕山经济合作社	1 591	3.14	1.57	796	绿地
18	岭头新村截洪沟	2 245	4.43	2.22	1 122	绿地
19	塘尾涌上游山塘排洪渠	4 885	9.64	4.82	2 443	绿地
20	香雪8路2#截洪沟	765	1.51	0.76	383	绿地
21	黄登社区2#截洪沟	3 993	7.88	3.94	1 997	绿地
22	黄麻村截洪沟	3 304	6.52	3.26	1 652	绿地
23	芳尾2#截洪沟	2 128	4.2	2.10	1 064	绿地
24	岭头2#截洪沟	5 189	10.24	5.12	2 595	绿地
25	黄麻社区截洪沟	3 081	6.08	3.04	1 541	绿地
26	水西长龙片3#截洪沟	1 358	2.68	1.34	679	绿地
27	刘村新村2#截洪沟	780	1.54	0.77	390	绿地
28	鹅山排洪渠	5 726	11.3	5.65	2 863	绿地

序号	名称	容积（m³）	进流量（m³/s）	出流量（m³/s）	占地面积（m²）	用地类型
29	石桥村截洪沟	902	1.78	0.89	451	绿地
30	广州第二福利院截洪沟	882	1.74	0.87	441	绿地
31	丹水坑1♯截洪沟	1 135	2.24	1.12	568	绿地
32	丹水坑2♯截洪沟	486	0.96	0.48	243	绿地
33	枝山村截洪沟	1 343	2.65	1.33	671	绿地
34	塘头村截洪沟2♯	1 115	2.2	1.1	557	绿地
35	萝岗立交桥截洪沟	289	0.57	0.29	144	绿地
36	联众东辅道截洪沟	836	1.65	0.83	418	绿地
37	萝岗大街1♯截洪沟	243	0.48	0.24	121	绿地
38	萝岗大街2♯截洪沟	243	0.48	0.24	121	绿地
39	开源大道1♯截洪沟	375	0.74	0.37	183	绿地
40	开源大道2♯截洪沟	948	1.87	0.94	474	绿地

8）市政水利衔接

（1）山洪与市政管网衔接

南岗河排涝片规划共有28条截洪沟接进市政管网，其中19条为现状保留截洪沟，9条为规划新建截洪沟。根据截洪沟流量及现状管网汇水范围内的雨水量，统筹下游管网规划方案，解决由山洪引起的内涝积水问题。具体衔接方案见表6.1-15。

（2）市政管网与河道衔接

①南岗河河口—广园快速路段河道与市政管网衔接

南岗河（南岗河河口—广园快速路段）长度约4.4 km，两岸地块高程偏低。在河道拓宽整治、管网优化改建的基础上，分别进行5年一遇洪水遭遇外江100年一遇潮位和100年一遇洪水遭遇外江5年一遇潮位两种工况下的内涝模拟。

对比两种工况，遭遇5年一遇洪水时，水位值为7.88～8.90 m，河道不出槽；在遭遇100年一遇暴雨时，河道水位超高较多，水位值为7.23～11.06 m，周边地块需要通过强排雨水泵站进行排水，同时河道需要加高堤防，保证河道不漫溢。

表6.1-15 南岗河截洪沟与市政管网衔接能力复核

序号	名称	截洪沟入流量(m³/s)	建设类型	与现状下游市政管网衔接情况	现状下游管网过流能力(m³/s)	现状下游市政管网过流能力是否满足	下游市政管网规划改造方案	下游规划管网过流能力(m³/s)	校核下游规划管网是否满足过流
1	时代天韵排洪渠	0.8	维持现状	汇入玉岩路DN1000管道至开源大道2.6m×2.0m雨水箱涵,最终通过开源大道3.8m×2.0m雨水箱涵排至南岗河	4.15	是	—	4.15	是
2	万科山景城小区与承顺大道交界	0.14	维持现状	汇入承顺大道现状3.8m×1.85m雨水箱涵,排入花螺水库排洪渠	22.99	是	—	22.99	是
3	保利香雪山庄	0.44	维持现状	汇入汇星路现状DN200~2000管道,进入香雪大道4m×2.4m雨水箱涵,最终排入南岗河	0.91~10.73	否	规划汇星路上新建两段DN1000雨水管:分流汇星路雨水至开创大道2.6m×2.0m雨水箱涵3.6m×2.0m雨水箱涵	24.67~31.42	是
4	品秀星樾	0.23	维持现状	汇入伴河路DN800雨水管	1.05	是	—	1.05	是
5	沙园下山	0.31	维持现状	汇入埔南路现状2.5m×1.9m雨水箱涵,随后排入南岗河	10.13	是	—	10.13	是

续表

序号	名称	截洪沟入流量（m³/s）	建设类型	与现状下游市政管网衔接情况	现状下游管网过流能力（m³/s）	现状下游市政管网过流能力是否满足	下游市政管网规划改造方案	下游规划过流管网能力（m³/s）	校核下游规划管网是否满足过流
6	二中苏元校区1#	1.6	维持现状	现状通过学校围墙边的800mm×300mm截水沟经校内的5座沉砂池沉淀后排入校内DN800～1800雨水管，最终由两个排出口分别排至水西路现状DN1200和DN1500雨水管	6.296（校内） 2.47～4.96（水西路）	否	参考《二中（苏元校区）后山防洪综合治理工程》方案，保留利用现状校内排洪管网，通过新建调蓄设施、蓄存雨水，在汇流集中处新建调蓄塘，并扩建人行道沿线的截水沟，尽可能对山洪进行拦截至调蓄设施	6.296（校内） 2.47～4.96（水西路）	是
7	二中苏元校区2#	0.89							
8	二中苏元校区3#	0.4							
9	二中苏元校区4#	0.31							
10	永和隧道	2.25	维持现状	接入隧达街DN400～1200雨水管随后接入雅筑东侧道路现状DN2000雨水管，排至花细陂河	0.35～4.09	否	将隧达街DN400～1200雨水管扩建至DN1200	4.09	是
11	爱晚景1#截洪沟	0.2	维持现状	接入爱晚景项目部北侧DN1500雨水管，排放至花细隆排洪渠	8.75	是	—	8.75	是
12	爱晚景2#截洪沟	0.25	维持现状			是			是

续表

序号	名称	截洪沟入流量 (m³/s)	建设类型	与现状下游市政管网衔接情况	现状下游管网过流能力(m³/s)	现状下游市政管网过流能力是否满足	下游市政管网规划改造方案	下游规划管网过流能力 (m³/s)	校核下游规划管网是否满足过流
13	北师大1#截洪沟	0.11	维持现状	经北师大一纵路和北师大中学内部DN1500雨水管汇入南岗河	13.69	是	—	13.69	是
14	北师大2#截洪沟	0.26	维持现状	经北师大一纵路和北师大中学内部DN1350雨水管汇入南岗河	8.27	是	—	8.27	是
15	水西村燕山经济合作社	1.57	维持现状	接入萝岗和苑北侧路4.0 m×1.5 m雨水箱涵、萝岗和苑东侧路2.4 m×1.8 m箱涵、水西路2.4 m×1.6 m箱涵、排至塘尾涌	17.69~51.80	是	—	17.69~51.80	是
16	岭头新村截洪沟	2.22	维持现状	接入长岭路北侧现状DN800~1650雨水管道、排至南岗涌	1~2.76	否	长岭路北侧现状DN800~1650雨水管扩建至DN1500~2000	5.38~8.97	是
17	香雪8路截洪沟	0.55	维持现状	接入笃学路DN1500雨水管、排至南岗河	9.54	是	—	9.54	是
18	刘村新村2#截洪沟	0.77	新建	汇入开源大道DN1000现状雨水管、排入细陂河和南岗河	2.28	是	—	2.28	是
19	石桥村截洪沟	0.89	新建	往北接入开泰大道DN1350~2000雨水管、排至南岗河	3.66~4.92	是	—	3.66~4.92	是

续表

序号	名称	截洪沟入流量 (m³/s)	建设类型	与现状下游市政管网衔接情况	现状下游管网过流能力(m³/s)	现状下游市政管网过流能力是否满足	下游市政管网规划改造方案	下游规划管网过流能力 (m³/s)	校核下游规划管网是否满足过流
20	广州第二福利院截洪沟	0.87	新建	接入瑞祥路DN1 200~2 000雨水管,最终排至南岗河	3.65~16.53	否	瑞祥路沿线雨水管扩建至DN800~2 200(现状存在较多逆坡现象,需调整管道坡度)	6.48~19.93	是
21	萝岗立交桥截洪沟	0.29	新建	接入开源大道3.8 m×2.2 m雨水箱涵,排入南岗河	22.99	是	—	22.99	是
22	联众东辅道截洪沟	0.83	新建	接入开发大道DN700~1 000雨水管,排入南岗河	3.88	是	—	3.88	是
23	丹水坑1#截洪沟	1.12	新建	接入宏明路南侧DN600~1 200雨水管,排入南岗河	0.39~2.37	否	东鹏大道新建4 m×2 m雨水箱涵向北排至笔岗涌,规划大道路西侧新建DN1 000~1 800雨水管,排至4 m×2 m雨水箱涵	2.4~11.49	是
24	丹水坑2#截洪沟	0.48	新建	接入宏明路南侧DN600~1 200雨水管,排入南岗河	0.39~2.37	否	东鹏大道新建4 m×2 m雨水箱涵向北排至笔岗涌,规划大道路西侧新建DN1 000~1 800雨水管,排至4 m×2 m雨水箱涵	2.4~11.49	是
25	萝岗大街1#截洪沟	0.24	新建	—	—	—	接入开源大道北侧新建DN1 000雨水管,最终排至天鹿河	3.39	是

续表

序号	名称	截洪沟入流量(m³/s)	建设类型	与现状下游市政管网衔接情况	现状下游管网过流能力(m³/s)	现状下游市政管网过流能力是否满足	下游市政管网规划改造方案	下游规划管网过流能力(m³/s)	校核下游规划管网是否满足过流
26	萝岗大街2#截洪沟	0.24	新建	—	—	—	接入开源大道北侧新建DN1000雨水管，最终排至天隆河	3.39	是
27	开源大道1#截洪沟	0.37	维持现状	接入开源大道现状DN1500雨水管，随后排至云峰路DN2200雨水管，排入细陂河	7.07~10.75	是	—	7.07~10.75	是
28	开源大道2#截洪沟	0.94	维持现状	接入华立街DN400~1000雨水管，随后排至玉岩路DN1500雨水管，最终排入细陂河	0.29~2.98	否	华立街现状雨污混接，对其进行雨污分流改造，并将华立街DN400~1000雨水管扩建至DN800~1200	1.87~5.51	是

(a) 5年一遇洪水遭遇外江100年一遇潮位工况　(b) 100年一遇洪水遭遇外江5年一遇潮位工况

图 6.1-11　南岗河(南岗河河口—广园快速路段)不同工况水位下管网积水情况

②广园快速路—京港澳高速段河道与市政管网衔接

南岗河(广园快速路—京港澳高速)长度约 3.0 km。在河道拓宽整治、管网优化改建的基础上,分别进行 5 年一遇洪水遭遇外江 100 年一遇潮位和 100 年一遇洪水遭遇外江 5 年一遇潮位两种工况下的内涝模拟。

对比两种工况,遭遇 5 年一遇洪水时水位值为 9.49~13.89 m;在遭遇 100 年一遇暴雨时,河道水位值为 11.06~15.66 m,地块有少量积水,基本可在暴雨峰值半小时后退去,周边局部低洼地块需要通过强排雨水泵站进行排水。

(3)京港澳高速—开创大道段河道与市政管网衔接

南岗河(京港澳高速—开创大道段)长度约 4.0 km。在河道拓宽整治、管网优化改建的基础上,分别进行 5 年一遇洪水遭遇外江 100 年一遇潮位和 100 年一遇洪水遭遇外江 5 年一遇潮位两种工况下的内涝模拟。

对比两种工况,遭遇 5 年一遇洪水时水位值为 13.89~20.15 m;在遭遇 100 年一遇暴雨时,河道水位为 15.66~21.60 m,地块有少量积水,基本可在暴雨峰值半小时后退去。

9)效果分析

表 6.1-16　南岗河排涝片规划设施一览表

序号	分类	规划措施
1	绿色设施	分区年径流总量控制率由 49% 提高至 72%,对应降雨量 27.5 mm。源头雨水调蓄总量 76.13 万 m^3,其中雨水资源利用量 13.43 万 m^3;通过南岗(南片)旧村改建等 28 个旧改项目新增调蓄容积 9.85 万 m^3,规划调蓄公园可调蓄水量共计约 13.6 万 m^3

序号	分类		规划措施
2	灰色设施	排水管道	新建雨水管渠共 97.87 km,其中管道规格 DN600～2 200,箱涵规格为 1.0 m×1.0 m～5.0 m×2.0 m;扩建管道 45.99 km,管道规格 DN600～2 200
3		排水泵站	新建 2 座雨水泵站,总排水规模 45 m³/s
4		排涝通道	新建 4 条行泄排水箱涵,总长 4.53 km
5		调蓄设施	规划在现状旧村坑塘基础上改建景观调蓄水塘 10 处,规划绿地处新建地埋式雨水调蓄池 1 座,总调蓄容积 11.35 万 m³
6	蓝色设施	河道	开源大道桥至广园快速桥段平均拓宽 5～15 m,长度约 5 km;广园快速桥—河口段拓宽 4 m,长度约 4.5 km;所有支流河道拓宽共计 12.01 km,河道挖深长度计 2.55 km,河道清淤疏浚共计 6.7 km,新建渠道 3.27 km
7		调蓄水体	排涝片内新增 7 处调蓄湖,50 年一遇有效容积约 65 万 m³
8		水库	优化调度木强水库和水声水库,实现 100 年一遇暴雨不下泄
9	非工程措施		加强截洪沟巡查管护及山洪自动监测;支流河道日常维护管理共 6.7 km,组织对排水管网、闸泵、涵闸等水务工程进行巡查

规划实施后,100 年一遇暴雨条件下,南岗河排涝片在雨峰前后两小时内的产流量为 955.1 万 m³,雨峰前后两小时排出水量计计 616.98 万 m³;片区内调蓄水量总计 399.35 万 m³,相比现状增多 61.85 万 m³;积水总量为 78.51 万 m³,相比现状减少 144.55 万 m³。南岗河干支流沿线不发生漫溢,整个片区最大积水深度不超过 0.15 m。雨峰后 6 小时最大积水深度减小到 0.08 m 以下,可以满足雨停后退水时间要求。

6.2 乌涌排涝片

1) 片区基本情况

乌涌集雨面积 58.65 km²,黄埔区内 56.74 km²,高程在 7～377 m 之间。以广汕公路和广园快速路为界,整个排涝片分为北、中、南三部分。全长 24.13 km,河道比降 1.54‰。乌涌左支集雨面积 14.6 km²,全长 8.51 km,河道比降 1.70‰;乌涌右支集雨面积 28.78 km²,全长 6.58 km,河道比降 1.65‰。排涝片内水网密集,主要支流为小乌涌、三庯涌、下沙涌、本田厂排水渠,以及左支流左岸的青年圳和莲塘渠等 12 条河道。右支上游建有水库 2 座,其中水口水库为小(1)型水库,黄鳝田水库为小(2)型水库。水口水库正常蓄水位为 116.5 m(广州城建,下同),相应库容 816 万 m³,设计洪水位为 117.94 m,相应库容 774.5 万 m³,校核洪水位为 118.6 m,相应库容 812.46 万 m³。黄鳝田水库防洪标准为 20 年一遇,正常蓄水位为 185.26 m(广州城建,下同),相应库容 12.62 万 m^3,设计洪水位为 186.68 m,相应库容 15.46 万 m^3,校核洪水位为 187.1 m,相应库容 16.33 万 m^3。

乌涌河口现建有乌涌水闸,总净宽 32 m,水闸分五孔,每孔净宽 6.4 m。闸底板高程 2.4 m,闸顶高程 8.62 m。设计防洪标准为 200 年一遇。乌涌干流设有 11 座溢流堰。

乌涌排涝片共涉及 10 个旧村改建项目,其中黄埔街道 2 个,大沙街道 2 个,联和街道 6 个,旧改总面积约 4.79 km^2,占排涝片总面积 8.2%。

乌涌排涝片北高南低,低丘、台地、平原分布明显,地面高程为 7~377 m,广汕公路、广园快速路把排涝片分为三个部分:北部为开发强度较低的丘陵地带,中部为高新技术集聚的科学城区域,南部为建筑密集的黄埔老城区。

乌涌排涝片内主干雨水管道总长约 233.65 km,管网密度约 3.94 km/km^2,满足 5 年一遇重现期达标率 49.88%。其中合流制箱涵总长度 83.59 km。由于河网密集,水系发达,雨水管道排水距离较短,大部分就近排入水体,管径以 DN600~DN900 为主,DN900 及以下管道约占管道总长的 66.69%。

表 6.2-1　现状管径分布一览表

管径(mm)	长度(km)	占比(%)
300~500	44.504	29.66%
600~900	55.559	37.03%
1 000~1 800	47.465	31.63%
2000	2.518	1.68%

2) 内涝风险与问题分析

(1) 现状内涝风险

乌涌排涝片现有 40 个内涝点,内涝点主要集中于中下游洼地,上游易涝点仅零星分布在立交隧道处。高风险区主要分布于港湾路、下沙横沙片区、护林路等地区,与历史内涝情况相符。

表 6.2-2　乌涌排涝片现状内涝点分布情况

序号	内涝点	所属街道	类别	内涝原因分析
1	港前路 531 号大院内露天停车场和生活小区	怡港社区	内涝点	未完成雨污分流,排水设施不完善,排水能力不足

序号	内涝点	所属街道	类别	内涝原因分析
2	港湾路 180 号至 320 号路段约 100 m	怡港社区	内涝点	地势低洼,易受下沙涌水位顶托影响
3	港湾路港湾中学	交警大队	内涝点	管渠规模小,排水能力不足,且地势低洼,易受下沙涌水位顶托影响
4	黄埔东路港湾隧道双向	交警大队	易涝风险点	下穿隧道,属于易涝风险点
5	金隆园地下停车场	丰乐社区	内涝点	市交通项目办实施的丰乐路隧道工程排水管线迁改不当,导致排水不畅
6	下沙村路面停车场	下沙社区	内涝点	下沙村仍未实现雨污分流,排水设施不完善,排水能力不足
7	丰乐中路建设大厦	交警大队	内涝点	管渠养护不善,排水不畅
8	信达大厦地下停车场	丰乐社区	内涝点	小区内地下停车场地势低洼,抽水泵排水不畅
9	新溪村路面停车场	下沙社区	内涝点	该点在三旧改造范围内,新溪村仍未实现雨污分流,排水设施不完善,排水能力不足
10	丰乐大厦地下停车场	丰乐社区	内涝点	小区内地下停车场地势低洼,抽水泵排水不畅
11	沙边街	横沙社区	内涝点	雨污合流管渠,排水能力不足
12	环村路	横沙社区	内涝点	三旧改造破坏、堵塞排水通道,造成排水不畅
13	大沙地东黄埔区法院西区地下停车场	泰景社区	内涝点	地势低洼,排水不畅
14	广州市第三少年宫地下停车场	泰景社区	内涝点	地势低洼,排水不畅
15	大沙北路泰景花园文雅阁地下停车场	泰景社区	内涝点	小区内地下停车场地势低洼,抽水泵排水不畅
16	大沙北路 137 号泰景室内停车场	泰景社区	内涝点	小区内地下停车场地势低洼,抽水泵排水不畅
17	护林路	横沙社区	内涝点	护林路道路升级改造工程未完工,道路面层沥青未完成铺设,路面雨水无法排入算子
18	丰乐北路护林路隧道	交警大队	易涝风险点	隧道排水泵抽水能力不足
19	护林路与镇东路隧道	泰景社区	易涝风险点	管径偏小,过流能力不足

续表

序号	内涝点	所属街道	类别	内涝原因分析
20	白新街	横沙社区	内涝点	道路排水设施仍不完善,目前通过周边农田排水渠排水,排水能力不足
21	碧山村	姬堂社区	内涝点	地势低洼,卡斯马项目开展破坏原排水通道,且北侧、东侧道路排水设施未建成,导致排水不畅
22	碧山停车场	姬堂社区	内涝点	地势低洼,排水能力不足
23	广本路	莺岗社区	内涝点	管径偏小,排水能力不足
24	丰乐北横路连接稀土有限公司	莺岗社区	内涝点	管道养护不足,堵塞
25	丰乐北路(姬堂公园地铁站)	交警大队	内涝点	丰乐北路道路拓宽,管道养护不足,排水不畅
26	姬堂村	姬堂社区	内涝点	地势低洼,排水能力不足
27	加庄村	姬堂社区	内涝点	地势低洼,排水能力不足
28	科丰隧道	交警大队	易涝风险点	隧道排水泵抽水能力不足
29	光谱中路涵洞	交警大队	易涝风险点	高速公路两侧排水边沟淤堵,排水不畅
30	科珠隧道	交警大队	易涝风险点	隧道排水泵抽水能力不足
31	科学大道隧道	交警大队	易涝风险点	隧道排水泵抽水能力不足
32	神舟路地铁站 B1 出口附近中铁二局	交警大队	内涝点	施工范围占压堵塞排水设施导致水浸
33	迁岗西街鱼塘边	迁岗社区	内涝点	迁岗西街排水设施标准低,排水能力不足
34	神舟路与伴绿路三岔路口	科学城社区	内涝点	神舟路管渠规模小,排水能力不足
35	开创大道东方汇广场与万科新里程交会处	黄陂社区	内涝点	因历史原因,龙伏涌过广汕路存在卡口,排水不畅
36	开创大道广汕路交界处(交警大队三中队)	交警大队	内涝点	因历史原因,龙伏涌过广汕路存在卡口,排水不畅
37	天鹿南路往广汕路方向	交警大队	内涝点	天鹿南路和广汕公路管渠规模小,排水能力不足
38	天鹿南路天鹿花园南区路段	联和社区	内涝点	管渠规模小,排水能力不足,且部分地势低洼

序号	内涝点	所属街道	类别	内涝原因分析
39	天鹿南路田心村牌坊至木棉新村路口	联和社区	内涝点	田心村设施标准较低,排水能力不足
40	凤凰山隧道	交警大队	内涝点	隧道排水泵抽水能力不足

（2）100 年一遇暴雨内涝风险

100 年一遇暴雨条件下,除现状易涝点内涝风险较大以外,新增部分易涝区如下。

重度易涝区:黄埔图书馆;黄埔荔枝公园;龙伏街片区;乌涌(科林路—南翔三路)沿岸区域;开泰大道(大壮国际广场南侧路段);香山路金峰园路交叉口;科丰路东侧低洼农田。

中、轻度易涝区:上堂村菜市场;科翔路;南翔二路(旗锐科技园);港前路东路段。

（3）存在问题

造成上述区域内涝风险较大的主要原因有河道过流能力不足、管网排水能力不足、局部地势低洼等。

①河道过流能力不足

现状乌涌河道较窄,中游沿线有 9 个卡口与 10 个溢流堰阻水。干流现状过流能力约为 20 年一遇,广汕公路上游段过流能力约 200 m³/s,中游广本段过流能力约 280 m³/s,河口段过流能力约 350 m³/s。在规划 50 年一遇防洪标准条件下,中下游大部分河段行洪能力不足,出现漫溢。主要不达标河段包括 3 段:三㘵涌涌口至广园快速路段 1.8 km,河道堤防欠高 0.5 m;科林路桥下游 0.5 km 至南翔三路桥段 1.3 km,河道堤防欠高 0.4 m;广汕公路上游 200 m 至华扬路桥涵河道,堤防欠高 0.6 m。

8 条支流共 17.91 km 河段存在漫溢风险,主要原因有承泄区顶托、局部过流能力不足、河道淤积、泵排流量不足、滞蓄设施调蓄能力不足五类,各区域存在问题河道情况见表 6.2-3。

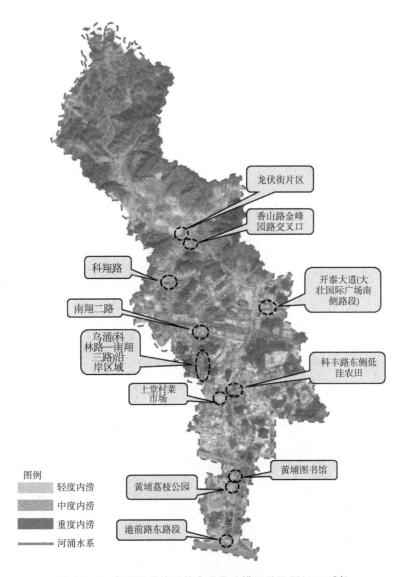

龙伏街片区

香山路金峰
园路交叉口

科翔路

南翔二路

乌涌(科
林路—南翔
三路)沿
岸区域

上堂村菜
市场

开泰大道(大
壮国际广场南
侧路段)

科丰路东侧低
洼农田

黄埔图书馆

黄埔荔枝公园

港前路东路段

图例
轻度内涝
中度内涝
重度内涝
河涌水系

图 6.2-1 乌涌排涝片现状内涝风险模拟结果图(P=1%)

表 6.2-3 规划标准洪水条件下乌涌排涝片存在问题河道情况表

序号	所在排涝分区	所在河道	起点	终点	长度(m)	主要问题	主要原因
1	乌涌下游	乌涌	河口(0+000)	广园路(2+900)	2 900	防洪墙段安全超高小于 0.5 m,最大大高 0.5 m	承泄区顶托,地势低洼,泵排流量不足
		三叟涌	河口(0+000)	横沙村(2+900)	2 900	护岸发生漫溢,最大漫溢深度 1.2 m	承泄区顶托,地势低洼,泵排流量不足
		下沙涌	河口(0+000)	黄埔公园(0+660)	660	护岸发生漫溢,最大漫溢深度 1 m	承泄区顶托,地势低洼,泵排流量不足
2	黄麒田排洪渠	黄麒田排洪渠	河口(0+000)	凤凰山隧道(0+400)	400	防洪墙段安全超高小于 0.5 m,最大大高 0.3 m	局部过流能力不足
3	联和木棉涌	联和木棉涌	河口(0+000)	联和幼儿园(0+720)	720	防洪墙段安全超高小于 0.5 m,最大大高 0.3 m	局部过流能力不足
4	沙湾排洪渠	沙湾排洪渠	河口(0+000)	山下村村燃气便民服务站(1+200)	1 200	护岸发生漫溢,最大漫溢深度 1.3 m	河道淤积,局部过流能力不足
5	龙伏涌	龙伏涌	河口(0+000)	广汕公路(0+300)	300	防洪墙段安全超高小于 0.5 m,最大大高 0.3 m	局部过流能力不足
6	小乌涌	小乌涌	河口(0+000)	沈海高速(0+400)	400	防洪墙段安全超高小于 0.5 m,最大大高 0.3 m	局部过流能力不足

续表

序号	所在排涝分区	所在河道	起点	终点	长度(m)	主要问题	主要原因
7	乌涌左支流	乌涌左支流	河口(0+000)	黄埔新动力(1+900)	1 900	护岸发生漫溢,最大漫溢深度 0.8 m	河道淤积,局部过流能力不足
			沈海高速(4+500)	苏元地铁站(6+000)	1 500	河道局部超高不足 0.5 m	局部过流能力不足
		莲塘渠	河口(0+000)	中石化(2+210)	2 210	防洪墙段安全超高小于 0.5 m,最大欠高 0.3 m	河道淤积,局部过流能力不足
		青年圳	河口(0+000)	石化路(1+500)	1 500	护岸发生漫溢,最大漫溢深度 0.7 m	河道淤积,局部过流能力不足
8	本田厂排水渠	本田厂排水渠	河口(0+000)	达康幼儿园(1+500)	1 500	防洪墙段安全超高小于 0.5 m,最大欠高 0.2 m	河道淤积,局部过流能力不足

161

②管网排水能力不足、局部地势低洼

经过复核，由于管网排水能力不足、局部地势低洼造成积水严重的共29项。

表6.2-4　规划标准洪水条件下乌涌排涝片存在问题管网情况表

序号	易涝点	周边雨水管道	存在问题
1	港湾路 180 号至 320 号路段约 100 m	港湾路现状 DN600～800 雨水管道	地势低洼，易受下沙涌水位顶托影响
2	港前路 531 号大院内露天停车场和生活小区	该处位于广州港务局生活大院内，未完成雨污分流	未完成雨污分流，排水设施不完善，排水能力不足
3	下沙村路面停车场	旧村内雨污合流管渠	下沙村仍未实现雨污分流，排水设施不完善，排水能力不足
4	新溪村路面停车场	旧村内雨污合流管渠	该点在三旧改建范围内，新溪村仍未实现雨污分流，排水设施不完善，排水能力不足
5	沙边街	位于旧改区域，雨污合流制	雨污合流管渠，排水能力不足
6	港湾路港湾中学	港湾路现状 DN600～800 雨水管道	管渠规模小，排水能力不足，且地势低洼，易受下沙涌水位顶托影响
7	丰乐中路建设大厦	丰乐中路现状 DN500～1 200 雨水管道	管渠淤堵，排水不畅
8	金隆园地下停车场	丰乐中路现状 DN500～1 200 雨水管道	市交通项目办实施的丰乐路隧道工程排水管线迁改不当，导致排水不畅
9	信达大厦地下停车场	丰乐中路现状 DN500～1 200 雨水管道	小区内地下停车场地势低洼，抽水泵排水不畅
10	大沙北路泰景花园文雅阁地下停车场	经核，小区排水通道正常	小区内地下停车场地势低洼，抽水泵排水不畅
11	大沙北路 137 号泰景室内停车场	经核，小区排水通道正常	小区内地下停车场地势低洼，抽水泵排水不畅
12	广州市第三少年宫地下停车场	经核，大沙东路排水通道正常	地势低洼，排水不畅
13	大沙地东黄埔区法院西区地下停车场	经核，大沙东路排水通道正常	地势低洼，排水不畅
14	护林路	市政雨水管道正处于升级改建阶段	护林路道路升级改造工程未完工，道路面层沥青未完成铺设，路面雨水无法排入篦子
15	环村路	位于旧改区域，雨污合流制	三旧改建破坏、堵塞排水通道，造成排水不畅

序号	易涝点	周边雨水管道	存在问题
16	碧山村	村居未实现雨污分流	地势低注,卡斯马项目开展破坏原排水通道,且北侧、东侧道路排水设施未建成,导致排水不畅
17	姬堂村	村居未实现雨污分流	地势低注,排水能力不足
18	加庄村	村居未实现雨污分流	地势低注,排水能力不足
19	碧山停车场	村居未实现雨污分流	地势低注,排水能力不足
20	白新街	白新街 0.4 m×0.3 m~0.8 m×1.2 m 排水箱涵	道路排水设施仍不完善,目前通过周边农田排水渠排水,排水能力不足
21	广本路	广本路现状 DN400~600 雨水管道	管径偏小,排水能力不足
22	丰乐北横路连接稀土有限公司	丰乐北横路 DN500~600 雨水管道	管道养护不足,堵塞
23	天鹿南路往广汕路方向	天鹿南路现状 DN800~2 000 雨水管道	天鹿南路管渠规模小,排水能力不足
24	天鹿南路天鹿花园南区路段	沙新街现状 DN1 200~1 800 雨水管道,天鹿南路现状 DN800~2 000 雨水管道	管渠规模小,排水能力不足,且部分地势低注
25	迁岗西街鱼塘边	该点位于旧改区域,待拆迁	迁岗西街排水设施标准低,排水能力不足
26	神舟路与伴绿路三岔路口	神舟路现状 DN400~1 000 雨水管道	神舟路管渠规模小,排水能力不足
27	天鹿南路田心村牌坊至木棉新村路口	天鹿南路现状 DN600~2 000 雨水管道	田心村设施标准较低,排水能力不足
28	神舟路地铁站 B1 出口附近中铁二局	科学大道南侧现状 DN500~800 雨水管道	施工范围占压堵塞排水设施导致水浸
29	丰乐北路(姬堂公园地铁站)	丰乐北路现状 DN600~1 200 雨水管道	丰乐北路道路拓宽,管道养护不足,排水不畅

100 年一遇暴雨条件下,在雨峰前后两小时内的产流量为 342 万 m^3,排出水量总计 145 万 m^3,片区内调蓄水量总计 121 万 m^3,积水总量为 76 万 m^3。乌涌干支流沿线发生漫溢,整个片区最大积水深度超过 1 m。雨峰过后 3 小时最大积水深度减小到 0.15 m 以下,此时的积水总量仍有 126 万 m^3。

3)源头减排绿色设施

根据《黄埔区海绵城市专项规划》,规划乌涌片区年径流总量控制率 71%

（设计降雨量 26.6 mm），初雨截流量 5 mm，片区建设用地需每公顷设置 50 m³ 的初雨截留设施。

（1）建筑小区径流控制规划

分区总面积 5 945.30 hm²，其中建设用地面积 4 151.14 hm²，通过下凹绿地、植草沟、洼地、生态湿地、雨水花园等雨水滞蓄、渗透设施，达到规划年径流总量控制率 71%。

（2）旧改及城市更新地区径流控制

区内现有中外运旧厂改造项目、下沙（裕丰围片）旧村改造项目、下沙（新溪片）旧村改造项目、新溪旧城改造项目、横沙旧村全面改造项目、横沙工业园旧厂全面改造项目、姬堂旧村全面改造项目、暹岗社区旧村改造项目、香雪制药旧厂改造项目、班岭村旧村改造项目、金鹏集团旧厂房改造项目、黄陂社区长安片区"三旧"改造项目、华侨社旧村改造项目、黄陂公司旧村改造项目、黄陂社区二期旧村改造项目等，城市更新片区占地面积约 524.05 hm²，规划新增源头径流控制容积 7.25 万 m³。通过植草沟、洼地、生态湿地、雨水花园等雨水滞蓄、渗透或污染消减设施，保留并利用现有坑塘、湿地、潜在淹没区，共计约 7.66 hm²，构建湿地缓冲带，增加片区径流调蓄和控制能力。

（3）规划保留地区径流控制规划

结合乌涌排涝片排水单元达标治理工程、下沙涌及珠江涌排涝片排水单元达标创建工程、科学城外环线道路改造提升工程、开创大道（广汕公路—广深高速）道路升级改造工程、科学城荔枝山路北段道路市政工程、科学城彩频路西延线市政道路及配套工程、黄埔大沙地片区连接天河区道路及绿化景观升级改造工程、科学城科林路（南云五路—科丰路）市政道路及配套工程、地铁 13 号线市政道路开挖修复工程、科学城科丰路与科林路交叉口隧道工程、黄埔区地铁 21 号线市政道路恢复及提升工程、科学城核心区道路及绿化景观升级改造工程等项目，通过建设植草沟、透水铺装等源头径流控制设施，削减径流量。

（4）绿地调蓄设施规划

乌涌分区内规划黄埔荔枝生态调蓄公园、姬堂生态调蓄公园、广州科学城体育生态调蓄公园等带有调蓄功能的公园绿地。为提升区域的径流控制能力，打通径流行泄通道，将原本与外界隔绝的湖区，恢复与行泄径流的自然流动通道，结合公园微改造，在地块内沿线设置植草沟和线性排水沟，将山体、道路径流导流汇入场地湿塘。乌涌分区内规划调蓄公园可调蓄水量共计约 4.42 万 m³。

（5）初雨控制及雨水利用规划

结合分区内旧改和新建区的建设，每公顷建设用地配建 50 m³ 的初雨截留调蓄设施，分区初期雨水控制调蓄容积总量 14.51 万 m³，经初期雨水处理后，可就地用于地块内绿化浇洒和景观水体补水等。

（6）规划实施效益

通过乌涌分区源头径流控制及利用建设，分区年径流总量控制率由 47% 提高至 71%，源头雨水调蓄总量 46.55 万 m³，其中雨水资源利用量 14.51 万 m³；通过旧改项目新增调蓄容积 7.25 万 m³；区域内规划水面率不低于 2.77%，旧村改造水面面积不小于 7.66 hm²；规划调蓄公园可调蓄水量共计约 4.42 万 m³。

4）排水管渠灰色设施

（1）雨水管渠规划

根据《室外排水设计标准》（GB 50014—2021），原则上按照 5 年一遇的排水标准（改建难度大但无内涝积水的已建成区域可放宽标准至 2～3 年一遇）完善片区雨水管网，同时结合《黄埔区给排水系统专项规划（2019—2035 年）》、排涝片区内已批旧村改造方案及相关拟建工程方案，进一步统筹片区雨水管网。乌涌排涝片规划新建雨水管渠共 74.143 km，管道规格 DN600～2 200，雨水箱涵规格为 2.0 m×2.0 m～3.5 m×2.5 m。对不满足 5 年一遇排水标准的现状雨水管道进行改建扩建（改建难度大但无积水的已建成区域除外），扩建管道 23.038 km，管道规格 DN600～1 800，雨水箱涵规格为 2.0 m×2.0 m～3.5 m×2.5 m。雨水管道的规划均考虑下游河道水位顶托作用，通过耦合模型，模拟 5 年一遇及 100 年一遇两种工况下的管道能力和积水情况，从而系统考虑雨水管管径及坡度等改造。

（2）雨水泵站规划

乌涌排涝片规划新增强排片区 2 个，由下沙涌泵站、三㞍涌泵站控制水位，实现地块强排，片区内不另设雨水泵站。

（3）调蓄设施规划

根据《城镇内涝防治技术规范》（GB 51222—2017）及《城镇雨水调蓄工程技术规范》（GB 51174—2017）的相关要求，新建、改建和扩建地区，应就地设置源头调蓄设施，并应优先利用自然洼地、沟、塘、渠和景观水体等敞开式雨水调蓄设施；当需要削减城镇管渠系统雨水峰值流量时，宜设置雨水调蓄池。按照水体调蓄为先、绿地广场调蓄次之、调蓄池工程等灰色设施在后的顺序合理规划城镇雨水调蓄系统。

乌涌排涝片遭遇百年一遇降雨时,峰值流量过大,超出雨水管渠设计能力,造成低洼地块的积水,需设置雨水调蓄塘或雨水调蓄池等调蓄设施削减雨水峰值流量。

为保证乌涌排涝片符合 100 年一遇内涝防治要求,遵循低影响开发理念,优先利用现有自然蓄排水设施,结合旧村改建实施方案和雨水管网规划成果,规划在现状旧村坑塘基础上改建景观调蓄水塘 3 处,规划绿地处新建地埋式雨水调蓄池 2 座,用于调蓄地块超标准雨水。

调蓄设施规模计算采用历时 24 h 设计降雨,通过计算该汇水区内出入调蓄设施的雨水量之差,得到所需的调蓄容积,并进行 100 年一遇内涝防治设计重现期的模型校核,得出最终的调蓄容积。

表 6.2-5 乌涌排涝片调蓄设施一览表

序号	调蓄工程	规模
1	下沙村调蓄工程	两处调蓄水塘,调蓄容积共 20 000 m³
2	横沙村调蓄工程	一处调蓄水塘,调蓄容积 12 000 m³
3	白新街调蓄工程	一处调蓄池,调蓄容积 30 000 m³
4	镇东路调蓄工程	一处调蓄池,调蓄容积 22 000 m³

(4) 行泄通道规划

根据《城镇内涝防治技术规范》(GB 51222—2017)的相关要求,内涝风险大的地区宜结合其地理位置、地形特点等设置雨水行泄通道。在城镇易涝区域可选取部分道路作为排涝除险的行泄通道。

为保证乌涌排涝片满足 100 年一遇内涝防治要求,规划将超过排水管网设计能力的降雨由排水箱涵以及城市道路两大系统外排入河。规划保留乌涌排涝片 4 条大排水箱涵作为行泄通道,总长度约 3.55 km,同时规划将 8 条道路作为承担涝水行泄的通道。

其中,本次规划的道路行泄通道均为纵坡较大的道路,在 100 年一遇工况下,径流超出海绵城市源头设施及雨水管渠的能力,该道路产生较严重的积水,并呈现由道路系统向下游排泄雨水的状态,雨水管道改造效益不明显,因此,将此类道路定义为 100 年一遇工况下的道路行泄通道。当 100 年一遇降雨发生时,将上述道路部分或全部交通封闭中断,道路路面转变为涝水行泄通道,超出管网承载能力的雨水通过路缘石、机动车道、人行道及斜坡形成的几何空间蓄积、传输,排入就近河道,辅以下游应急强排措施,可以最大程度地发挥排涝除险作用。

在行泄道路段应设置警示牌并采取相应的安全防护措施,一般来说,道路积水深度超过 27 cm 时会淹没排气管造成车辆积水,因此,规定当积水深度超出 27 cm,需封闭上述行泄通道,禁止车辆行人通行,待降雨高峰过去,可逐步恢复通行。道路行泄通道封闭时长约为 4～6 h。

表 6.2-6 乌涌排涝片行泄通道一览表

序号	类别	行泄通道	备注
1	承担涝水行泄任务的排水箱涵	光谱西路 2.4 m×2.2 m～3.5 m×2.0 m 排水箱涵行泄通道	现状保留
2		彩频路 3.5 m×2.0 m 排水箱涵行泄通道	现状保留
3		斑鱼塘路 2.5 m×2.0 m 排水箱涵行泄通道	现状保留
4		香山路 3.6 m×1.5 m 排水箱涵行泄通道	现状保留
5	承担涝水行泄任务的道路	南翔二路行泄通道	—
6		南翔三路行泄通道	—
7		开泰大道(开达路－科丰路路段)行泄通道	—
8		开创大道行泄通道	—
9		科翔路行泄通道	—
10		广汕公路行泄通道	—
11		开泰大道(科翔路－科学大道路段)行泄通道	—
12		广佛高速南侧规划路行泄通道	—

(5)竖向规划

乌涌排涝片下游易受到水位顶托,针对广园快速路以南的城市更新区域,需对其进行竖向控制,保证地块和道路排水安全。

规划中外运旧厂改造片区竖向高程抬高至 8.2 m 以上;下沙(裕丰围片区)旧村改造片区竖向高程控制在 7.8 m 以上;新溪旧村改造片区竖向高程控制在 8.0 m 以上。

5)排涝除险蓝色设施

(1)蓝色措施汇总

水库优化调度:优化调度乌涌干流水口水库,通过汛限水位由 115 m 降低至 112 m,配合控制措施,增加调蓄容积,控制 50 年一遇洪水不下泄。削减 50 年一遇水库下泄流量约 21.49 m³/s;优化调度支流黄鳝田水库,通过汛限水位由 184 m 降低至 180 m,配合控制措施,增加调蓄容积,削减 20 年一遇水库下泄流量约 16 m³/s。

调蓄湖调蓄:充分利用和挖潜排涝片内调蓄空间,排涝片内新增 2 处调蓄湖,50 年一遇条件有效容积约 6.7 万 m³。配合预泄优化调度,50 年一遇条件下削减乌涌洪峰 8 m³/s。

泵站强排:乌涌涌口新建排涝泵站,设计流量 180 m³/s。下沙涌涌口新建泵站,设计流量 12 m³/s。三圃涌涌口新建泵站,设计流量 18 m³/s。

河道整治:三圃涌涌口—广园快速路段(长 1.8 km)两岸河道堤防微改造。科林路桥下游—南翔三路桥段(长 1.3 km)两岸河道堤防微改造。广汕公路上游 200 m—华扬路桥涵段(长 1.2 km)两岸河道堤防微改造。支流三圃涌上游横沙村段拓宽 1.14 km,沙湾排洪渠拓宽约 1.2 km。

桥梁改造方案:对港前路桥、护林路桥、广新路桥、天鹿南路桥改造,具体改造方案如表 6.2-7 所示。

表 6.2-7　河道桥梁改建方案

序号	名称	阻水比	壅水	改建方案
1	港前路桥卡口	12%	0.2 m	现状梁底抬高 1 m,跨河桥梁宽度为 40 m,高度为 8.5 m 以上
2	护林路桥卡口	11%	0.2 m	现状梁底抬高,跨河桥梁宽度 35 m,高度为 8.8 m 以上
3	广新路桥卡口	29%	1.1 m	两侧建设箱涵顶管,规模 3 m×5 m,长度 100 m
4	天鹿南路箱涵卡口	16%	0.2 m	重建天鹿南路桥,下游河道清淤 3 km、重建联和木棉涌入乌涌处箱涵尺寸:12 m×3.15 m

(2)重点片区方案比选——乌涌下游区域方案

乌涌下游区域包括乌涌广园路以南河道,以及下沙涌、三圃涌支流,下沙涌在中大附属外国语实验幼儿园处汇入乌涌,三圃涌在黄埔花园处汇入乌涌。乌涌干流下游区域现状排涝标准为 20 年一遇,支流三圃涌与下沙涌现状排涝标准均为 10 年一遇。根据城市总体规划,乌涌、下沙涌、三圃涌沿岸主要以商住用地为主。

乌涌下游区域的排涝工程体系中,主要问题是在珠江潮位顶托时,乌涌下游河道水位壅高,其排水能力将大大降低,而两岸地势较低,三圃涌涌口—广园快速路段河道宽约 28 m,过流能力不足,河道槽蓄空间有限,给乌涌下游排涝带来风险。乌涌下游区域主涌长度约 2.9 km,涌口建有水闸,净宽 32 m,共 5 孔。

除乌涌干流受到顶托外,支流同时存在局部调蓄能力、过流能力不足等薄弱环节。

下沙涌河道明渠段总长约 0.63 km,明渠起点在黄埔公园附近,涌口建有水闸,宽度为 4 m,涵闸净宽相比河道缩窄较多,排涝时阻水、壅水严重。下沙涌明渠河段淤积严重,过流能力不足,仅为 7 m^3/s,两岸地势低洼,竖向高程在 7.1~8.6 m 之间,西部黄埔公园有少量绿地,调蓄作用有限,两岸现已完全开发,没有拓宽空间。下沙涌上游黄埔东路以北为暗渠,暗渠起点为下沙村,全段长 0.7 km,暗渠未与上游风水塘连通,占地面积约 2.5 万 m^2,尚未发挥调蓄作用。

三厔涌河道总长约 2.9 km,起点为广深铁路南部横沙村,两岸地势低洼,竖向高程在 7.5~8.9 m 之间。三厔涌下游黄埔花园内 0.32 km 河段均为暗渠,高潮位时乌涌干流水位顶托三厔涌。上游横沙村 1.14 km 为明渠,现有宽度为 3~5 m,过流能力不足,仅为 3 m^3/s。

现状排涝体系为"自排"体系,考虑到以潮为主工况下外江潮水位过高,河道调蓄容积有限,高潮位时无法排除涝水,规划调整其为"自排为主,抽排为辅"的排涝体系。为解决乌涌下游区域自排问题,对以降低承泄区(乌涌干流)水位为导向,支流下沙涌利用风水塘削减下泄流量,进行河道整治以加大过流能力,支涌涌口建设泵站排除区域涝水。根据乌涌下游区域特点,拟采用乌涌涌口建设泵站或低洼区建设雨水泵站的形式,对以"集中抽排、河道治理、雨洪调蓄""分散抽排、河道治理、雨洪调蓄"为主的两个综合方案进行比选。

(3)规划措施

方案一:"集中抽排、河道治理、雨洪调蓄"。

滞蓄设施:利用下沙涌北部风水塘,配备相应的管渠、智能控制设施。两座风水塘,调蓄容积约 2.9 m^3,削减 30 年一遇洪峰 1.8 m^3/s,可解决下沙涌上游暗渠过流能力不足问题。

河道整治:

乌涌干流三厔涌涌口—广园快速路段河道长约 1.8 km,两岸河道堤防微改造。

下沙涌整个河道加强日常管理维护措施,控制河底高程为 2.1~4.4 m,河道比降 1.54‰。

三厔涌上游横沙村段 1.14 km 拓宽至 6 m,此外整个河道明渠段约 1.8 km 河道加强日常管理维护措施,同时三厔涌约 0.55 km 进行改道,控制河底高程为 3~6.5 m,河道比降 1.61‰,河道过流能力增加至 33.9 m^3/s。

集中抽排：乌涌涌口新建排涝泵站，设计流量 180 m³/s。下沙涌涌口新建泵站，设计流量 12 m³/s，三圹涌涌口新建泵站，设计流量 18 m³/s。

水闸建设：新建三圹涌水闸，宽度 6 m，底高程 2 m，新建下沙涌水闸，宽度 5 m，底高程 2 m。

竖向加高：乌涌下游下沙村、横沙村旧改范围竖向抬高至不低于 8.5 m。

方案二："分散抽排、河道治理、雨洪调蓄"。

滞蓄设施：与方案一相同。

水闸建设：与方案一相同。

河道整治：与方案一相同。

分散抽排：下沙涌涌口新建泵站，设计流量 18 m³/s，三圹涌涌口新建泵站，设计流量 22 m³/s。雨水泵站总设计流量 15 m³/s，位置结合低洼地带布设。

竖向加高：乌涌下游下沙村、横沙村旧改范围竖向高程均抬高至 8.5～9.5 m。

表 6.2-8　方案对比表

项目	河口新建泵站，集中抽排	干流不设泵站河口，散排
干流河口大泵站	180 m³/s	—
堤防加高	两岸河道堤防微改造	两岸河道堤防微改造
雨水泵站	—	15 m³/s
河口竖向抬高	抬高至不低于 8.5 m	左右岸均抬升至 8.5～9.5 m
工程投资	3.5 亿元	3.84 亿元
竖向加高土方量	70 万 m³	130 万 m³

（4）方案比选

方案一可明显降低承泄区乌涌干流下游水位，改善乌涌下游两岸片区排水条件，主要优点是乌涌涌口建泵站，可与水闸一起运营，用地难度小，旧改区竖向抬高高度不大。缺点是：投资较大。

方案二主要优点是：投资少。缺点是：由于乌涌涌口未建泵站，区域承泄区乌涌干流下游段排水条件较差，水位偏高；雨水泵站较多，实施难度大，旧改区竖向高程抬高高度较大。

综合考虑选择方案一为推荐方案。

表 6.2-9　排涝河排涝片工程方案对比表

对比项目	方案一	方案二
	集中抽排、河道治理、雨洪调蓄	分散抽排、河道治理、雨洪调蓄
综合功能	雨水综合利用	雨水综合利用
竖向加高土方量	70 万 m³	130 万 m³
工程投资	3.5 亿元	3.84 亿元
实施难度	不大	大
运维难度	小	小

（5）规划效果

根据乌涌广园路以下管网数据可知,现状雨水管网为 54 根,底高程在 3.8～6.5 m 之间,均为淹没出流。对比方案一与方案二,100 年一遇潮位工况下河口水位下降 0.08～0.70 m,可减轻管网排水压力。

对三戽涌涌口—广园快速路段河道长约 1.8 km 进行拓宽,加高防洪墙 0.5 m,并对该段 35 根雨水管网改建,改建后雨水管网均满足自由出流。

表 6.2-10　100 年一遇最大潮位各支流河口水位

序号	支流名称	方案一遭遇外江 100 年洪水位(m)	方案二遭遇外江 100 年洪水位(m)
1	下沙涌	8.18	7.63
2	三戽涌	8.22	7.68
3	乌涌文涌连接渠	8.67	7.97
4	本田厂排水渠	8.99	8.92

6）内涝点整治规划

乌涌排涝片有 40 处现状内涝点,其中 7 处为隧道涵洞易涝风险点。各内涝点的整治规划方案见表 6.2-11。

表 6.2-11　乌涌内涝点整治规划

序号	内涝点	内涝原因分析	整治规划方案
1	港湾路 180 号至 320 号路段约 100 m	地势低洼,易受下沙涌水位顶托影响	结合乌涌排涝片(下沙涌)排涝项目实施提标改造

序号	内涝点	内涝原因分析	整治规划方案
2	港前路531号大院内露天停车场和生活小区	未完成雨污分流,排水设施不完善,排水能力不足	加快小区内部雨污分流改造
3	下沙村路面停车场	下沙村仍未实现雨污分流,排水设施不完善,排水能力不足	结合下沙村旧改,对排水设施进行提标改造,并利用下沙村两个旧坑塘作为调蓄塘,缓解区域排水压力
4	新溪村路面停车场	该点在三旧改造范围内,新溪村仍未实现雨污分流,排水设施不完善,排水能力不足	新溪新街片区结合旧改在规划市政道路上铺设管径DN1 200~1 350的雨水管道,增强区域收水排水能力
5	丰乐大厦地下停车场	小区内地下停车场地势低洼,抽水泵排水不畅	配置挡水板、沙包等防汛物资,确保抽水泵正常运行
6	沙边街	雨污合流管渠,排水能力不足	配置挡水板、沙包等防汛物资,确保抽水泵正常运行
7	黄埔东路港湾隧道双向	下穿隧道,属于易涝风险点	复核隧道排水设施,汛期应急布防值守,做好边沟清疏工作,积水时封闭隧道
8	港湾路港湾中学	管渠规模小,排水能力不足,且地势低洼,易受下沙涌水位顶托影响	对港湾路(黄埔东路南侧段)现状DN600~800雨水管道进行扩建,扩建规模为DN800~1 200,一部分接入黄埔东路,另一部分接入黄埔公园
9	丰乐中路建设大厦	管渠养护不善,排水不畅	市排水公司加强清疏并落实应急巡查布防
10	金隆园地下停车场	市交通项目办实施的丰乐路隧道工程排水管线迁改不当,导致排水不畅	配置挡水板、沙包等防汛物资,确保抽水泵正常运行
11	信达大厦地下停车场	小区内地下停车场地势低洼,抽水泵排水不畅	配置挡水板、沙包等防汛物资,确保抽水泵正常运行
12	护林路与镇东路隧道	管径偏小,过流能力不足	复核隧道排水设施,汛期应急布防值守,做好边沟清疏工作,积水时封闭隧道
13	大沙北路泰景花园文雅阁地下停车场	小区内地下停车场地势低洼,抽水泵排水不畅	配置挡水板、沙包等防汛物资,确保抽水泵正常运行
14	大沙北路137号泰景室内停车场	小区内地下停车场地势低洼,抽水泵排水不畅	配置挡水板、沙包等防汛物资,确保抽水泵正常运行

序号	内涝点	内涝原因分析	整治规划方案
15	广州市第三少年宫地下停车场	地势低洼,排水不畅	配置挡水板、沙包等防汛物资,确保抽水泵正常运行
16	大沙地东黄埔区法院西区地下停车场	地势低洼,排水不畅	配置挡水板、沙包等防汛物资,确保抽水泵正常运行
17	护林路	护林路道路升级改造工程未完工,道路面层沥青未完成铺设,路面雨水无法排入箅子	护林路规划新建 DN1 350 雨水管道
18	环村路	三旧改造破坏、堵塞排水通道,造成排水不畅	结合旧改在规划市政道路新建 DN1 200～1 650 雨水管道接入丰乐路,排入三枙涌
19	丰乐北路护林路隧道	隧道排水泵抽水能力不足	复核隧道排水设施,汛期应急布防值守,做好边沟清疏工作,积水时封闭隧道
20	碧山村	地势低洼,卡斯马项目开展破坏了原排水通道,且北侧、东侧道路排水设施未建成,导致排水不畅	结合旧改,对排水设施进行提标改造
21	姬堂村	地势低洼,排水能力不足	结合旧改,在规划市政道路新建 DN1 200～1 500 雨水管道,对排水设施进行提标改造,并将姬堂公园低洼空地作为乌涌左支流的调蓄空间,削减左支流过流压力
22	加庄村	地势低洼,排水能力不足	结合旧改,新材料产业园规划新建 DN800～2 000 雨水管道,3.0 m×2.0 m～4.0 m×2.0 m 箱涵,加强区域排水能力
23	碧山停车场	地势低洼,排水能力不足	结合旧改,对排水设施进行提标改造
24	科珠隧道	隧道排水泵抽水能力不足	复核隧道排水设施,汛期应急布防值守,做好边沟清疏工作,积水时封闭隧道
25	白新街	道路排水设施仍不完善,目前通过周边农田排水渠排水,排水能力不足	结合区域开发规划,对排水设施进行提标改造,白新街规划新建 3.2 m×2.0 m 排水箱涵,接入乌涌左支流
26	广本路	管径偏小,排水能力不足	广本路改造扩建为 DN800 雨水管道,接入本田厂排水渠,增强区域收水排水能力
27	丰乐北横路连接稀土有限公司	管道养护不足,堵塞	加强管道疏通,增强管道排水能力

序号	内涝点	内涝原因分析	整治规划方案
28	科丰隧道	隧道排水泵抽水能力不足	复核隧道排水设施,汛期应急布防值守,做好边沟清疏工作,积水时封闭隧道
29	光谱中路涵洞	高速公路两侧排水边沟淤堵,排水不畅	复核涵洞排水设施,汛期应急布防值守,做好边沟清疏工作,积水时封闭隧道
30	开创大道广汕路交界处(交警大队三中队)	因历史原因,龙伏涌过广汕路存在卡口,排水不畅	对龙伏涌过广汕公路路段进行整治,新建 2 段并行的 DN2 400 排水管进行分流,新建排水管穿过广汕路与开创大道后,将现有渠箱扩建成 2/4 m×2.5 m 双孔箱涵,接龙伏涌下游段
31	天鹿南路往广汕路方向	天鹿南路和广汕公路管渠规模小,排水能力不足	天鹿南路西侧新建 DN2 000～2 200 雨水管接入和沙街,分流广汕公路南北侧的雨水管道过流流量;和沙街现状 DN1 000～1 600 雨水管扩容为 3 m×2.5 m 雨水箱涵,最终排入乌涌
32	科学大道隧道	隧道排水泵抽水能力不足	复核隧道排水设施,汛期应急布防值守,做好边沟清疏工作,积水时封闭隧道
33	凤凰山隧道	隧道排水泵抽水能力不足	复核隧道排水设施,汛期应急布防值守,做好边沟清疏工作,积水时封闭隧道
34	天鹿南路天鹿花园南区路段	管渠规模小,排水能力不足,且部分地势低洼	对乌涌(广汕公路上游 200 m—华扬路桥涵段,长 1.2 km)干流段进行整治,两岸均外拓 5 m,共留出 10 m 的河道未来拓宽空间,堤防加高 0.6 m;高能饲料厂东路、兴沙街分别规划新建 DN1 000～1 200、DN1 000 雨水管道,和沙街现状 DN1 200～1 800 雨水管道扩建为 3.0 m×2.0 m 排水箱涵,向东汇入乌涌
35	开创大道东方汇广场与万科新里程交汇处	因历史原因,龙伏涌过广汕路存在卡口,排水不畅	对龙伏涌过广汕公路路段进行整治,新建 2 段并行的 DN2 400 排水管进行分流,新建排水管穿过广汕路与开创大道后,将现有渠箱扩建成 2/4 m×2.5 m 双孔箱涵,接龙伏涌下游段
36	迁岗西街鱼塘边	迁岗西街排水设施标准低,排水能力不足	根据地形、水系分布及规划路况,规划市政道路新建 DN800～1 500 雨水管道,均接入揽月路现状 DN2 000 雨水管道,汇入小乌涌
37	神舟路与伴绿路三岔路口	神舟路管渠规模小,排水能力不足	神舟路现状建有 DN400～600 雨水管道,规划对其进行改造扩建,扩建为 DN1 000～1 500,接入斑鱼塘路,最终汇入乌涌

序号	内涝点	内涝原因分析	整治规划方案
38	天鹿南路田心村牌坊至木棉新村路口	田心村设施标准较低,排水能力不足	在该排水分区规划道路铺设雨水管道,规划十九路新建 DN1 600~2 000 的雨水管道,规划二十一路和规划二十二路分别铺设 DN1 200 和 DN1 000 雨水管道接入天鹿南路,由北向南接入乌涌主涌;乌涌两岸均外拓 5 m,共留出 10 m 的河道未来拓宽空间,堤防加高 0.6 m。提高乌涌下游过流能力
39	神舟路地铁站 B1 出口附近中铁二局	施工范围占压堵塞排水设施导致水浸	施工完成前布置移动水泵车,做好应急布防措施
40	丰乐北路(姬堂公园地铁站)	丰乐北路道路拓宽,管道养护不足,排水不畅	对丰乐北路雨水管道进行养护疏通,并对丰乐北路管道改造,扩建为 DN1 000~1 200,加强道路收水和排水能力

7) 截洪沟规划

乌涌排涝片整体北高南低,北部山水汇集较快且未形成较为通畅的排水出路,造成科学城、中石化、雅居乐富春山居、华标峰湖御境、村庄等遭受山洪威胁。乌涌排涝片内已布置有一定的截洪沟,但部分截洪沟线路不科学,山洪没有形成有效出路。为有效防治山洪灾害,本次对截洪沟进行重建或新建,截洪沟特性见表 6.2-12。

(1) 现状截洪沟复核

乌涌现状截洪沟 46 座,其中 25 条截洪沟汇入河道、水库,21 条截洪沟汇入管网。经复核有 19 条截洪沟过流未达到设计标准。

表 6.2-12 现状乌涌截洪沟过流能力复核

序号	名称	现状标准	长度(m)	坡度(‰)	设计流量(m^3/s)	集雨面积(hm^2)	汇入对象	处置方案
1	牛头山	10	650	4.7	6.18	31.5	乌涌	改建
2	康平路	20	241	5.7	2.19	8.5	水口水库	
3	北社 1#	20	542	2.6	6.91	42	水口水库	
4	北社 2#	20	581	20.0	1.64	6	水口水库	
5	璋坑 1#	20	672	32.0	2.15	8.4	水口水库	
6	璋坑 2#	20	440	2.8	2.22	8.7	水口水库	
7	明珠西街	20	395	1.8	1.45	5.7	水口水库	

序号	名称	现状标准	长度(m)	坡度(‰)	设计流量(m³/s)	集雨面积(hm²)	汇入对象	处置方案
8	永红	20	255	9.0	2.29	12.7	乌涌	
9	松岗后街	20	1 750	1.1	4.45	21.2	黄鳝田排洪渠	
10	山下村	20	175	1.9	1.31	5.1	沙湾排洪渠	
11	乌石山	20	856	1.5	2.26	10.5	黄鳝田排洪渠	
12	青梅山	20	159	1.1	1.35	5.1	龙伏涌	
13	爱莎学校	10	285	10.0	1.35	3.6	河涌	
14	尚山八街	20	262	3.2	2.75	11.7	管网	
15	岭南山畔	20	395	12.0	2.35	9.01	管网	
16	锦林山庄凡谷	10	286	3.7	3.51	17.4	管网	改建
17	夏林2街	20	139	3.1	0.65	1.95	管网	
18	林语路	20	379	3.5	1.29	5.05	管网	
19	雅居乐富春山居	20	805	3.7	3.05	13.29	管网	
20	华标峰湖御境	20	360	4.1	2.13	9.21	管网	
21	暹岗新村	20	228	1.8	1.32	3.5	管网	
22	圣贤街	20	85	7.9	1.61	6.5	管网	
23	新村西街	20	83	10.0	0.78	0.71	管网	
24	西路	20	42	4.1	0.83	2.9	管网	
25	暹岗新区	20	286	8.0	2.28	9.86	乌涌左支流	
26	景新五街	20	365	1.7	1.27	4.92	管网	
27	香悦山	20	108	32.0	1.05	2.9	管网	
28	香山路	10	264	2.4	1.82	3.16	管网	改建
29	科翔路	10	390	2.4	3.12	7.14	管网	改建
30	水西路	10	256	3.0	0.96	1.95	管网	改建
31	新阳西路	10	257	3.3	1.43	3.52	管网	改建
32	凝彩路	10	311	1.9	0.85	1.23	乌涌	改建
33	聆雨路	10	264	3.3	1.61	2.54	乌涌	改建

序号	名称	现状标准	长度(m)	坡度(‰)	设计流量(m³/s)	集雨面积(hm²)	汇入对象	处置方案
34	创新路	10	241	11.0	1.83	2.84	乌涌	改建
35	揽月路	10	135	19.0	0.65	0.82	管网	改建
36	新乐路	10	250	10.0	1.56	3.7	乌涌	改建
37	翠光街	10	296	3.4	2.64	7.1	管网	改建
38	玉树北路	10	468	4.3	0.55	1.34	乌涌	改建
39	南翔三路	10	550	20.0	2.34	5.72	乌涌	改建
40	科林路	10	593	5.2	2.67	6.56	乌涌	改建
41	南云五路	10	376	3.1	1.89	3.8	乌涌	改建
42	翔云路	10	535	20.0	3.56	7.97	乌涌	改建
43	南云四路	10	749	9.0	3.92	9.86	乌涌	改建
44	科丰路	10	437	10.0	2.89	7.12	乌涌	改建
45	映日路1#	20	180	9.0	0.85	1.92	管网	
46	映日路2#	20	180	4.2	0.84	1.93	管网	

（2）规划截洪沟

乌涌排涝片规划截洪沟共64条，其中，维持现状25条，规划改建19条，新建20条。

表6.2-13　截洪沟特性表

编号	名称	长度(m)	设计流量(m³/s)	集雨面积(hm²)	汇入对象	是否新增调蓄池	性质
1	班岭村1#	677	1.01	2.8	调蓄池	是	新建
2	班岭村2#	770	4.05	12	调蓄池	是	新建
3	伴绿路	230	0.3	0.51	河涌	否	新建
4	北社1#	542	6.91	42	水口水库	否	维持现状
5	北社2#	581	1.64	6	水口水库	否	维持现状
6	创新路	241	1.83	2.84	乌涌	否	改建

编号	名称	长度（m）	设计流量（m³/s）	集雨面积（hm²）	汇入对象	是否新增调蓄池	性质
7	翠光街	296	2.64	7.1	管网	是	改建
8	华标峰湖御境	360	2.13	9.21	管网	是	维持现状
9	黄陂社区	1 715	3.1	55	调蓄池	是	新建
10	佳德科技园	1 074	2.7	16	乌涌	否	新建
11	尖塔山排洪渠	671	1.52	16	调蓄池	是	新建
12	锦林山庄凡谷	286	3.51	17.4	调蓄池	是	改建
13	景新五街	365	1.27	4.92	管网	是	维持现状
14	开创大道	360	3.5	10.4	管网	是	新建
15	康平路	241	2.19	8.5	水口水库	否	维持现状
16	科丰路	437	2.89	7.12	河涌	否	改建
17	科林路	593	2.67	6.56	河涌	否	改建
18	科学大道	185	2.82	6.71	管网	是	新建
19	科珠路	390	3.12	7.14	乌涌	否	改建
20	揽月路	135	0.65	0.82	管网	是	改建
21	莲塘村山洪沟1	850	3.9	12.1	乌涌左支流	否	新建
22	莲塘村山洪沟2	490	0.15	0.3	乌涌左支流	否	新建
23	林语路	379	1.29	5.05	管网	是	维持现状
24	聆雨路	264	1.61	2.54	河涌	否	改建
25	岭南山畔	395	2.35	9.01	管网	是	维持现状
26	龙坑	677	4.5	108	调蓄池	是	新建
27	明珠西街	395	1.45	5.7	水口水库	否	维持现状
28	南翔三路	550	2.34	5.72	乌涌	否	改建
29	南云四路	749	3.92	9.86	乌涌	否	改建
30	南云五路	376	1.89	3.8	乌涌	否	改建
31	凝彩路	174	0.85	1.23	乌涌	否	改建

编号	名称	长度（m）	设计流量（m³/s）	集雨面积（hm²）	汇入对象	是否新增调蓄池	性质
32	牛头山	1 753	7.8	62	乌涌	否	改建
33	起云路	851	0.85	1.57	河涌	否	新建
34	青梅山	159	1.35	5.1	龙伏涌	否	维持现状
35	山下村	175	1.31	5.1	沙湾排洪渠	否	维持现状
36	尚山八街	262	2.75	11.7	管网	是	维持现状
37	石化仓	371	1.47	11	调蓄池	否	新建
38	水西路	256	0.96	1.95	管网	是	改建
39	松岗后街	1 750	4.45	21.2	黄鳝田排洪渠	否	维持现状
40	天鹿南路	506	1.06	2.14	管网	是	新建
41	威创工业园	480	3.45	10	乌涌	否	新建
42	乌石山	856	2.26	10.5	黄鳝田排洪渠	否	维持现状
43	西路	42	0.83	2.9	管网	是	维持现状
44	夏林二街	139	0.65	1.95	管网	是	维持现状
45	逻岗新村	228	1.32	3.5	管网	是	维持现状
46	香山路	264	1.82	3.16	管网	是	改建
47	香悦山	108	1.05	2.9	管网	是	维持现状
48	翔云路	535	3.56	7.97	乌涌	否	改建
49	新村西街	83	0.78	0.71	管网	是	维持现状
50	新乐路	250	1.56	3.7	乌涌	否	改建
51	新瑞路南	316	2.81	8.4	调蓄池	否	新建
52	新阳西路	257	1.43	3.52	管网	是	改建
53	雅居乐富春山居	805	3.05	13.29	管网	是	维持现状
54	映日路1#	180	0.85	1.92	管网	是	新建
55	映日路2#	180	0.84	1.93	管网	是	新建
56	映日路截洪沟3#	255	0.6	2.6	乌涌	否	维持现状

编号	名称	长度(m)	设计流量(m³/s)	集雨面积(hm²)	汇入对象	是否新增调蓄池	性质
57	映日路截洪沟4#	710	0.6	4.2	乌涌	否	维持现状
58	永红	255	2.29	12.7	乌涌	否	维持现状
59	玉树北路	468	0.55	1.34	乌涌	否	改建
60	育星路	198	0.74	1.23	管网	是	新建
61	长安片区	625	1.48	9	调蓄池	否	新建
62	璋坑1#	672	2.15	8.4	水口水库	否	维持现状
63	璋坑2#	440	2.22	8.7	水口水库	否	维持现状
64	力康路	350	1.3	2.1	管网	是	维持现状

（3）对河道的影响

截洪沟有3条对下游河道有影响,对下游的影响分析如表6.2-14所示。

表6.2-14　对下游河道影响分析表

编号	名称	设计流量(m³/s)	集雨面积(hm²)	汇入对象	建设类型	对下游有无影响	规划措施
32	牛头山	7.8	62	乌涌	改建	有	广汕公路上游200 m—华扬路桥涵段(长1.2 km)两岸均外拓1.5 m,同时护岸改成直立结构
26	龙坑	4.5	108	调蓄池	新建	有	黄鳝田排洪渠河道清淤
41	威创工业园	3.45	10	乌涌	新建	有	科林路桥下游—南翔三路桥段(长1.3 km)拓宽主河槽至30 m,堤岸加高0.4 m

（4）规划调蓄池

乌涌排涝片规划截洪沟中,因汇入管网流量过大,需要进行调蓄。根据《城镇雨水调蓄工程技术规范》(GB 51174—2017)调蓄容积计算公式计算的调蓄池参数及调蓄效果见表6.2-15。

表 6.2-15　蓄水池特性表

序号	名称	设计流量 (m³/s)	出流量 (m³/s)	集雨面积 (hm²)	容积 (m³)	占地面积 (m²)	用地类型
1	尚山八街	2.75	1.375	11.7	1 375	687.5	绿地
2	岭南山畔	2.35	1.175	9.01	1 175	587.5	绿地
3	夏林二街	0.65	0.325	1.95	325	162.5	绿地
4	林语路	1.29	0.645	5.05	645	322.5	绿地
5	雅居乐富春山居	3.05	1.525	13.29	1 525	762.5	绿地
6	华标峰湖御境	2.13	1.065	9.21	1 065	532.5	绿地
7	新村西街	0.78	0.39	0.71	390	195	绿地
8	西路	0.83	0.415	2.9	415	207.5	绿地
9	景新五街	1.27	0.635	4.92	635	317.5	绿地
10	香悦山	1.05	0.525	2.9	525	262.5	绿地
11	班岭村 1#	1.01	0.505	2.8	505	252.5	绿地
12	班岭村 2#	4.05	2.02	12	2 100	1 050	绿地
13	尖塔山排洪渠	1.52	0.76	16	760	380	绿地
14	新瑞路南翠山路	1.91	0.955	18.6	1 172	586	绿地
15	天鹿南路	1.06	0.53	2.14	409	204.5	绿地
16	香山路	1.82	0.91	3.16	701	350.4	绿地
17	水西路	0.96	0.48	1.95	370	184.8	绿地
18	科学大道	2.82	1.41	6.71	1 086	542.9	绿地
19	映日路 1#	0.85	0.45	1.92	300	150	绿地
20	映日路 2#	0.84	0.44	1.93	300	150	绿地
21	新阳西路	1.43	0.715	3.52	551	275.3	绿地
22	育星路	0.74	0.37	1.23	285	142.5	绿地
23	翠光街	2.64	1.5	7.1	1 016	508	绿地
24	开创大道	3.52	1.76	10.4	1 627	815	绿地
25	力康路	1.3	0.65	2.1	350	175	绿地

8）市政与水利衔接

（1）山洪与市政管网衔接

乌涌排涝片共有 23 条截洪沟汇入管网,其中 12 条为现状保留截洪沟,5 条为改建截洪沟,6 条为新建截洪沟。经复核,共有 13 条需要对下游管网进行扩建。

（2）市政管网与河道衔接

①三眼涌涌口—广园快速路段河道与市政管网衔接

三眼涌涌口—广园快速路段河道长约 1.8 km;两岸均外拓 3 m,共留出 6 m 的河道未来拓宽空间,此外堤防加高 0.5 m。广园路下游至涌口约 3 km,加设防浪墙 0.5 m。

②科林路桥下游—南翔三路桥段与市政管网衔接

科林路桥下游—南翔三路桥段长 1.3 km;维持现有广州水系规划,仅拓宽主河槽至 30 m,堤防加高 0.4 m。

③广汕公路上游 200 m—华扬路桥涵段与市政管网衔接

广汕公路上游 200 m—华扬路桥涵段长 1.2 km;两岸均外拓 5 m,共留出 10 m 的河道未来拓宽空间,堤防加高 0.6 m。

④黄鳝田排洪渠

对黄鳝田水库进行优化调度、智能调度,下泄流量减少至 4 m³/s。黄鳝田排洪渠凤凰山隧道南部约 0.4 km,加强日常维护管理,控制河底高程为 35～40 m,河道比降为 8‰。在河道整治、管网优化改建的基础上,分别进行 5 年一遇洪水遭遇外江 100 年一遇潮位(涌口设泵)和 100 年一遇洪水遭遇外江 5 年一遇潮位两种工况下的内涝模拟。

对比两种工况,遭遇 5 年一遇洪水时水位值为 33.79～183.59 m;在遭遇 100 年一遇暴雨时,河道水位值为 34.16～183.59 m,地块有少量积水,基本可在暴雨峰值半小时后退去。

⑤联和木棉涌

联和木棉涌约 1.27 km,加强日常管理维护措施,控制河底高程为 34.3～55.6 m,河道比降为 2.8‰,利用牛鼻山北部山塘和联和木棉涌源头调蓄工程调蓄洪水,调蓄容积约 13 万 m³。在河道整治、管网优化改建的基础上,分别进行 5 年一遇洪水遭遇外江 100 年一遇潮位(涌口设泵)和 100 年一遇洪水遭遇外江 5 年一遇潮位两种工况下的内涝模拟。

表6.2-16 乌涌截洪沟与市政管网衔接能力复核

序号	名称	建设类型	与现状下游市政管网衔接情况	现状下游管网过流能力(m³/s)	现状下游市政管网过流能力是否满足	下游市政管网规划改造方案	下游规划管网过流能力(m³/s)	校核下游规划管网是否满足过流
1	尚山八街	维持现状	汇入科景路现状DN1 200雨水管道，接广汕公路DN1 000～1 200市政雨水管道，向西排入乌涌	0.66	否	通过新建1.2 m×1.2 m箱涵接入科景路扩建的DN1 350雨水管道，接入跨广汕公路新建的DN1 350雨水管道，排入乌涌	3.9	是
2	岭南山畔	维持现状	汇入科翔路现状DN800～2 000雨水管道，最终汇入乌涌	0.6	否	接入科翔路南侧扩建的3.0 m×2.0 m雨水箱涵，最终汇入乌涌	13.73	是
3	夏林2街	维持现状	汇入开创大道现状DN1 000～1 600雨水管道，接入香山路3.8 m×2 m雨水箱涵	1.33	否	接入保利林语山庄小区内部道路新建的1.2 m×1.0 m雨水箱涵，出小区后沿开创大道东侧接入香山路3.8 m×2.0 m现状排水箱涵，最终排入乌涌	2.33	是
4	林语路	维持现状	汇入开创大道现状DN1 000～1 600雨水管道，接入香山路3.8 m×2 m雨水箱涵	1.33	否	接入保利林语山庄小区内部道路新建的1.2 m×1.0 m雨水箱涵，出小区后沿开创大道东侧接入香山路3.8 m×2.0 m现状排水箱涵，最终排入乌涌	2.33	是
5	雅居乐富春山居	维持现状	汇入雅居乐富春山居小区内部雨水管网，接入崖鹰石现状雨水管道，接入乌涌	1.106	否	通过雅居乐富春山居小区外侧新建的1.5 m×1.2 m箱涵接入乌涌	7.5	是

续表

序号	名称	建设类型	与现状下游市政管网衔接情况	现状下游管网过流能力(m³/s)	现状下游市政管网过流能力是否满足	下游市政管网规划改造方案	下游规划管网过流能力(m³/s)	校核下游规划管网是否满足过流
6	华标峰湖御境	维持现状	汇入华标峰湖御境小区内部雨水管网,接入华扬路DN2 000雨水管道,排入乌涌	1.5	是	汇入华标峰湖御境外侧新建的1.2 m×1.0 m雨水箱涵,接入华扬路DN2 000雨水管道,排入乌涌	2.33	是
7	开创大道	新建	汇入开创大道DN400~1 000雨水管道,接入开创大道及香山路3.8 m×2 m雨水箱涵,最终排入乌涌	1.22	否	汇入扩建的开创大道DN1 500雨水管道,接入开创大道及香山路3.8 m×2 m雨水箱涵,最终排入乌涌	3.60	是
8	新村西街	维持现状	汇入暹岗西街现状DN600雨水管道,接入开创大道DN400~1 400雨水箱涵,最终汇入乌涌左支流	0.614	否	通过暹岗西街规划新建的0.8 m×0.8 m雨水箱涵,接入跨开创大道新建的DN200过路雨水管,接入沿规划路新建的DN350~1 800雨水管道,最终排入乌涌左支流	2.76	是
9	西路	维持现状	汇入罗颐西路现状DN1 400雨水管道,接入开创大道4.0 m×2.0 m雨水箱涵,接入小乌涌	13	否	汇入罗颐西路新建的0.8 m×0.8 m雨水箱涵,接入开创大道扩建的4.0 m×2.0 m雨水箱涵	26.45	是
10	景新五街	维持现状	汇入凯恒企业西侧公共道路现状DN800雨水管道,接入龙伏涌	1.106	否	通过凯恒企业西侧公共道路新建的1.2 m×1.2 m雨水箱涵,接入广汕公路现状1.8 m×2.5 m过路雨水箱涵,最后排入龙伏涌	5	是

续表

序号	名称	建设类型	与现状下游市政管网衔接情况	现状下游管网过流能力（m³/s）	现状下游市政管网过流能力是否满足	下游市政管网规划改造方案	下游规划管网过流能力（m³/s）	校核下游规划管网是否满足过流
11	香悦山	维持现状	汇入科景路现状DN1 200雨水管道，接入广汕公路DN1 000～1 200市政雨水管道，向西排入乌涌	0.66	否	通过新建1.2 m×1.2 m箱涵接入科景路现状扩建的DN1 350雨水管道，接入广汕公路新建的DN1 350雨水管道，排入乌涌	3.9	是
12	新荔路南翠山路	新建	汇入新乐路现状DN1 000～1 200雨水管道，接入光谱东路现状DN1 800雨水管道，接入乌涌	1.145	否	汇入新乐路扩建的DN1 500～1 800雨水管道，接入光谱东路扩建的DN2 000雨水管道，排入乌涌	6.7	是
13	班岭村1	新建	汇入广汕公路现状DN600～1 500雨水管道，接入1.8 m×2.5 m雨水箱涵，最终排入龙伏涌	2.2	否	接入跨广汕公路新建的DN1 000雨水管道，汇入武警支队门口规划新建的1.8 m×1.8 m～2.4 m×1.8 m雨水箱涵，最终汇入龙伏涌	3.2	是
14	班岭村2	新建	接入广汕公路现状DN1 350雨水管道，汇入3.5 m×4 m雨水箱涵，最终汇入龙伏涌	26.45	是	—	26.45	是
15	香山路	改建	汇入香山路现状0.8 m×0.8 m排水箱涵，最终排入乌涌	1.497	是	—	1.497	是
16	水西路	改建	汇入水西路现状DN1 200雨水管道，最终排入乌涌左支流	6.186	是	—	6.186	是

续表

序号	名称	建设类型	与现状下游市政管网衔接情况	现状下游管网过流能力(m³/s)	现状下游市政管网过流能力是否满足	下游市政管网规划改造方案	下游规划管网过流能力(m³/s)	校核下游规划管网是否满足过流
17	新阳西路	改建	汇入新阳西路现状DN900雨水管道，流入下游开泰大道DN1 000～1 400雨水管道，最终汇入乌涌左支流	4.17	否	汇入新阳西路现状DN900雨水管道，流入下游开泰大道DN1 200～1 500雨水管道，最终排入乌涌左支流	5.3	是
18	翠光街	改建	汇入光谱中路现状DN1 200～1 800雨水管道，最终汇入乌涌左支流	3.26	否	汇入光谱中路扩建的DN1 600～2 000雨水管道，最终汇入乌涌左支流	5.55	是
19	黄陂社区	新建	汇入新建的3.0 m×2.0 m排水箱涵，最终汇入乌涌	6.7	是	—	6.7	是
20	尖塔山	新建	汇入科翔路现状DN1 500雨水管，最终汇入乌涌	15	否	汇入科翔路扩建的3.5 m×2.0 m雨水箱涵，最终接入乌涌	26.155	是
21	科学大道	新建	汇入科学大道0.45 m×0.45 m雨水箱涵，后汇入科学大道DN500～1 600雨水管道，最终汇入乌涌	9.42	是	—	9.42	是
22	映日路1#	新建	汇入映日路现状DN1 000雨水管道，接入开泰大道DN1 000～1 400雨水管道，最终汇入小乌涌	2.87	否	汇入映日路现状DN1 000雨水管道，接入开泰大道DN1 400～1 800雨水管	3.168	是
23	映日路2#	新建	汇入映日路现状0.45 m×0.45 m过路箱涵，接入科学大道新建的DN1 000管道，最终排入小乌涌	0.2	否	汇入映日路新建的0.7 m×0.7 m过路的DN1 000管，最终排入小乌涌	0.67	是

续表

序号	名称	建设类型	与现状下游市政管网衔接情况	现状下游管网过流能力（m³/s）	现状下游市政管网过流能力是否满足	下游市政管网规划改造方案	下游规划管网过流能力（m³/s）	校核下游规划管网是否满足过流
24	育星路	新建	汇入开泰大道现状 DN1 500 雨水管道，最终汇入小乌涌	2.8	是	—	2.8	是
25	力康路	维持现状	接入力康路现状 DN1 200～1 800 雨水管道，接入乌涌	1.98	是	—	1.98	是

对比两种工况,遭遇 5 年一遇洪水时水位值为 34.75～94.02 m;在遭遇 100 年一遇暴雨时,河道水位值为 34.86～94.02 m,地块有少量积水,基本可在暴雨峰值半小时后退去。

⑥沙湾排洪渠

沙湾排洪渠约 1.2 km 河段进行拓宽和加强日常管理维护措施,河道宽度由现状的 5 m 拓宽至 10 m,控制河底高程为 29.5～38.9 m,河道比降为 6‰。在河道整治、管网优化改建的基础上,分别进行 5 年一遇洪水遭遇外江 100 年一遇潮位(涌口设泵)和 100 年一遇洪水遭遇外江 5 年一遇潮位两种工况下的内涝模拟。

对比两种工况,遭遇 5 年一遇洪水时水位值为 29.11～67.94 m;在遭遇 100 年一遇暴雨时,河道水位值为 29.43～68.34 m,地块有少量积水,基本可在暴雨峰值半小时后退去。

⑦龙伏涌

龙伏涌约 0.3 km 河段加强日常管理维护措施,控制河底高程为 24.8～26.6 m,河道比降为 6.88‰。利用隐野山居北部山塘,以黄陂新村灌排渠最北部断面进行水位控制,当控制水位高于 30 m 时通过智能控制设施启用调蓄功能,削减河道洪峰 2.6 m^3/s,总调蓄容积 2.7 万 m^3。黄陂社区长安片区三旧改建项目范围内,竖向高程均抬高至不低于 30.5 m。

在河道整治、管网优化改建的基础上,分别进行 5 年一遇洪水遭遇外江 100 年一遇潮位(涌口设泵)和 100 年一遇洪水遭遇外江 5 年一遇潮位两种工况下的内涝模拟。

对比两种工况,遭遇 5 年一遇洪水时水位值为 24.68～36.45 m;在遭遇 100 年一遇暴雨时,河道水位值为 25.65～36.25 m,地块有少量积水,基本可在暴雨峰值半小时后退去。

⑧乌涌左支流

乌涌左支流 1.9 km 河段加强日常管理维护措施,控制河底高程为 5.6～7.8 m,河道比降为 1.88‰,河道过流能力增加至 87.21 m^3/s。青年圳约 1.2 km 河段加强日常管理维护措施,控制河底高程为 7.2～10.7 m,河道比降为 4.72‰;维持现状河道宽度。莲塘渠约 1.5 km 河段加强日常管理维护措施,控制河底高程为 8.8～12.9 m,河道比降为 2.24‰,河道过流能力增加至 37.29 m^3/s。

在河道整治、管网优化改建的基础上,分别进行 5 年一遇洪水遭遇外江 100 年一遇潮位(涌口设泵)和 100 年一遇洪水遭遇外江 5 年一遇潮位两种工况下的内涝模拟。

对比两种工况,遭遇 5 年一遇洪水时水位值为 7.98～23.53 m;在遭遇 100 年一遇暴雨时,河道水位值为 8.02～23.85 m,地块有少量积水,基本可在暴雨峰值半小时后退去。

⑨本田厂排水渠

本田厂排水渠 1.5 km 河段加强日常管理维护措施,控制河底高程为 4.2～6.5 m,河道比降为 1.97%,河道过流能力增加至 7.68 m³/s。厂西、厂中、厂南三条排水管渠维护至原河底高程。

在河道整治、管网优化改建的基础上,分别进行 5 年一遇洪水遭遇外江 100 年一遇潮位(涌口设泵)和 100 年一遇洪水遭遇外江 5 年一遇潮位两种工况下的内涝模拟。

对比两种工况,遭遇 5 年一遇洪水时水位值为 7.93～9.52 m;在遭遇 100 年一遇暴雨时,河道水位值为 8.15～10.38 m,地块有少量积水,基本可在暴雨峰值半小时后退去。

9) 效果分析

表 6.2-17 乌涌排涝片规划设施一览表

序号	分类		规划措施
1	绿色设施		分区年径流总量控制率由 47%提高至 71%,对应降雨量 26.6 mm。源头雨水调蓄总量 46.55 万 m³,其中雨水资源利用量 14.51 万 m³;通过旧改项目新增调蓄容积 7.25 万 m³;区域内规划水面率不低于 2.77%,旧村改建水面面积不小于 7.66 hm²;规划调蓄公园可调蓄水量共计约 4.42 万 m³
2	灰色设施	排水管道	规划新建雨水管渠共 74.143 km,管道规格 DN600～2 200,雨水箱涵规格为 2.0 m×2.0 m～3.5 m×2.5 m;规划扩建管渠 23.038 km,管道规格 DN600～1 800,雨水箱涵规格为 2.0 m×2.0 m～3.5 m×2.5 m
4		排涝通道	规划保留乌涌排涝片 4 条大排水箱涵作为行泄通道,总长度约 3.55 km,同时规划将 8 条道路作为承担涝水行泄的通道
5		调蓄设施	现状旧村坑塘基础上改建景观调蓄水塘 3 处,规划绿地处新建地埋式雨水调蓄池 2 座,总调蓄容积 8.4 万 m³
6	蓝色设施	河道	乌涌干流三段 4.3 km,两岸河道堤防微改造,支流河道整治 5.16 km
7		水闸	新建下沙涌水闸、三㕔涌水闸,重建青年圳水闸
8		泵站	乌涌涌口新建泵站规模为 180 m³/s,三㕔涌、下沙涌泵站规模分别为 18 m³/s、12 m³/s
9		调蓄水体	充分利用和挖潜排涝片内调蓄空间,排涝片内新增 2 处调蓄湖,50 年一遇有效容积约 6.7 万 m³。配合预泄优化调度,50 年一遇条件下削减乌涌洪峰 8 m³/s
10		水库	优化调度水口水库,实现 50 年一遇暴雨不下泄,黄鳝田水库 20 年一遇流量削减至 4 m³/s

规划实施后,100 年一遇暴雨条件下,在雨峰前后两小时内的产流量变为 314 万 m^3,相比现状减少 3 万 m^3。经复核,雨峰前后两小时排出水量总计 93 万 m^3;片区内调蓄水量总计 179 万 m^3,相比现状增多 95 万 m^3;积水总量为 149 万 m^3,相比现状减少 80 万 m^3。乌涌干支流沿线不发生漫溢,整个片区最大积水深度不超过 0.15 m。雨峰后 6 小时最大积水深度减小到 0.08 m 以下,可以满足雨停后退水时间要求。

6.3 市桥河排涝片

1) 片区基本情况

市桥河排涝片区位于番禺区西南部,总面积 148.6 km^2,地势北中陡立,西南低洼,北部、中部丘陵区高程 15~230 m,平原区高程 5.5~8.0 m,屏山闸以北南站片区地势相对较高,市桥河两岸高程相对较低,低洼地受潮汐影响大。片区内有广州南站商务区、汉溪长隆万博片区、市桥河两岸综合提升圈等重要保护对象,人口密度较高。片区现状硬化面积约 76%。

市桥河流域现状绿地占比 34.90%、水系占比 3.77%、屋面占比 16.38%、道路占比 0.11%、铺装占比 44.83%。开发建设用地(屋面及铺装、道路)占比 61.33%,市桥河流域整体现状径流总量控制率约为 43%。

表 6.3-1 市桥片区现状下垫面用地分类统计表

序号	下垫面类型	下垫面规模(hm²)	占总面积比率
1	屋面	689.370 7	16.38%
2	绿地	1 468.570 1	34.90%
3	水体	158.765 3	3.77%
4	铺装(含裸土)	1 886.637 1	44.83%
5	路面	4.615 6	0.11%
	总计	4 207.959	100%

市桥河流域现有雨水管渠 808.35 km,城区管网密度为 8.55 km/km^2,城区管网密度较大。其中约 608.12 km 的管网达不到 5 年一遇排水标准,占比约为 75%;有 555.9 km 的管网达不到 1 年一遇排水标准,占比约 68.8%。从排水管渠过流能力分布来看,除广州南站片区及流域西北侧南村万博区域管网达标率较高以外,其余片区特别是市桥河、丹山河两岸建成区管网排水标准多在 1~2 年一遇甚至小于 1 年一遇。总体来说,市桥河流域管网具有密度大、排

水标准普遍较低的特点。且市桥河两岸高程较低,部分排水管网易受下游河道顶托,区间排水管网的排水能力较差。

市桥河流域共有水库3宗,分别为金山湖水库、七盏灯水库和南湖水库,汇水范围3.25 km²,总库容242.66万m³。另有山塘3宗,分别为滴水岩山塘、金银洞山塘和狮岗山塘,汇水范围1.1 km²,总库容21.78万m³。

表6.3-2　水库山塘参数表

序号	水库名称	设计洪水标准(%)	集雨面积(km²)	正常蓄水位(m)	设计洪水位(m)	总库容(万m³)
1	金山湖水库	2	1.26	10.32	11.12	123.96
2	七盏灯水库	5	0.72	22.3	23.08	42.05
3	南湖水库	5	1.27	9.5	10.06	76.65
4	滴水岩山塘	5	0.5	40.5	41.97	9.11
5	金银洞山塘	5	0.3	13.7	14.61	8.36
6	狮岗山塘	10	0.3	24.86	25.85	4.31

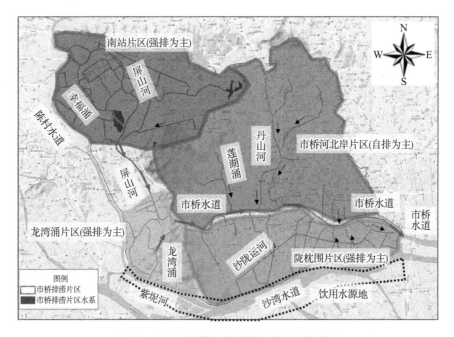

图6.3-1　市桥河流域主要水系分布图

市桥河流域内河涌纵横交错，水流相互贯通且较复杂，主要有市桥河、丹山河、屏山河、沙陇运河、深涌、东沙涌、沙墟涌等63条河涌。雁洲水闸位于广州市番禺区市桥河傍西闸下游约320 m处，右岸为陇枕围，左岸为市石联围。市桥河北自广州市番禺区钟村街道的石壁始，上游为屏山河，南流经西海咀、韦涌，下南山峡，西自龙湾河道入口至南山峡与屏山河相汇称市桥河。东流经市桥、钟村、沙湾、石碁、石楼等镇，在观音沙尾汇入沙湾水道后归入狮子洋，继而南流经海心沙、大虎注入伶仃洋出海，全长38.6 km，沿途有海棠涌、幸福涌、屏山河、龙湾河、汀根河、丹山河、沙陇运河、福涌、沙墟涌等支流汇入。

市桥河流域现状水面面积(含外江、山塘)总计为9.71 km²，占流域总面积的6.5%。流域水面率指标显著低于广州市10%的平均水平，同时也低于番禺区15%的平均水平。在市桥河流域中，可利用的涌容(即从低潮位至管控水位之间的容量)为800万 m³，而针对20年一遇的洪水事件，其24小时内的洪水总量预估为3 300万 m³。

表 6.3-3　市桥河流域涌容表

水位(m)	屏山水闸以上(万 m³)	屏山水闸以下(万 m³)	总涌容(万 m³)
3.5	1.47	254.33	255.8
4	8.91	351.64	360.54
4.5	25.19	445.4	470.59
5	53.25	549.23	602.48
5.5	90.92	659.75	750.67
6	133.42	774.52	907.94
6.5	184.47	893.02	1 077.49
7	234.9	1 015.12	1 199.59

表 6.3-4　市桥河流域河涌参数表

序号	名称	现状河长(km)	现状河宽(m)	序号	名称	现状河长(km)	现状河宽(m)
1	钟屏环山河	4	10~20	33	下细坑涌	0.8	5
2	屏山河	7	70	34	海棠沙涌	2	8
3	汉溪河	3.7	10	35	韦涌新涌	1.1	8
4	市桥河	11.7	110~380	36	韦涌内河涌	1.3	5~7

序号	名称	现状河长（km）	现状河宽（m）	序号	名称	现状河长（km）	现状河宽（m）
5	胜石河	2.1	30	37	谢石分流新开河	0.9	10
6	石三河	2.6	20	38	大洲内河涌	1.3	6~8
7	幸福涌	4.6	20	39	石北河涌	1.4	5~7
8	丹山分洪河	2.5	20~24	40	幸福支涌	3.1	5~6
9	丹山河	6.9	12~24	41	都那涌	1	5~8
10	沙陇运河	7.7	6~10	42	石岗西涌	0.7	11
11	深涌	3.9	10	43	石岗东涌	0.9	13
12	沙陇头涌	2.1	13~18	44	仲元河	0.7	4~17
13	旧诜敦河	0.5	6	45	黄编涌	1.3	7
14	诜敦河	1.3	30	46	南山涌	0.4	4~8
15	谢石环山河	5.2	10	47	南双玉涌	0.7	4~7
16	旧大围涌	2	6~8	48	兰陵涌	0.6	8~10
17	罗家涌	1.3	8~30	49	福涌	1.2	7~9
18	沙墟涌	1.6	12~19	50	涌边涌	1.7	4~8
19	莲湖涌	2.5	7~18	51	古东村内河涌	1.4	5~8
20	东沙涌	3	10	52	黄金二涌	0.6	4~8
21	下婆涌	2.3	6~10	53	龙湾涌	3.8	5
22	大口涌	3.7	27	54	诜墩新排洪渠	1	8
23	大蕴涌	2.6	8~15	55	大坦角涌	0.5	4~6
24	草河涌	1.5	8~17	56	黄金一涌	0.3	4~7
25	大塱涌	3.4	5~10	57	菠萝涌	1	4~8
26	蚬涌	1.9	10~18	58	坭田涌	0.3	4~6
27	孖涌涌	2.1	8~10	59	苏家围涌	0.6	5~8
28	岐头涌	3.9	8~16	60	沙湾大巷涌	0.8	18~20
29	红屋河	1.6	7~12	61	东村涌口涌	0.6	5~14
30	新洲涌	3.6	8~10	62	市沙三涌	1	7~10

序号	名称	现状河长（km）	现状河宽（m）	序号	名称	现状河长（km）	现状河宽（m）
31	南站地区新开河涌	6.6	15～30	63	蟛蜞南涌	0.9	4～10
32	波西圮容涌	1	20				

市桥河流域共计有水闸 71 座，其中外排水闸（防洪水闸）24 座，总设计流量 2 264 m³/s。其中规模较大的有雁洲水闸等，外排水闸排水出口为陈村水道、市桥河和沙湾水道三部分。内部节制闸 47 座，总设计流量 1 815 m³/s，总净宽 317 m，其中规模较大的有屏山水闸等。

雁洲水闸位于市桥河支流雁洲涌河口西北方向约 500 m，设计防洪潮标准为 100 年一遇，校核标准为 200 年一遇。共 10 孔，单孔宽度为 16.0 m，总净宽为 160.0 m，挡水前沿长度 184.0 m，顺水流向长 27.6 m，水闸闸顶高程 4.4 m，闸室底板高程 -4.0 m，设计最大泄洪流量为 1 090 m³/s，闸孔单孔设计出流量 6.81 m³/s/m。规划 2030 年雁洲船闸的货运量为 270 万 t（双向），船闸等级为 Ⅳ 级，设计最大通航船舶为 500 t 级，船闸位于水闸左岸，有效尺寸为 120.0 m×16.0 m×3.5 m（长×宽×最小槛上水深）。

屏山水闸位于钟村街道屏山涌下游。该闸建于 1993 年，闸门型式为浮运式钢板闸门，闸底高程 -3.0 m，闸顶高程 5.1 m，电动启闭，闸门总净宽 50 m，设计最大过闸量 411 m³/s。该闸闸门共 9 孔，为 8 小孔、1 大孔，孔宽分别为 5.5 m 和 7.7 m，闸门高度分别为 5.00 m 和 6.36 m。该闸目前运行基本正常，运行方式为涨潮时，开启水闸闸门，潮位动力驱使潮水上溯至内河涌；其他时期，则在维持涌内一定景观水位的条件下开闸泄水。

表 6.3-5　市桥河流域外排水闸主要参数表

序号	水闸名称	水闸规模	闸孔数量	闸孔总净宽（m）	水闸流量（m³/s）	承泄河道
1	陈头水闸	小（1）型	1	6	40	陈村水道
2	韦涌水闸	小（1）型	1	6	45.2	陈村水道
3	西海咀水闸	小（1）型	1	8	30	陈村水道
4	古坝水闸	小（1）型	1	4	20	陈村水道
5	三桂水闸	小（2）型	1	3	15	陈村水道
6	新陈头水闸	小（1）型	1	8	26.5	陈村水道

序号	水闸名称	水闸规模	闸孔数量	闸孔总净宽(m)	水闸流量(m³/s)	承泄河道
7	西码头水闸	小(1)型	1	6	37.4	陈村水道
8	草场涵闸	小(2)型	1	1.5	5	陈村水道
9	雁洲水(船)闸	大(2)型	10	160	1 056	市桥河
10	沙陇尾水闸	小(1)型	1	6	20	市桥河
11	龙湾水(船)闸	中型	3	30	446	沙湾水道
12	冲口水闸	小(1)型	1	4	20	沙湾水道
13	大巷涌水闸	小(2)型	1	5	18	沙湾水道
14	狮子水闸	小(2)型	1	2.5	15	沙湾水道
15	涌口水闸	小(1)型	1	5	40.3	沙湾水道
16	二塱水闸	小(1)型	1	4	40	沙湾水道
17	大塱水闸	小(1)型	1	6.5	75	沙湾水道
18	下婆水闸	小(1)型	1	4	35	沙湾水道
19	蚬涌南闸	小(1)型	1	5	50	沙湾水道
20	蚬涌簕颈闸	小(1)型	1	4	45	沙湾水道
21	大口涌南闸	小(1)型	1	5	50	沙湾水道
22	孖涌水闸	小(1)型	1	4	45	沙湾水道
23	蟛蜞南水闸	小(1)型	1	4.5	45	沙湾水道
24	草河水闸	小(1)型	1	4	45	沙湾水道

市桥河流域外排泵站共 7 座。目前市桥河泵站设计排涝模数为 0.57 m³/(s·km²)。珠三角同类地区约为 2～3 m³/(s·km²),流域泵站排涝模数低。

表 6.3-6　市桥河流域外排泵站表

序号	泵站名称	工程规模	装机流量(m³/s)
1	韦涌泵站	小(1)型	5
2	西海咀泵站	中型	15
3	西海咀(扩建)泵站	中型	35
4	新陈头泵站	小(1)型	6.57

序号	泵站名称	工程规模	装机流量(m³/s)
5	大洲新涌泵站	中型	10
6	沙陇尾泵站	中型	11.4
7	西码头泵站	小(2)型	1.6

2)内涝风险与问题分析

市桥河流域位于番禺区西南部,其覆盖面积达148.6 km²。该区域地形特征鲜明,北部与中部地区地势陡峭,而西南部则呈现明显的低洼形态。北部及中部丘陵地带的高程介于15～230 m之间,而平原区域的高程则大致维持在5.5～8.0 m。屏山闸以北的南站片区地势相对较高,而市桥河两岸则高程较低。外江排水出口主要包括市桥河、沙湾水道和陈村水道,这些水道共同承接市桥河流域的涝水。鉴于其特殊的地理位置,市桥河流域时常受到"洪""涝""潮"的多重影响。

(1)短历时强降雨频发成为主要诱因

流域短历时强降雨频发。以2024年为例,"3·29"降雨中的1小时降雨量约10年一遇;"4·6"降雨1小时内的降雨量超过了5年一遇的标准;而在"4·22"降雨,1小时内的降雨量亦达到了2至3年一遇。频繁的强降雨事件,显著增加了该流域内涝的风险。

(2)外江洪/潮顶托为显著影响因素

潮、涝双重叠加:以2018年的"山竹"台风为例,1小时降雨量达到2至3年一遇的级别,同时外江潮位超过100年一遇的高潮位,形成了潮、涝叠加的复杂局面。

洪、涝双重叠加:以2022年的某降雨为例,6小时降雨量达到2年一遇的标准,与此同时,北江流域遭遇了超过100年一遇的洪水,形成了洪、涝叠加的严峻形势。

洪、潮、涝三者叠加:以2008年的某降雨为例,当时西、北江流域遭遇了20年一遇的洪水,同时恰逢农历天文大潮,24小时降雨量也超过2年一遇的级别,形成了洪、潮、涝三者叠加的极端情况。

(3)市桥河流域内涝问题突出

a. 城区地势低洼,易涝面积大

市桥河流域的总面积达到148.6 km²,其中市桥河与屏山河的管控水位分别设定为6.8 m和7.2 m。经过统计,低于这些管控水位的陆域面积占比约为

24.3%,这些区域在面临水位上涨时,极易受到顶托作用的影响,出现较大的易涝面积。

b. 水库、山塘可控面积小,源头控泄能力弱

区域内有水库 3 宗,山塘 3 处,这些水体设施的总控制面积小于 4.5 km²,其占比尚未达到总流域面积的 3%。当前可调洪库容约为 6 万 m³,控泄能力尚显不足。

c. 低标准管网占比高,区间排水能力弱

区域内雨水管渠的总长度达到 808.35 km,城区管网的布局密度为 8.55 km/km²。流域内约 75% 的管网尚未满足 5 年一遇的排水能力标准,其中有高达 68.8% 的管网排水能力不足 1 年一遇。

d. 水面率低、河道涌容小,调蓄能力不强

水面面积为 9.71 km²,占整体水面的 6.5%,低于广州市平均水平的 10%。根据统计数据,在管控水位下,可利用涌容(低潮位至管控水位之间的容量)约为 800 万 m³,低于 20 年一遇的 24 小时洪水总量 3 300 万 m³,调蓄能力相对较弱。

e. 排涝模数低,末端强排能力不足

在暴雨与外江高潮叠加的极端天气条件下,由于外江洪潮的顶托作用,地势较低区域无法通过自然排水系统进行有效排水。为确保区域安全,需采取强制排水措施,并辅以内河涌的调蓄能力来稳定水位。然而,目前市桥河流域的强制排水工程存在明显不足。根据《灌溉与排水工程设计标准》(GB 50288—2018)的相关规定,市桥河泵站的设计排涝模数数值应达到 1.75,实际排涝模数仅为 0.57,显著低于珠三角同类地区约 2~3,显示出末端强制排水能力的严重不足。

f. 河道淤积桥闸阻水,河道过流能力下降

区域内河床存在显著的不平整状况,对河流的自然流通造成了显著影响。特别是在河道转弯处的凸侧,河床凸起现象尤为显著,导致过流断面显著缩小,进而削弱了河道的行洪能力。此外,市桥河流域内还存在多处潜在的行洪障碍,其中包括丹山河干流、丹山河分洪河上的跨河构筑物共计 24 座,其阻水比介于 0% 至 31% 之间。在遭遇 20 年一遇的洪水时,这些构筑物可能导致的壅水高度范围为 0~0.35 m。

g. 外排能力不足,内涝风险大

市桥河两岸区域为典型的平原河网地区,整体地势低平,且城区开发时间较早,建成区同样地势偏低,低于雁洲水闸管控水位 6.8 m 的区域占比高达 24.3%。目前市桥河不具备泵站强排外江的能力,在局部暴雨遭遇外江高潮位

的条件下,雁洲水闸外排受阻,市桥河两岸涝水无法排出,内涝风险较大。

市桥河两岸区域密布着265个直排水口,汇流面积约 2.56 km²。这些排水口在遭遇市桥河高水位时,极易受到水位顶托效应的影响,导致水流受阻,形成有压淹没现象,进而严重削弱其排水效能。这一现状使得该区域在面对洪水侵袭时更加脆弱。

3) 源头海绵设施

市桥河流域的源头减排改造项目共 234 项。旨在通过强化源头径流控制,并结合片区整体改造措施,显著提升年径流总量控制率,从原先的 43% 提升至 68%。改造完成后,海绵设施的调蓄容积预计将达到 20 万 m³。此次海绵城市改造将有效增强市桥河流域的源头滞蓄能力,从而显著降低局部径流的影响。同时,海绵设施还能减小市桥河流域约 5% 的洪涝风险,虽然整体影响相对较小,但对流域水环境的改善具有积极意义。

表 6.3-7　市桥河流域部分源头控制项目清单

序号	项目名称	项目类型	责任单位
1	市桥街先锋社区微改造项目	微改造	区城市更新局
2	钟村街怡乐园小区微改造项目	微改造	区城市更新局
3	番禺区沙湾镇沙坑村级工业园	城市更新	区城市更新局
4	蔡边一村工业园	绿地公园	区城管局
5	屏山二村聚龙街公园	绿地公园	区城管局
6	南双玉村南山公园	绿地公园	区城管局
…	…	…	…

表 6.3-8　市桥河流域分区规划调蓄工程统计表

序号	项目名称	工程位置	工程规模
1	雨洪调蓄池	在钟兴路与钟韦公路交叉路口附近、胜石河北侧规划公园绿地	占地面积为 5.275 km²,滞调蓄量为 11.5 万 m³
2	湿地一	南站周边屏山河与谢石环山河间	占地面积为 0.057 km²,滞调蓄量为 11.5 万 m³
3	湿地二	幸福涌下穿东新高速河口区附近	占地面积为 0.350 km²,滞调蓄量为 69.8 万 m³

续表

序号	项目名称	工程位置	工程规模
4	湿地三	沙湾镇西端新洲涌与陈村水道间	占地面积为 0.15 km², 滞调蓄量为 29 万 m³

4) 排水管渠措施

市桥河流域规划雨水管的新建与改建工程共 8 宗, 雨污分流工程 11 宗, 包括新建雨水管渠 0.6 km, 以及对现有老化管渠改造修复, 对管道、雨水箅子等设施进行清淤清障等。

表 6.3-9 排水管渠措施

序号	工程名称	建设内容
1	新光快速路金山湖北行路段雨水管改造工程	新建雨水管渠约 0.6 km
2	市莲路海涌路路口排水改造工程	完善雨水管网 1 600 m 及进行管道病害修复
3	市新路七星岗公园段水浸点排水改造工程	清疏管网, 增加雨水箅子及管网（考虑是否抬高路面）
4	迎星中路儿童公园段管网完善工程	完善过路雨水管网及进行管道病害修复, 提高排水能力
5	莲花大道水浸点排水改造工程	完善雨水管网 600 m 及进行管道病害修复
6	兴学路水浸点排水改造工程	完善雨水管网 600 m 及进行管道病害修复
7	桥南街南郊村排水改造工程	对百花街、南堤西路十一巷、南郊大街片区、南顺大街、南新大街等片区排水改造
8	番禺区水浸点排水设施改造工程	新建雨水箅子、雨水浅沟、雨水管, 采取防倒灌措施

表 6.3-10 雨污分流工程措施

序号	工程名称
1	番禺区前锋南部流域第一批排水单元配套公共管网完善及改造工程
2	番禺区前锋南部流域第二批排水单元配套公共管网完善及改造工程
3	市桥河—沙湾水道流域（市桥河以南）村居雨污分流改造工程（蚬涌村、陈涌村、草河村、龙岐村、紫坭村、三善村、古东村、古西村、龙湾村、沙东村、沙南村、沙北村、沙坑村、大涌口村）
4	市桥河—沙湾水道流域（前锋系统）无开发商住宅小区达标改造工程（沙湾散区、桥南街散区、桥南街小区）
5	市桥河—沙湾水道流域（中部系统）村居雨污分流改造工程——江南村、蔡边三村、樟边村

序号	工程名称
6	市桥河—沙湾水道流域(市桥河以北)村居雨污分流改造工程(石岗东村、傍江西村、罗家村、竹山村、榄山村、沙头村、大平村、汀根村、小平村)
7	市桥河—沙湾水道流域(中部系统)无开发商住宅小区达标改造(东环街小区)
8	市桥河—沙湾水道流域(前锋系统)无开发商住宅小区达标改造工程[市桥(西片)散区、市桥(东片)散区、大龙街散区、沙头街小区(雍景山庄)、市桥街小区、大龙街小区]
9	番禺区屏山河、诜敦河流域排水单元第一批配套公共管网完善及改造工程(钟村片区)
10	番禺区屏山河、诜敦河流域(钟村净水厂片区)村居雨污分流改造工程(钟一村、钟二村、钟三村、胜石村、诜敦村、谢村村、汉溪村、屏山一村、屏山二村、都那村)
11	屏山河流域(钟村系统)无开发商住宅小区达标改造工程

5）排涝除险措施

（1）河道整治工程

市桥河流域规划针对当前存在的 18 处（其中市桥河涉及 9 项）显著问题段，计划治理河道总长度约为 45 km。丹山河沿线经过实施整治、清淤等工程，解放路桥以上的水面线已显著下降。

根据丹山河河道工程实施后的水面线与堤岸的相互关系，预计能够缓解市桥河流域约 25％的洪涝风险。

本次新增的河道工程共计 1 宗，计划近期内实施。主要工程内容涵盖丹山河、丹山河分洪河、东沙涌等河道的清淤工作，以及丹山分洪箱涵的清淤作业；同时，将在河道沿岸新建长约 5.95 km 的防洪墙及栏杆封堵设施，并在丹山分洪箱涵进口处增设拦沙坎。

此外，新增的卡口整治工程共有 5 宗，将分为近期、中期、远期三个阶段逐步实施。主要工程内容包括丹山河分洪闸拆除，重建康乐大街桥，十三联水闸闸后暗涵揭盖改造，以及东环路桥、工业区路桥等的改造工作；同时，还将对西城路人行桥、乐园路桥等进行拆除并重建。

（2）山塘水库

市桥河流域已对溢洪道出口实施了严谨的清淤、清障工作，并对输水涵进水口的堵塞部分进行了疏通修复，以确保输水涵和溢洪道能够稳定、高效地运行。同时，市桥河流域对溢洪道断面形式进行了优化改造，并对堤岸进行了必要的修复工作，以进一步保障其过流能力。

此外，为提升市桥河流域的雨洪调蓄能力，对山塘水库进行了改造，这一举措将有效减小区域 3% 的洪涝风险,为当地居民提供更加安全、稳定的生活环境。

(3) 泵站方案

市桥河流域的地势特征显著,其北部和中部地形陡峻,高程在 15 m 至 230 m 之间;西南部则呈现出明显的低洼特点,平原区域的高程主要介于 5.5 m 至 8 m 之间。这些地区以老城区为主,地势低洼,短期内难以实现竖向高程的提升。市桥两岸的海拔显著低于管控水位,超出管控水位的陆地面积仅占 24.3%。此外,区域内直排水口数量多达 265 个,累计影响面积达到 2.56 km^2,这导致市桥河水位上升时,市桥河两岸极易受水位顶托的影响,进而产生淹水风险。

为有效应对上述挑战,首要任务是充分挖掘并高效利用雁洲水闸的调度潜力。在低水位期间,通过实施预排措施,提前释放并腾出部分河道容量,为潜在的洪水冲击预留足够的缓冲空间。市桥河流域具备较大的河道调蓄能力,建议采取"蓄排结合"的策略,通过合理的蓄水与排水调度,有效降低干流水位,减轻洪水对两岸低洼地区的威胁。同时,必须强化外排能力,通过优化排水设施、提升排水效率等手段,确保在洪水发生时能够迅速、有效地排出积水,最大限度地减少洪水对两岸居民生活、生产的负面影响。

目前,该区域的排涝体系主要采取"以排为主,以蓄为辅"的策略。鉴于市桥河流域南北地势的差异和水网联通的具体情况,结合屏山水闸的调度方式,规划提出了屏山河排涝片与其他排涝片之间的两种排涝策略供比选。

①分片排水方案

遵循"高水高排"的原则,规划提议在特定条件下关闭屏山河水闸。这样,地势较高的北部屏山河排涝分区与地势低洼的南部区域可以分别进行排水作业。基于南站片区管控水位 7.2 m 和南部片区雁洲水闸管控水位 6.8 m 的实际情况,规划将采取分片控制的方式,精确计算出各控制泵站所需的流量。为达到安全控制标准,计划新建一座雁洲泵站,其流量设计标准为 150 m^3/s。

②连片排水方案

在另一种策略中,规划考虑到雁洲水闸管控水位 6.8 m 和南站片区管控水位 7.2 m 之间差异不大,提议在适当条件下打开屏山河水闸。这样,屏山河排涝片区可以与其他排涝片区实现连片排水。为满足整体管控水位的要求,本次规划将新建一座雁洲泵站,其设计流量为 160 m^3/s。

③分析结论

经过深入研究和细致规划,发现分片排水和连片排水这两种策略均能有效降低市桥河和屏山河的水位,确保区域防洪排涝安全。

在南站区域,西海咀泵站群的流量"自给自足"能力充分,不仅能够满足自身需求,还能有效分担南部片区的排涝压力,为整个区域的防洪排涝工作提供了有力支持。

从工程规模和效果来看,连片排水策略在多个方面表现出优势。首先,其所需的工程规模相对较小,这有助于减少投资成本并缩短建设周期。其次,连片排水对于屏山河水闸至市桥河起点河段的效果尤为显著,能够更好地保障该河段的安全与稳定。

综上所述,连片排水策略在保障区域防洪排涝安全的同时,具有工程规模小、效果显著的优点,是值得优先考虑的排涝策略。

(4)方案论证

为解决市桥重点区域丹山河流域的问题,在河道整治的基础上,考虑在丹山河流域出口、雁洲水闸处建设小泵+大泵;沿岸建设小泵"散排";雁洲水闸出口建泵"集中抽排"三种比选方案。

方案一:建丹山河出口 80 m³/s+雁洲水闸处 100 m³/s 两座泵站;

方案二:丹山河流域出口建设规模为 80 m³/s 泵站一座,同时市桥河沿线出口建设以下规模泵站:沙湾深涌 15 m³/s、下婆涌 8 m³/s、大蕴涌 10 m³/s、岐头涌 12 m³/s、大塱涌 15 m³/s,5 座泵站总计规模约为 60 m³/s;

方案三:雁洲水闸出口建设规模为 160 m³/s 的泵站一座。

表 6.3-11　三种方案泵站规模

方案	泵站规模(m³/s)		
	丹山河出口泵站	雁洲泵站	雁洲泵站+沿岸 5 小泵
方案一	80	100	—
方案二	80	—	60
方案三	—	160	—

①方案一

a. 方案内容

方案一拟在丹山河河口处新建规模为 80 m³/s 的泵站一座,在雁洲水闸处新建规模为 100 m³/s 的泵站一座。

b. 方案实施效果分析

(a)水面线分析

方案实施前后屏山河、市桥河水面线对比见图 6.3-2。方案一实施后,在

20 年一遇内涌洪水遭遇 5 年一遇外江潮位时,雁洲闸前水位降低 0.27 m,屏山水闸处水位降低 0.32 m。丹山河下游水位最大降低 0.3 m。

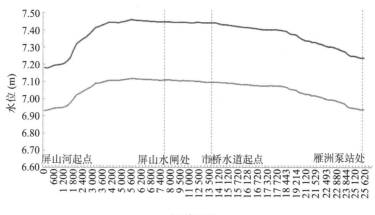

河道里程 (m)

——工程前——工程后

图 6.3-2 方案一实施前后屏山河、市桥河水面线对比

表 6.3-12 方案一实施前各点位水位(城建高程)

内涌洪水	外江潮位	水位(m)				
		雁洲水闸	沙墟口水闸	丹山挡潮闸	屏山水闸	丹山分洪闸
5 年	5 年	6.61	6.65	6.67	6.64	6.86
5 年	10 年	6.68	6.72	6.74	6.72	7.13
10 年	5 年	7.01	7.08	7.11	7.11	7.64
5 年	20 年	6.90	6.94	6.95	6.90	7.34
20 年	5 年	7.24	7.34	7.40	7.45	8.32

表 6.3-13 方案一实施后各点位水位(城建高程)

内涌洪水	外江潮位	水位(m)				
		雁洲水闸	沙墟口水闸	丹山挡潮闸	屏山水闸	丹山分洪闸
5 年	5 年	5.95	5.98	6.00	5.96	6.81
5 年	10 年	6.05	6.08	6.09	6.06	7.01
10 年	5 年	6.56	6.62	6.65	6.65	7.44
5 年	20 年	6.05	6.07	6.08	6.04	7.26
20 年	5 年	6.97	7.06	7.10	7.13	8.04

表 6.3-14　方案一实施后各点位水位降低情况

内涌洪水	外江潮位	水位降低(m)		
		雁洲水闸	丹山挡潮闸	丹山分洪闸
5 年	5 年	0.66	0.67	0.05
5 年	10 年	0.63	0.65	0.12
10 年	5 年	0.45	0.46	0.20
5 年	20 年	0.85	0.87	0.08
20 年	5 年	0.27	0.30	0.28

（b）淹没效果分析

建泵前市桥河流域淹没面积约 33.58 km²，方案一建泵后淹没面积约 23.21 km²，减少 30.88％，对丹山河及南部联围区域效果显著。建泵前丹山河受淹历时约 7 h，方案一实施后可有效减少 2 h 10 min 受淹历时，可一定程度上减轻洪涝灾害的影响。方案一实施前后淹没图见图 6.3-3、图 6.3-4。

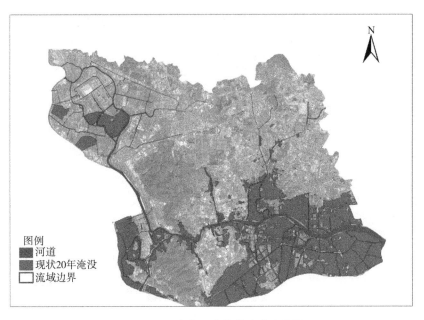

图 6.3-3　方案一实施前流域淹没图

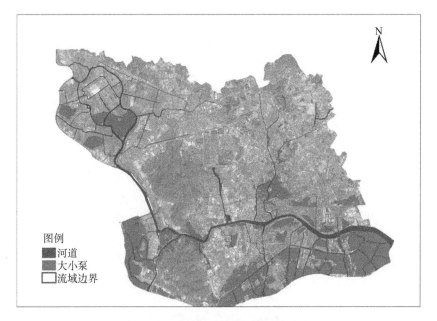

图例
■ 河道
■ 大小泵
□ 流域边界

图 6.3-4　方案一实施后流域淹没图

c. 方案优缺点

（a）方案优点

方案实施后丹山河河道问题基本解决,市桥河两岸受淹改善,屏山河水位亦有降低;丹山河泵站可有效解决丹山河局部问题,保障城区中心位置安全;雁洲泵站可解决部分市桥河流域排涝问题,后期可根据实际需求分步实施。

（b）方案缺点

方案实施后,雁洲水闸处管控水位达不到 6.8 m 的要求,对市桥河两岸排水条件改善有限;且方案占地面积大,投资较大。

②方案二

a. 方案内容

方案二在丹山河流域出口建设规模为 80 m³/s 泵站一座,同时市桥河沿线出口设置如下规模泵站:沙湾深涌 15 m³/s、下婆涌 8 m³/s、大蕹涌 10 m³/s、岐头涌 12 m³/s、大塱涌 15 m³/s,5 座泵站规模共计约 60 m³/s。

b. 方案实施效果

（a）水面线分析

方案实施前后屏山河、市桥河水面线对比见图 6.3-5。方案二实施后,市桥河水位普遍升高,在 20 年一遇内涌洪水遭遇 5 年一遇外江潮位时,雁洲闸前水位升高 0.12 m,屏山河西海咀泵站处水位升高 0.07 m。丹山分洪闸处水位降低 0.21 m。

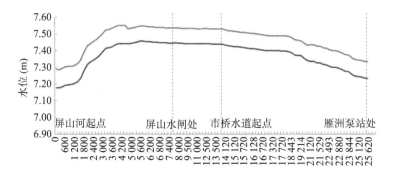

图 6.3-5　方案二实施前后屏山河、市桥河水面线对比

表 6.3-15　方案二实施前各点位水位(城建高程)

内涌洪水	外江潮位	水位(m)			
		雁洲水闸	西海咀水闸	丹山挡潮闸	丹山分洪闸
5 年	5 年	6.61	6.66	6.67	6.86
5 年	10 年	6.68	6.74	6.74	7.13
10 年	5 年	7.01	7.07	7.11	7.64
5 年	20 年	6.91	6.85	6.95	7.34
20 年	5 年	7.24	7.20	7.40	8.32

表 6.3-16　方案二实施后各点位水位(城建高程)

内涌洪水	外江潮位	水位(m)			
		雁洲水闸	西海咀水闸	丹山挡潮闸	丹山分洪闸
5 年	5 年	6.65	6.71	5.65	6.05
5 年	10 年	6.73	6.78	5.69	6.26
10 年	5 年	7.05	7.10	6.35	7.01
5 年	20 年	6.95	6.88	5.90	6.45
20 年	5 年	7.36	7.27	7.01	8.11

表 6.3-17 方案二实施后各点位水位降低情况

内涌洪水	外江潮位	水位（m）			
		雁洲水闸	西海咀水闸	丹山挡潮闸	丹山分洪闸
5 年	5 年	−0.04	−0.05	1.02	0.81
5 年	10 年	−0.05	−0.04	1.05	0.87
10 年	5 年	−0.04	−0.03	0.76	0.63
5 年	20 年	−0.04	−0.03	1.05	0.89
20 年	5 年	−0.12	−0.07	0.39	0.21

（b）淹没效果分析

建泵前市桥河流域淹没面积约 33.58 m^2，建泵后淹没面积约 25.19 km^2，减少 24.99%，对丹山河以及南部联围片区有效果，但未削减市桥河两岸直排管网顶托作用；建泵前市桥河受淹历时约 7 h，实施后可有效减少 1 h 10 min 受淹历时，可一定程度上减轻洪涝灾害的影响。方案二实施前后淹没图见图6.3-6、图 6.3-7。

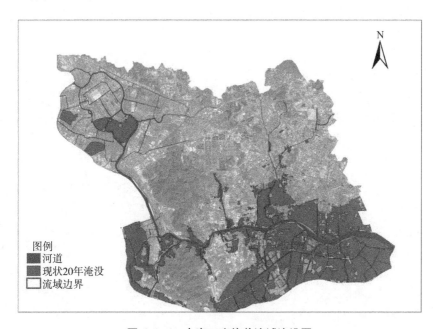

图 6.3-6 方案二实施前流域淹没图

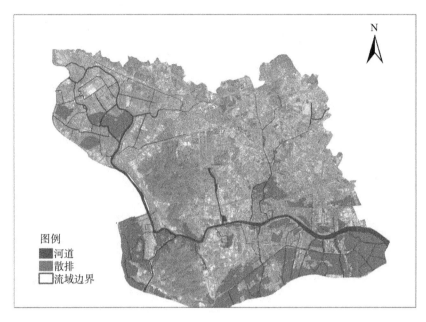

图 6.3-7　方案二实施后流域淹没图

c. 方案优缺点

（a）方案优点

方案实施后，丹山河河道问题基本解决，市桥河南岸受淹改善；方案可分步实施，丹山河泵站解决丹山河局部问题，保障城区中心位置安全；其余沿岸分散泵站可根据局部需求建设。

（b）方案缺点

方案实施后，雁洲水闸处管控水位达不到 6.8 m 的要求，对屏山河两岸无明显作用；且方案建泵站数量较多、较分散，占地多，投资大，管控难度高。

③方案三

a. 方案内容

方案三拟在雁洲水闸处建规模为 160 m³/s 泵站一座。

b. 方案实施效果

（a）水面线分析

方案实施前后屏山河、市桥河水面线对比见图 6.3-8。方案三实施后，在20 年一遇内涌洪水遭遇 5 年一遇外江潮位时，雁洲闸前水位降低 0.43 m，屏山水闸处水位降低 0.47 m。丹山河下游水位最大降低 0.28 m。

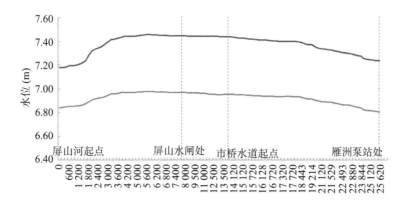

河道里程 (m)

——工程前——工程后

图 6.3-8　方案三实施前后屏山河、市桥河水面线对比

表 6.3-18　方案三实施前各点位水位(城建高程)

内涌洪水	外江潮位	水位(m)				
		雁洲水闸	沙墟口水闸	丹山挡潮闸	屏山水闸	丹山分洪闸
5 年	5 年	6.612	6.648	6.673	6.64	6.86
5 年	10 年	6.679	6.717	6.742	6.722	7.13
10 年	5 年	7.005	7.068	7.112	7.101	7.64
5 年	20 年	6.905	6.935	6.954	6.903	7.34
20 年	5 年	7.236	7.344	7.399	7.444	8.32

表 6.3-19　方案三实施后各点位水位(城建高程)

内涌洪水	外江潮位	水位(m)				
		雁洲水闸	沙墟口水闸	丹山挡潮闸	屏山水闸	丹山分洪闸
5 年	5 年	5.634	5.665	5.676	5.655	6.78
5 年	10 年	5.732	5.764	5.774	5.73	6.94
10 年	5 年	6.33	6.381	6.409	6.35	7.41
5 年	20 年	5.644	5.669	5.675	5.653	7.21
20 年	5 年	6.802	6.898	6.935	6.970	8.04

表 6.3-20　方案三实施后各点位水位降低情况

内涌洪水	外江潮位	水位降低（m）		
		雁洲水闸	丹山挡潮闸	丹山分洪闸
5 年	5 年	0.98	1	0.08
5 年	10 年	0.95	0.97	0.19
10 年	5 年	0.68	0.7	0.23
5 年	20 年	1.26	1.28	0.13
20 年	5 年	0.43	0.47	0.28

（b）淹没效果分析

建泵前市桥河流域淹没面积约 33.58 km²，方案三建泵后淹没面积约 14.15 km²，减少 57.86%；建泵前丹山河受淹历时约 7 h，方案三实施后可有效减少 3 h 30 min 受淹历时，可较大程度上减轻洪涝灾害的影响，对丹山河及南部联围区域效果显著。方案三实施前后淹没图见图 6.3-9、图 6.3-10。

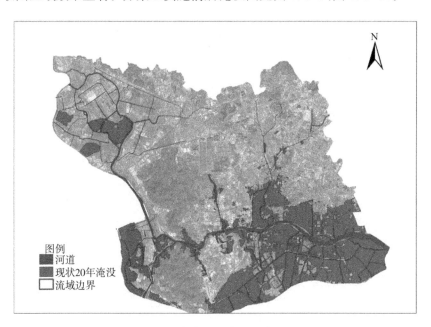

图 6.3-9　方案三实施前流域淹没图

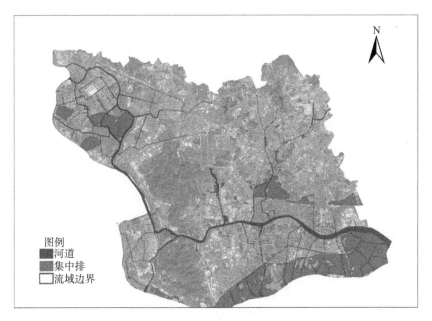

图例
河道
集中排
流域边界

图 6.3-10　方案三实施后流域淹没图

c. 方案优缺点

（a）方案优点

方案实施后丹山河河道问题基本解决，市桥河两岸受淹情况明显改善，屏山河水位降低，整体效果较为显著。

（b）方案缺点

方案一次性投资较大。

（5）方案比选

对比分析三种方案，综合对比其实施后对市桥河的改善效果及方案实施的优缺点。

经过综合评估与深入分析，最终推荐采用方案三。该方案计划在市桥河口建设大型水泵，直接降低市桥河的水位，有效缓解市桥河对两岸排水管网和河道的顶托压力，进而显著改善内部排水条件。据统计分析，方案三能够缓解市桥河面临的约 57.86% 的风险，对比方案一、二后显得尤为突出。此外，考虑到单一大泵在管理上更简便，若资金条件允许，建议将此项措施与流域内的其他整治策略相结合，以期实现更为全面和有效的治理效果。

表 6.3-21　三种方案效果对比

方案	淹没面积（km²）	淹没面积减少（km²）	减小比例
现状	33.58	—	—
方案一	23.21	10.37	30.88%
方案二	25.19	8.39	24.99%
方案三	14.15	19.43	57.86%

表 6.3-22　三种方案效果对比

方案	优点	缺点	投资（亿元）
方案一（丹山河出口泵站＋雁洲泵站、清淤、拆除卡口）	1. 丹山河河道问题基本解决，市桥河两岸受淹改善，屏山河水位降低；减小30.88%风险；2. 逐步实施	1. 占地多、投资大；2. 效果有限，管控水位控不到6.8 m，对市桥河两岸排水条件改善有限	10.27
方案二（散排泵、清淤、拆除卡口）	1. 丹山河河道问题基本解决，市桥河南岸受淹改善，减小24.99%风险；2. 分散建泵便于逐步实施，丹山河泵站解决丹山河局部问题，保障城区中心位置安全；其余沿岸分散泵站可根据局部需求建设	1.1＋5泵站，占地多、管控难、投资大；2. 效果有限，市桥河管控水位控不到6.8 m，屏山河没改善	11.77
方案三（建大泵、清淤、拆除卡口）	面向整个市桥河流域：1. 有效解决市桥河系统问题，减小57.86%风险；2. 总投资小，管理简单	一次性投资大	7.92

7

高密度城市暴雨洪涝治理实践——深圳市

7.1　观澜河排涝片

1）片区基本情况

石马河是东江的一级支流，发源于深圳龙华大脑壳山，流经深圳观澜街道、东莞市凤岗、塘厦、樟木头、清溪、谢岗、常平、桥头等镇。石马河河流全长88 km，河宽平均80 m，河床平均坡降为0.61%，水浅滩多，流速湍急，总落差70 m，集雨面积1 249 km²（含潼湖流域494 km²）。石马河干流在支流雁田水汇入口以上称观澜水（观澜河），为深圳与东莞交界处。观澜河干流河宽50～130 m，发源于东深供水工程水源补给区、深圳市饮用水源保护区的大脑壳山。观澜河自南向北依次流经民治街道、龙华街道、观湖街道、观澜街道。观澜河全流域面积241.1 km²（其中龙华区175.6 km²，龙岗区和光明区共65.5 km²），干流河道长14.19 km，河床平均比降2.07‰。石马河规划防洪标准为50年一遇，上游观澜河规划防洪标准为200年一遇。

观澜河一级支流14条，分别为白花河、大布巷水、丹坑水、茜坑水、清湖水、龙华河、上芬水、油松河、樟坑径河、横坑水、长坑水、横坑仔河、岗头河、坂田河，龙华区内总长度54.5 km。观澜河二、三级支流5条，分别为大水坑河、冷水坑水、高峰水、大浪河、牛咀水，河道总长度19.4 km，均位于龙华区。

观澜河独立支流2条，分别为牛湖水和君子布河，龙华区内总长度7.81 km。其中，君子布河发源于深圳市平湖街道的鹰凹，河流向北流，跨过环观南路，流经观澜街道君子布村，经天堂围流入东莞市内，再经石马围跨过广深铁路于南屏汇入雁田水，最后进入石马河。牛湖水属于观澜河流域，源头为石马径水库，由南向北穿越高尔夫大道、裕新路，流经大水田村以后，汇入东莞境内观澜河的下游石马河。

独立河流1条，为龙塘沟，龙塘沟河长2.60 km，最终汇入长岭皮水库。

表 7.1-1　河道基本情况表

序号	河道名称	总流域面积（km²）	区内流域面积（km²）	总河道长度（km）	龙华区内河道长度（km）	河道宽度（m）
干流（1 条）						
1	观澜河	241.1	175.6	14.19	14.19	50～130
一级支流（14 条）						
1	白花河	36.28	23.9	17.32	7.31	16～40
2	大布巷水	4.53	4.53	1.46	1.46	3～5
3	丹坑水	3.97	3.97	2.28	2.28	2～9
4	茜坑水	11.01	11.01	2.27	2.27	2～7
5	清湖水	2.98	2.98	1.2	1.2	6～13
6	龙华河	36.59	36.59	8	8	10～30
7	上芬水	6.73	6.73	4.75	4.75	5～12
8	长坑水	3.79	3.79	2.83	2.83	5～23
9	油松河	17.63	17.63	5.3	5.3	12.5～30
10	樟坑径河	16.03	16.03	9.58	9.58	1.5～40
11	横坑水	4.95	4.95	3.98	3.98	5～10
12	横坑仔河	1.34	1.34	1.6	1.6	4～15
13	岗头河	20.33	1.3	7.5	1.09	16～30
14	坂田河	17.13	3.15	9.52	2.85	10～36
二级支流（4 条）						
1	大水坑河	15.32	15.32	4.59	4.59	3～22
2	高峰水	11.86	11.86	2.09	2.09	8～20
3	大浪河	11.75	11.75	7.43	7.43	6.3～24.45
4	牛咀水	8.93	8.93	3.41	3.41	6～15
三级支流（1 条）						
1	冷水坑水	2.46	2.46	1.88	1.88	2～8
独立支流（2 条）						
1	君子布河	18.88	3.36	6.95	3.42	14.5～22

序号	河道名称	总流域面积（km²）	区内流域面积（km²）	总河道长度（km）	龙华区内河道长度（km）	河道宽度（m）
2	牛湖水	7.03	6.96	5.29	4.39	1.5～50
独立河流（1条）						
1	龙塘沟	3.19	2.39	2.60	2.60	1.8～5.5

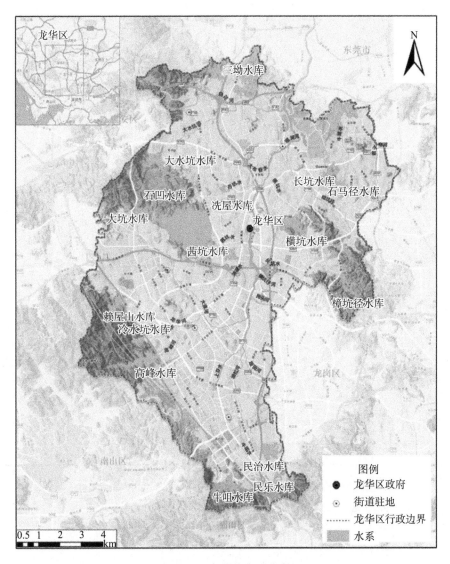

图 7.1-1　龙华区水系分布图

境内共有中小型水库 16 座，其中，中型水库 1 宗，为茜坑水库，水质为Ⅲ类，功能以防洪、供水、调蓄为主；小（1）型水库 10 宗，分别为樟坑径水库、横坑水库、长坑水库、大水坑水库、民治水库、牛咀水库、高峰水库、冷水坑水库、赖屋山水库和石凹水库，水库功能以防洪为主；小（2）型水库 5 宗，分别为冼屋水库、石马径水库、三坳水库、大坑水库和民乐水库，水库功能以防洪和景观为主。全区水库总控制集雨面积 32.53 km²，总库容 4 673.44 万 m³。

表 7.1-2　水库基本情况表

序号	水库名称	建成时间（年）	集雨面积（km²）	特征库容（万 m³）	
				总库容	正常库容
中型水库（1宗）					
1	茜坑水库	1993	4.98	1 957	1 850
小（1）型水库（10宗）					
1	樟坑径水库	1959	2.65	177.50	124.58
2	横坑水库	1995	1.5	220.80	189.21
3	长坑水库	1968	0.75	143.63	91.93
4	大水坑水库	1992	3.89	339.80	221.25
5	民治水库	1993	4.5	286.40	173.74
6	牛咀水库	1988	2.14	275.60	211.50
7	高峰水库	1958	4.44	499.40	357.48
8	冷水坑水库	1993	1.48	121.20	83.37
9	赖屋山水库	1990	2.07	254.60	206.60
10	石凹水库	1993	0.69	148.10	124.72
小（2）型水库（5宗）					
1	冼屋水库	1958	0.34	17.82	14.47
2	石马径水库	1958	0.6	60.46	45.55
3	三坳水库	1958	0.74	65.90	49.51
4	大坑水库	1989	0.68	46.28	40.30
5	民乐水库	1958	1.08	58.95	31.15

2）内涝风险与问题分析

（1）水库工程

现有中、小型水库 16 座，总库容 4 673.44 万 m³，可调蓄库容 1 153.3 万 m³。其中，中型水库 1 座、小（1）型水库 10 座、小（2）型水库 5 座。茜坑水库为中型水库，库容为 1 957 万 m³，占龙华区水库总库容的 41.9%。茜坑水库作为供水水库,重点保障水质水量,不考虑开发建设,其余小型防洪水库,需要加强水库的统一调度。根据深圳市2022年水库名录(征求意见稿),除洗屋水库、大坑水库、民乐水库和三坳水库设计防洪标准为20~50年一遇外,其余水库防洪标准均为100年一遇,目前16座水库防洪能力均已达标,达标率为100%。根据《深圳市水库除险加固三年攻坚行动实施方案(2021—2023年)》高标准要求,各水库需在原校核标准基础上按照2000年一遇校核洪水标准上限复核水库建设标准,开展相应规模的水库除险加固工程,消除潜在的安全隐患,健全自动化监测系统和信息安全方案,保障水库安全运行。

表7.1-3　现状水库基本情况统计表

序号	水库名称	建成时间	工程规模	集雨面积(km^2)	总库容(万m^3)	调洪库容(万m^3)	防洪标准($P=\%$)	是否达标
1	茜坑水库	1993	中型	4.98	1 957	190.64	1	是
2	樟坑径水库	1959	小(1)型	2.65	177.50	59.13	1	是
3	横坑水库	1995	小(1)型	1.5	220.80	83.09	1	是
4	长坑水库	1968	小(1)型	0.75	143.63	65.68	1	是
5	大水坑水库	1992	小(1)型	3.89	339.80	130.69	1	是
6	民治水库	1993	小(1)型	4.5	286.40	163.37	1	是
7	牛咀水库	1988	小(1)型	2.14	275.60	86.44	1	是
8	高峰水库	1958	小(1)型	4.44	499.40	164.64	1	是
9	冷水坑水库	1993	小(1)型	1.48	121.20	37.83	1	是
10	赖屋山水库	1990	小(1)型	2.07	254.60	48.0	1	是
11	石凹水库	1993	小(1)型	0.69	148.10	41.27	1	是
12	洗屋水库	1958	小(2)型	0.34	17.82	3.73	2	是
13	石马径水库	1958	小(2)型	0.6	60.46	23.15	1	是
14	大坑水库	1989	小(2)型	0.68	46.28	7.34	2	是
15	民乐水库	1958	小(2)型	1.08	58.95	27.8	5	是
16	三坳水库	1958	小(2)型	0.74	65.90	20.5	2	是

(2)山洪截滞工程

现状区内共有截洪沟5处,总长度3.64 km,均为小区及工业区自建截洪沟,设计标准为100年一遇。其中民治街道2处,大浪街道1处,福城街道1处,观澜街道1处。

表 7.1-4　龙华区内现状截洪沟基本情况统计表

截洪沟名称	长度 (km)	宽度 (m)	深度 (m)	过流能力 (m³/s)	下游承接对象
民治街道圣莫里斯小区自建截洪沟	1.1	1.5~2.5	2.0~2.5	55.41	牛咀水库
民治街道星河丹堤小区截洪沟	0.82	2.0~2.5	2.0~2.5	49.41	民乐水库
福城街道沐兰艺术大厦自建截洪沟	0.6	1	1	6.98	市政管网
大浪街道白云山新村天然截洪沟	0.8	2	1.5	10.51	龙华河
观澜街道瑞晟工业园北侧截洪沟	0.32	1.5	1	5.11	市政管网

（3）河道堤防工程

区内共有河道23条,辖区内总长度约为98 km,现状堤防长度约为188 km。观澜河干流现状防洪能力为100年一遇,其余22条支流和独立河流的河道现状排涝能力为20~50年一遇,达到50年一遇排涝能力的支流河道长度为71.55 km。龙华区现状河道基本情况详见表7.1-5。

表 7.1-5　现状水系基本情况统计表

序号	河流名称	河长 (km)	防洪排涝标准 (重现期)	河口过流能力 (m³/s)	现状堤防长度 (km)
1	观澜河	14.19	100年一遇	1 589	28.38
2	白花河(龙华段)	7.31	50年一遇	419.26	14.62
3	大水坑河	4.59	20年一遇	167.37	7.652
4	樟坑径河	9.58	50年一遇	207.9	19.16
5	横坑水	3.98	50年一遇	43.13	7.96
6	大布巷水	1.46	50年一遇	22.34	2.452
7	丹坑水	2.28	50年一遇	68.22	3.982
8	茜坑水	2.27	50年一遇	60.88	3.878
9	长坑水	2.83	50年一遇	79	5.66
10	清湖水	1.2	50年一遇	64.1	1.052

序号	河流名称	河长 (km)	防洪排涝标准 (重现期)	河口过流能力 (m³/s)	现状堤防长度 (km)
11	横坑仔河	1.6	20年一遇	22.4	1.96
12	岗头河(龙华段)	1.09	50年一遇	26.5	2.18
13	龙华河	8	50年一遇	437.96	16
14	大浪河	7.43	50年一遇	145.89	14.86
15	高峰水	2.09	20年一遇	118.95	4.18
16	冷水坑水	1.88	20年一遇	24.16	3.76
17	上芬水	4.75	50年一遇	128.52	9.5
18	坂田河(龙华段)	2.85	50年一遇	58.4	5.7
19	油松河	5.3	50年一遇	224.87	10.6
20	牛咀水	3.41	50年一遇	153.18	6.82
21	牛湖水	4.39	50年一遇	95.3	8.78
22	君子布河(龙华段)	3.42	50年一遇	97.8	6.84
23	龙塘沟	2.60	20年一遇	42	1.836

（4）水闸工程

现状区内有水闸1座,为大和水闸,位于观澜河干流上。大和水闸设计总净宽为60 m,最大泄洪流量为998 m³/s,达到200年一遇排涝标准。

（5）排水管网

现状区内建成区总面积约112 km²,已建成市政雨水管网长度约1 313.21 km,管网密度为11.73 km/km²。根据《龙华区市政系统综合详细规划(2019—2035)》,对龙华区内703 km市政雨水管道进行评估,区内雨水管网排水能力偏低,78%的管网小于3年一遇暴雨重现期设计标准,达标长度为154.66 km,达标率仅为22%,达到5年一遇设计标准的管道长度为63.27 km,占比为9%。现状雨水管网排水能力统计情况见表7.1-6。

表 7.1-6　现状雨水管网不同重现期排水能力评估占比表

评估管网 总长度(km)	满足 $P<$ 1a(km)	满足 1a$\leqslant P<$ 2a(km)	满足 2a$\leqslant P<$ 3a(km)	满足 3a$\leqslant P<$ 5a(km)	满足 $P\geqslant$5a (km)
703	63.27	253.08	231.99	91.39	63.27
	9%	36%	33%	13%	9%

注：P 为暴雨重现期。

(6) 现状洪涝风险评估

①洪水风险评估

在 200 年一遇暴雨情况下,观澜河中下游、白花河中上游、大水坑河中游、大浪河汇入龙华河处、高峰水和冷水坑水汇入龙华河处、油松河中游、樟坑径河中上游和下游等沿河区域有较大的洪水风险,预计总淹没面积为 4.4 km²,居民地淹没面积为 4.07 km²,受影响人口为 9.26 万人,受影响 GDP 为 65.77 亿元。主要受淹区域包括章阁鼎丰科技园、中志创意产业园、观澜汽车站、马坊社区、馨园小区、深圳市艺术高中、弓村、上早新村。

②山洪风险评估

根据规划评估,龙华区整体山洪风险低,仅局部山体区域存在山洪入城问题,分布在樟坑径河新田公园以北及白花河库坑公园附近。根据《深圳市山洪灾害风险调查评估成果报告》,龙华区在遭遇 100 年一遇设计降雨时,山洪灾害风险区域淹没范围小、影响人口少,已不在深圳市山洪灾害风险台账中。

③内涝风险点分布及风险评估

根据龙华区积水风险区域及风险点统计,截至 2023 年,龙华区全区共有积水风险点 53 个,涉及市政道路、工业园、社区等地点,根据深圳市龙华排水有限公司 2023 年积水风险点统计清单,全区现状积水风险区总计约 37 435 m²,占全区总面积的 0.02%。

表 7.1-7　100 年一遇降雨条件下积水风险点分布情况

序号	所属街道	积水风险点名称	风险等级
1	观湖街道	观平路与环观南路交叉	高风险
2		谷湖龙南北街	低风险
3		观平路建材市场路口	高风险
4		大和路富士施乐公司门前	低风险
5		大和路巴兰塔酒店	低风险
6		观平路深粮工业园段	低风险

序号	所属街道	积水风险点名称	风险等级
7	民治街道	福龙路赣深铁路段	高风险
8		梅观路北行民乐天桥下	中风险
9		梅坂大道转梅观路南行匝道	中风险
10		民康路梅观高速桥底	中风险
11		民治大道万众城	中风险
12		人民路布龙路口	中风险
13		民丰路横岭四区段	中风险
14		新牛路与油松路交会处	低风险
15		创业花园东南门	中风险
16		布龙路辅路日出印象段	中风险
17		人民路福龙路桥底	中风险
18	龙华街道	东环一路北行与龙华大道交会处	低风险
19		人民路（华润万家门口）	低风险
20		清湖老村	中风险
21		清泉路油松加油站	低风险
22		龙华街道清泉路与建辉路交会处	低风险
23		龙观公路清湖加油站	低风险
24		工业路壹城中心	低风险
25		梅观高速贝尔路出口	低风险
26		建设路与梅龙路交叉口	低风险
27		富士康北门大和路	低风险
28		梅观北行华为出口	中风险
29		龙观路大浪河桥	中风险
30		河背老村到大浪南路出口华联幼儿园旁	低风险
31		梅观南行华为出口	低风险
32		龙华大道壹城中心段北行	中风险
33	大浪街道	福龙路阳台山高架桥	低风险
34		大浪南路万盛百货桥头	中风险
35		大浪南路农村商业银行门口	中风险

序号	所属街道	积水风险点名称	风险等级
36	福城街道	观澜大道竹村段	中风险
37		茜坑路与人民路交会处	低风险
38		福前路新丹路到大水坑市场段	中风险
39		桔坑路冠志厂段	中风险
40		观澜大道西侧机荷高速出口处	低风险
41		碧澜路丹坑村段	低风险
42		福前路顺泰厂到竹荫路段	低风险
43		桔岭老村	低风险
44		观光路胡胖子餐店段	低风险
45		宏发雅苑停车场	低风险
46	观澜街道	泗黎路库坑天桥段	高风险
47		环观南路与高尔夫大道交会处(牛湖公安检查站)	中风险
48		观天路与高尔夫大道交会处(观禧花园)	中风险
49		三号路鸵鸟山庄段	中风险
50		泗黎路库坑中心村前	中风险
51		库坑围仔村	中风险
52		龙华大道桂香路口	中风险
53		观禧花园	中风险

（7）现状存在问题

①防洪存在问题

观澜河现状存在堤防欠高、河道淤积导致过流能力不足的问题。

观澜河规划提标至200年一遇，对观澜河干流现状防洪标准进行复核。左岸堤防约5.5 km防洪不达标，右岸堤防约2.4 km防洪不达标。

②山洪截滞存在问题

由于山洪截滞设施建设不完善，现状仍然存在辖区山洪进入市区引发内涝问题。山洪风险区集中在樟坑径河沿线和白花河库坑公园附近。由于周边山区汇水面积广，无相应山洪截滞设施，山区雨洪水直接汇入市政管网或路面，相应排水通道标准不满足对应片区降雨排水要求，形成局部内涝风险区。

③内涝防治存在问题

观澜河流域各支流现状堤防达标情况见表7.1-8。经复核，在内涝防治标准下，观澜河支流左右岸共计22.12 km堤防存在不达标问题。

表 7.1-8 龙华区河道堤防现状达标情况

序号	排涝片	河涌名称	堤防标准（年）	河流长度（km）（区内）	已达标长度（km） 左岸	已达标长度（km） 右岸	未达标长度（km） 左岸	未达标长度（km） 右岸	达标率（%）
1	白花河排涝片	大水坑河	20	4.59	2.684	3.092	1.142	0.734	75.48
2	白花河排涝片	白花河	50	7.31	6.274	6.019	1.036	1.291	84.08
3	龙华河排涝片	高峰水	20	2.09	1.19	1.19	0.9	0.9	56.94
4	龙华河排涝片	大浪河	50	7.43	7.08	7.08	0.35	0.35	95.29
5	龙华河排涝片	龙华河	50	8.00	6.27	6.27	1.73	1.73	78.38
6	油松河排涝片	油松河	50	5.30	3.18	3.18	2.12	2.12	60.00
7	油松河排涝片	牛咀水	50	3.41	3.26	3.26	0.15	0.15	95.60
8	上芬水排涝片	上芬水	50	4.75	4.375	4.375	0.375	0.375	92.11
9	坂田河排涝片	坂田河	50	2.85	1.864	2.85	0.986	0	82.70
10	樟坑径排涝片	横坑水	50	2.715	2.011	2.373	0.704	0.342	80.74
11	樟坑径排涝片	横坑水—沿河西路段	50	1.265	0.985	0.712	0.553	0.28	67.08
12	樟坑径排涝片	樟坑径河	50	9.58	8.255	7.915	1.325	1.665	84.39
13	君子布河排涝片	君子布河	50	3.42	3.06	2.967	0.36	0.453	88.11

根据《龙华区市政系统综合详细规划（2019—2035）》对 2019 年前建成的 703 km 管网复核,78% 的管网小于 3 年一遇暴雨重现期设计标准,达标长度为 154.66 km,达标率为 22%,达到 5 年一遇设计标准的管道长度为 63.27 km,占比为 9%。

3）防洪工程规划

（1）现状防洪体系

观澜河流域受山地丘陵地貌及海洋气流的影响,汛期易发生暴雨或特大暴雨,洪涝灾害频繁,通过多年的防洪工程建设,流域内已基本形成了由水库、堤防组成的"上蓄、下排"防洪体系。由水库调蓄、河道堤防共同发挥流域防洪功能。观澜河干流河道已达到 100 年一遇的防洪标准。本次规划将观澜河干流堤防标准提标至 200 年一遇。

流域内共有水库 17 座,总汇水面积 50.91 km²,其中包括中型水库 1 宗,为茜坑水库,小（1）型 16 宗。龙华区管理范围有 16 座水库,中型水库 1 宗,小（1）型 10 宗。

（2）现状存在问题

本次针对观澜河 200 年一遇洪水工况进行分析,左岸堤防约 5.5 km 防洪不达标,右岸堤防约 2.4 km 防洪不达标,主要原因为局部过流能力不足,详见表 7.1-9。

表 7.1-9　规划标准洪水条件下观澜河流域存在问题河道情况表

左岸欠高桩号	欠高长度(m)	右岸欠高桩号	欠高长度(m)
K0+075～K0+225	150	K2+335～K2+825	490
K0+535～K1+105	570	K3+025～K3+205	180
K1+225～K1+345	120	K3+705～K3+945	240
K1+535～K2+225	690	K4+330～K4+805	475
K2+345～K3+265	920	K5+720～K5+765	45
K3+845～K3+925	80	K5+795～K6+105	310
K5+410～K5+715	305	K6+955～K7+080	125
K5+775～K6+090	315	K7+420～K7+445	25
K6+265～K6+385	120	K9+220～K9+345	125
K6+835～K6+890	55	K11+310～K11+585	275
K6+930～K7+225	295	K14+020～K14+125	105
K7+275～K7+525	250		
K9+570～K9+915	345		
K10+050～K11+030	980		
K13+865～K14+185	320		
左岸汇总	5 515	右岸汇总	2 395

(3)规划防洪工程

①防洪策略

规划观澜河干流从 100 年一遇提标至 200 年一遇后,增加洪水 265 m³/s。

考虑到观澜河流域内已形成了由水库、堤防组成的"上蓄、下排"防洪体系,规划针对提标后出槽洪水,采用"以蓄为主"、"以排为主"和"蓄排结合"三种比选方案。

a. 以蓄为主

规划维持现状观澜河堤防高度,对水库挖潜、扩容,或者新建调蓄工程(水库、调蓄湖)等,需增加调蓄容积 1 550 万 m³。全蓄水增量 265 m³/s。

b. 以排为主

规划针对左岸约 5.5 km 防洪不达标堤防,右岸约 2.4 km 防洪不达标堤防直接进行河道整治,平均加高高度约 0.5 m,最大加高 3.87 m。全排水增量 265 m^3/s(其中由于堤防加高归槽洪水增加 45 m^3/s)。

c. 蓄排结合

在考虑"以排为主"的基础上,因干流堤防达标加固,观澜河归槽洪水增加约 45 m^3/s,为衔接下游东莞石马河流域,使深圳观澜河出口断面同频率洪水峰值不增加,流域内采取冗余防御措施,对流域内水库进行调蓄,削减流量 152 m^3/s,河道过流 113 m^3/s。规划实施后使更多深圳本地暴雨产流被滞蓄在深圳境内,减轻下游东莞石马河防洪压力。

d. 策略比选

当采取"以蓄为主"时,需增加调蓄容积 1 550 万 m^3,考虑对 9 座小(1)型水库优化调度,腾出库容 774 万 m^3,调蓄空间滞蓄 46.49 万 m^3,还需要 729.51 万 m^3,需要新建水库和调蓄湖,新增水面面积约占地 3.5 km^2。优点是减小观澜河干流施工影响。缺点:考虑龙华区城市开发密度高,难以找到连片土地用来新建调蓄湖和扩容水库。

当采取"以排为主"时,直接对堤防进行加高。优点为观澜河整治,措施简单,操作容易。缺点为加高堤防后,归槽洪水量增加,下游东莞防洪压力加大,不利于城市之间的标准协同。

当采取"蓄排结合"时,不仅解决了深圳区域内洪水出槽的问题,确保了防洪安全,而且使深圳观澜河出口断面同频率洪水峰值不增加,减轻了下游东莞石马河防洪压力。缺点为优化调度水库属于非工程措施,未改变水库库容,需要配备高精度的预报、预警措施,现阶段还无法满足。最终从经济、安全、标准协调性的角度上考虑"蓄排结合"的防洪策略。

表 7.1-10　策略比选表

策略	优点	缺点
以蓄为主	减小观澜河干流施工影响	龙华区城市开发密度高,新增水面面积约占地 3.5 km^2。难以找到连片土地用来新建调蓄湖和扩容水库
以排为主	观澜河整治,措施简单,操作容易	加高堤防后,归槽洪水量增加,下游东莞防洪压力加大
蓄排结合	洪水出槽问题与下游标准协调都得到解决	优化调度水库未改变水库库容,需要配备高精度的预报、预警措施

针对"蓄排结合"的防洪策略,对流域内洪水出路安排如表 7.1-11 所示。

表 7.1-11　规划方案洪水出路分析

控制断面	200 年一遇天然洪水（m³/s）	河道安全泄量（m³/s）	方案	
			水库优化调洪削减（m³/s）	河道过流量（m³/s）
清泉路	915	705	163	752
大布巷口	1 544	1 052	403	1 141
白花河河口	1 794	1 150	531	1 263

（4）规划方案

针对现状观澜河河道淤积与堤防不达标问题,采用"蓄排结合"的规划方案。

①河道整治措施

结合观澜河干流碧道工程,对不达标堤防段局部采取堤顶新建挡墙、加高现状挡墙、退堤等措施。

干流整治详细措施考虑如下。

a. 针对堤防 200 年一遇洪水水面线超高不足情况,对现状无挡墙段,共14 段如 K0＋075～K0＋225,采取新建挡墙的形式,对临近道路结合景观设计进行堤顶道路改造,如 K4＋280～K5＋225。

图 7.1-2　K0＋145 段新建挡墙段断面

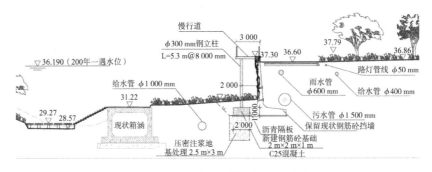

图 7.1-3　K4＋425 段堤顶道路改造

b. 针对堤防 200 年一遇洪水水面线超高不足，对现状有挡墙段，共 16 段如 K3＋085～K3＋265，采取在现有挡墙的基础上加高的形式。

图 7.1-4　K3＋905 段加高挡墙段断面

c. 针对河道 200 年一遇洪水水面线漫溢段，在现有堤防基础上加高，共 5 段如 K1＋525～K1＋585。

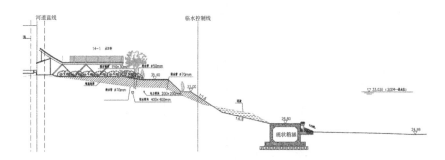

图 7.1-5　K1＋545 段地形堆高点断面

d. 针对上游河道漫溢或超高不足问题，对于有拓宽空间的河段，对部分河道退堤建设。共 7 段，如 K6＋440～K6＋485。

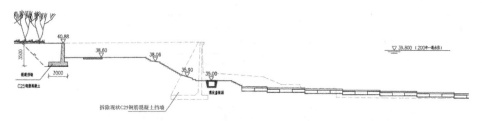

图 7.1-6　K6＋455 段退堤典型断面

表 7.1-12　不达标堤防整治

左岸				右岸			
桩号	措施	长度(m)	备注	桩号	措施	长度(m)	备注
K0+075～ K0+225	堤顶新 建挡墙	180		K2+385～ K2+790	堤顶新 建挡墙	396.1	
K0+240～ K0+725	堤顶新 建挡墙	316.3		K3+085～ K3+265	加高现 状挡墙	192.1	
K0+725～ K0+765	地形 堆高	41.9		K3+705～ K3+945	加高现 状挡墙	247	
K0+765～ K1+025	堤顶新 建挡墙	405.5		K3+995～ K4+115	外挑	123.9	
K1+185～ K1+345	堤顶新 建挡墙	142		K4+280～ K5+225	外挑	907.7	K4+325～ K4+805 补足欠高 484.8 m
K1+525～ K1+585	地形堆高	66.2		K5+235～ K5+345	外挑	121.4	
K1+585～ K2+225	堤顶新 建挡墙	619.4		K5+410～ K5+955	外挑	560	K5+715～ K5+765 补足欠高 45 m K5+795～ K5+955 补足欠高 202 m
K2+325～ K3+085	堤顶新 建挡墙	706.8		K5+955～ K6+105	加高现 状挡墙	183.9	
K3+085～ K3+270	加高现 状挡墙	175.9		K6+115～ K6+155	退堤新 建挡墙	132	
K3+845～ K3+925	加高现 状挡墙	80.1		K6+955～ K7+085	加高现 状挡墙	120.5	
K4+925～ K5+780	退堤(无新 建挡墙)	963		K7+420～ K7+445	加高现 状挡墙	25	
K5+780～ K6+115	退堤新建 挡墙+外挑	304.7		K9+180～ K9+405	堤顶新 建挡墙	242.8	
K6+285～ K6+385	加高现 状挡墙	135		K11+285～ K11+520	加高现 状挡墙	230.7	

续表

左岸				右岸			
桩号	措施	长度(m)	备注	桩号	措施	长度(m)	备注
K6+440～K6+485	退堤新建挡墙	90		K11+520～K11+525	地形堆高	9.7	
K6+835～K6+890	加高现状挡墙	55		K11+525～K11+555	加高现状挡墙	25.8	
K6+935～K7+225	加高现状挡墙	301.3		K11+555～K11+585	退堤新建挡墙	53.8	
K7+275～K7+525	加高现状挡墙	264		K13+590～K13+670	外挑	87.1	
K10+025～K10+295	地形堆高	243.9		K14+020～K14+090	加高现状挡墙	82.6	
K10+295～K10+860	堤顶新建挡墙	508.9					
K10+860～K10+895	地形堆高	45.3					
K10+895～K11+005	加高现状挡墙	126.7					
K12+685～K12+705	退堤新建挡墙	45.4					
K12+915～K13+125	退堤新建挡墙	222					
K13+865～K14+005	退堤(无新建挡墙)	188.1					
K14+015～K14+105	退堤(无新建挡墙)	118.4					
K14+105～K14+185	加高现状挡墙	126.9					

②干支流衔接

防洪保护区为形成封闭圈,抵御 200 年一遇洪水,规划建设支流防洪回水堤防。

经复核有 7 条一级支流需要建设干流防洪回水堤防,总长度 3.41 km,其中支流左岸 1.77 km,支流右岸 1.64 km。支流回水堤防高度不低于干流 200 年一遇洪水水面线。

表 7.1-13　回水堤防长度与高度

序号	河道名称	现状河口 200 年一遇水位(m)	不允许越浪 安全超高(m)	不允许越浪堤 顶高程(m)	回水堤防整治 左岸长度(km)	回水堤防整治 右岸长度(km)
1	大布巷水	36.75	0.7	37.45	0.31	0.31
2	茜坑水	43.55	0.8	44.35	0.434	0.434
3	上芬水	52.15	0.7	52.85	0.326	0.326
4	樟坑径河	35.31	0.8	36.11	0.127	0.239
5	长坑水	43.56	0.8	44.36	0.095	0
6	岗头河	46.26	0.6	46.86	0.329	0.329
7	坂田河	52.68	0.7	53.38	0.154	0

4）内涝防治规划

根据河流水系的分布特征,工程之间的联动性、制约性、独立性及管理分工等因素,考虑龙华区主要河道的排水情况,共划分 16＋1 个排涝分区。观澜河右岸的君子布河和牛湖水为观澜河的独立支流,君子布河上游流经龙岗区,两条河的下游均汇入东莞市。观澜河左岸白花河上游流经光明区,由龙华区汇入观澜河。龙塘沟沿福龙路自北向南汇入南山区的长岭皮水库。

市政雨水工程与海绵工程为其他上位规划内容,考虑衔接以上规划内容,将以上规划内容作为边界条件,并对规划新建改建项目进行复核。结合不同排涝分区特点,在传统防洪排涝治理思路基础上,与城市建设开发相结合,依托流域、区域、片区工程布局,以"降低河道水位,增强区域自排能力"为目标,采取水库除险加固、河道整治、联排联调等措施提高城市整体排涝能力。规划实施后区域河道达到各自的治涝标准和 100 年一遇洪水不出槽的内涝防治标准要求。

（1）白花河分区

白花河分区集雨面积 36.28 km^2,其中,光明区内流域面积 12.38 km^2,龙华区流域面积 23.90 km^2。白花河分区地势西高东低,属于丘陵平原地貌,高程在 30～290 m 之间,左岸山势较高,右岸山势相对较低。白花河排涝片内主要支流为大水坑河。流域内现有 4 座水库,光明区和龙华区各有 1 座小(1)型水库和 1 座小(2)型水库,龙华区内水库总库容 405.7 万 m^3,总调洪库容 151.19 万 m^3。区域内无水闸泵站工程。

白花河流域排涝河道为白花河与大水坑河,其中白花河干流河长 17.32 km,其中,白花河在龙华区内河段长度为 7.31 km,流域面积

23.90 km²。白花河发源于禾槎涧水库、畔坑水库的发源地打石窝,在企坪村东南汇入观澜河,平均比降 3.8‰,干流河宽 16～40 m。大水坑河全长约 4.59 km,均在龙华区内,流域面积 15.32 km²,包括上游小(1)型水库 1 座。大水坑河源于大水坑水库的发源地风柜斗,自东南向东北流经大水坑村,穿越观光公路、梅观高速,在陂头吓新村南泗黎路及桂月路的交叉处汇入白花河,平均坡降 3.2‰,河宽 3～22 m。

流域内城市开发边界范围面积约 19.6 km²,占总面积的 54%,龙华区内建成区面积 16.9 km²。涉及龙华区福城街道和观澜街道 2 个街道及光明区光明街道。

现有排涝体系由白花河和大水坑河 2 条河道组成,1 座水库,即大水坑河上游的大水坑水库,三坳水库泄流不进入白花河。根据流域分水岭划定汇流边界,结合白花河片区地形地势、河道干支流和排水管网走向,将白花河片区排涝分区细化,共分为 12 个排水分区,其中汇入白花河及支流的分区 7 个,分别为大水坑水库汇水分区、大水坑支流汇水分区、大水坑河支流以上汇水分区、大水坑河口分区、白花河上游光明区汇水分区、白花河大水坑河汇合上游汇水分区、白花河河口汇水分区,其余分区汇水直排观澜河或流入东莞境内。

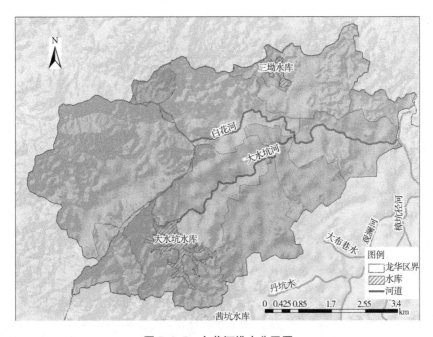

图 7.1-7　白花河排水分区图

禾槎涧水库为小(1)型水库,流域面积2.0 km²,总库容140.0万 m³。畔坑水库为小(2)型水库,流域面积0.5 km²,总库容21.35万 m³。大水坑水库位于大水坑河上游,为小(1)型水库,流域面积3.89 km²,总库容339.80万 m³,调洪库容130.69万 m³。三坳水库位于白花河中游,为小(2)型水库,流域面积0.74 km²,总库容65.90万 m³,调洪库容20.50万 m³。禾槎涧水库和畔坑水库位于白花河上游,在光明区境内,三坳水库下游泄流河道汇入东莞境内。

白花河已有7.29 km长河段按照规划50年一遇防洪标准完成河道整治。

大水坑河已有2.54 km长河段按照规划20年一遇防洪标准完成河道整治。

①风险及问题分析

100年一遇洪水时,白花河沿线存在3个漫溢风险段,其中白花河乐耕农庄至竹山路漫溢深度0.3～0.5 m;白花河黎光立交下游陂新小区段漫溢深度0.3～0.5 m;白花河桂月路下游至陂头吓社区公园漫溢深度在0.3 m以下。大水坑河樟阁路段存在漫溢风险,漫溢深度在0.3 m以下。

在100年一遇频率暴雨下,白花河流域存在内涝风险,主要分布在大水坑河中游和下游段地势低洼处。大水坑河下游右岸库坑天桥路段内涝严重,平均淹没深度0.5～1 m,局部淹没深度大于1 m,主要位于源兴纺织厂。大水坑河左岸塘前新村围合式小区及中志创意产业园附近内涝严重,平均淹没深度0.75～1 m,局部淹没深度大于1 m,主要位于润园小区和章阁科技园。大水坑河右岸桔岭老村福前路周边内涝严重,平均淹没深度0.5～1 m,局部淹没深度大于1 m,主要位于深圳市龙华区福城办事处和置业小区。

表7.1-14 白花河流域内涝风险统计

区域名称	工况	淹没深度(m)	面积(万 m²)
白花河	100年一遇降雨	0.15～0.27	8.5
		0.27～0.5	2.8
		0.5～1	8.6
		>1	23.3

河道问题:

白花河上游乐耕农庄(桩号2+060)至竹山路(桩号2+511)共451 m河道过流能力不足;白花河在大水坑河汇入口上游陂新小区段(桩号3+360～桩号3+765)共405 m河道过流能力不足;白花河水质净化站(桩号4+383)至桂月路过路桥(桩号4+819)段共436 m河道过流能力不足;桂月路过路桥(桩号

4+819)至美嘉美工业园(桩号5+719)段共900 m河道过流能力不足,桂月路美嘉美工业园段存在局部卡口,过路桥涵阻水严重;大水坑河桔山路(桩号1+881)至樟阁路(桩号2+615)段共734 m河道过流能力不足。

大水坑河观光路暗涵出口断面阻水面积较大,为民便捷酒店出口段断面由上游18 m×3 m缩窄为8.5 m×1.5 m,断面过流能力不足。

小微水体问题:

新塘排水渠在置业小区段断面由上游6 m×2.5 m转变为4 m×3.3 m,瓶颈处上方为大水坑村委市场(已拆迁),周边为城市次干路、居民区。因断面缩窄,雨势大时造成上游福前路与新丹路交会处至暗涵入口处壅水,福前路段地势相对低洼,排水渠高水位运行时周边雨水管道排水不畅,导致福前路新丹路至大水坑村委市场段道路积水。

桔岭老村排水渠在音乐村段断面由上游6 m×5.5 m转变为4 m×2 m,瓶颈处上方为桔岭老村音乐村,周边为居民区。由于桔岭老村周边地势低洼,上游汇水面积大,受断面缩窄及左岸挡墙较低影响,排水渠高水位运行时,雨水管道排水受顶托或倒灌影响,暗涵出口段左岸出现多次内涝情况。

行泄通道问题:

根据《深圳市内涝防治完善规划》,泗黎北路现状A1.8×1.5雨水行泄通道过流能力不足,导致区域局部内涝。

根据调查分析,龙澜大道雨水箱涵过流能力不足。现状箱涵收集从观兴北路以北至观光路段沿线两侧地块雨水,该段汇水面积巨大,加之地块陆续开发,造成地表径流增大,龙澜大道及下游桔岭老村排水渠雨天排水压力骤增,致使周边小区及路面易出现积水。

根据调查分析,宏发雅苑行泄通道(排水沟)过流能力不足。九龙山产业园片区汇水面积大,山体坡面汇流通过福悦路DN2 200雨水管接入宏发雅苑排水沟,排水负荷大。现状排水沟断面不均,上游起始断面尺寸为1.8 m×2.0 m,最窄处仅为0.7 m×0.7 m,从充电桩至大塘路垃圾站处为1.2 m×0.7 m暗沟,雨量大时排水沟规模不能满足行洪需求。

管网问题:

根据《深圳市内涝防治完善规划》,库丰路和昌茂路部分路段雨水管网未覆盖,现状管网过流能力不足,库安路现状未建设排水管网。

②区域排涝措施

a. 水库除险加固与优化调度

本次规划对《深圳市防洪(潮)及内涝防治规划(2021~2035)》和《大水坑水

库除险加固工程初步设计报告》进行复核,对大水坑河上游的大水坑水库的溢洪道进行改造,并增设闸门控制,正常蓄水位调整为 57.79 m,将水库出流量控泄最大下泄量由现状 27.78 m³/s 降至 15 m³/s。

对大水坑水库除险加固后进行优化调度,在暴雨来临之前的 48 小时内,通过输水涵对水库水位临时预降,经计算可腾出库容 33 万 m³,将水位由除险加固后的正常蓄水位 57.79 m 临时降至 56.94 m,实现水库最大下泄量控泄为15 m³/s。雨前通过水库输水涵管进行预泄,使得下游河道不会存在漫溢风险。

b. 河道整治

对白花河陂新小区(桩号 3+360)至大水坑河汇入口(桩号 3+746)段共386 m 进行河道整治。两岸现状为建筑区,需对河道两侧岸墙加高 0.34~0.55 m,达到河道 100 年一遇洪水不漫顶的要求。

对白花河捷坤物流园段白花河水质净化厂(桩号 4+383)至废品站(桩号4+677)段共 294 m 进行河道整治。现状右岸堤顶欠高,右岸沿线已有规划道路建设工程,需结合路网规划对右岸堤防加高 0.08~0.47 m,达到河道 100 年一遇洪水不漫顶的要求。

对白花河丰盛集团停车场(桩号 4+970)至桂月路美嘉美段过路桥(桩号5+870)段共 900 m 进行河道整治。现状左岸堤顶欠高,需对左岸堤防加高0.09~0.30 m,达到河道 100 年一遇洪水不漫顶的要求。

对大水坑河桔山路(桩号 1+881)至樟阁路(桩号 2+615)段共 734 m 不达标段进行河道整治。现状两岸为农田,需结合城市更新和路网规划,对两岸堤防加高 0.3~0.6 m,达到河道 100 年一遇洪水不漫顶的要求。

小微水体新塘排水渠整治。对新塘排水渠置业小区段进行过水断面改造,拓宽排水渠约 300 m,过水断面尺寸不小于 6 m×3.3 m,做好上下游断面衔接。需协调相关部门根据城市更新完成改造,消除瓶颈,扩宽过水断面提高行洪能力,对福前路低洼路段进行竖向抬高,易涝点现场安排人员值守,疏导交通。

小微水体桔岭老村排水渠整治。对桔岭老村排水渠音乐村段进行过水断面改造,协调相关部门,根据城市更新完成改造,消除瓶颈,扩宽过水断面或加高左岸堤岸,提高排涝能力,周边居民区结合城市更新进行竖向抬高。同时附近观光路和桔岭老村低洼易涝区域现场安排人员值守,储备防汛物资,做好交通疏导。

c. 卡口整治

对大水坑河观光路暗涵出口段进行卡口整治,需协调相关部门,根据城市更新完成改造,消除瓶颈,拓宽暗涵过水断面。

对白花河桂月路桥涵进行改造,建议协调交通部门,扩大过水断面,过水净宽不低于上下游河道宽度,并与河道岸坡平顺相接。

经过实施水库除险加固、优化调度和干流整治后,白花河河口处水位下降,白花河上游乐耕农庄至竹山路 450 m 无需整治。

规划实施后,可实现白花河、大水坑河全线均满足各河道治涝标准,同时也满足 100 年一遇洪水不漫溢要求。

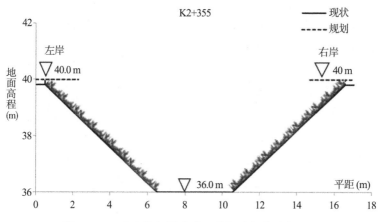

图 7.1-8 大水坑河桔山路至樟阁路段典型断面图

③区域排水措施

片区排水措施主要是通过雨水管网、行泄通道的建设,消除各排水分区内易涝风险点,主要措施情况如下。

a. 源头减排

根据《深圳市内涝防治完善规划》复核白花河龙华区内雨水调蓄设施工程,考虑现状土地利用情况、国土空间规划及周边内涝情况等因素,论证项目实施必要性和建设可行性。经复核,建议实施项目为观澜河口 1 规划湿地及滞洪区、白花河 2 规划湿地及滞洪区、大水坑规划湿地及滞洪区,白花河 1 规划湿地及滞洪区建议取消。

b. 雨水管渠

根据《深圳市内涝防治完善规划》复核白花河龙华区内雨水管网改扩建工程,考虑管道现状敷设情况、改扩建规模、上下游关系以及地面高程等因素,计算管道过流能力,论证项目实施必要性和建设可行性。经复核,建议实施项目为库丰路现状 DN500 和昌茂路现状 DN500 管道扩建为 DN1 500 管道;新建库安路 DN1 500 管道;泗黎北路管网库安路至华乐三路段管线由 DN1 350 扩建至 DN2 000。

c. 行泄通道

根据《深圳市内涝防治完善规划》复核白花河龙华区内行泄通道改扩建工程,考虑现状雨水行泄方案和已有积水点整治工程建设情况等因素,计算管渠过流能力,论证项目实施必要性和建设可行性。经复核,广源路规划雨水行泄通道改建工程有必要实施,泗黎北路雨水行泄通道扩建工程项目采取替代方案。

泗黎北路雨水行泄通道扩建工程替代方案如下。

对《龙华区山洪截滞设施建设项目(一期)初步设计报告》进行复核,新建库坑公园截洪沟 1.1 km,沿库坑公园山脚处新建截洪通道,截流库坑公园山体 $0.12 km^2$ 范围内的山洪水,设计流量 $3.64 m^3/s$。在泗黎路改造后设计人行道下方和凹背路新建 $1.6 m \times 1.5 m$ 箱涵转输山洪水,穿过梅观高速公路段采用 DN1 600 顶管,末端接入新塘排水渠,最终汇入大水坑河。

该项截洪沟工程可以解决白花河流域公园区域山洪入城问题,分流泗黎路上游雨水,减轻暴雨期间地势较低处库坑桥段内涝险情,纳入本次规划的行泄通道建设项目中,作为泗黎北路雨水行泄通道扩建工程的替代方案。

表 7.1-15 白花河片区雨水工程复核表

项目名称	建设内容	复核结论
观澜河口 1 规划湿地及滞洪区	规划规模 1.3 万 m^3,用以缓解周围区域内涝风险,同时提升观澜河防洪能力	建议近期实施,现状已实施。观澜西北地区,现状为绿地及生态草莓园,具有调蓄功能,国土空间规划为生产防护绿地,区域可调蓄面积达 3.31 万 m^2,可满足规划 1.3 万 m^3 调蓄规模要求,本次规划维持现状绿地规模和功能
白花河 1 规划湿地及滞洪区	规划规模 2.3 万 m^3,用以缓解白花河上游章阁村周围区域内涝风险,同时提升白花河防洪能力	建议不实施,取消该处调蓄空间建设项目。观澜西北地区地块 01—12,该处山塘已进行围填,国土空间规划为普通工业地,已开发建设象山科技园,无调蓄空间用地条件。经复核,观澜河流域内涝风险图成果中白花河上游章阁村区域没有内涝风险,截至 2023 年 3 月,龙华区内涝积水点清单中已无该区域风险点,且附近河段无洪水漫溢风险。本次规划已对白花河片区排涝措施进行优化,可以降低白花河水面线,减轻上游区域内涝风险,故建议删除该项规划措施
白花河 2 规划湿地及滞洪区	规划规模 2.05 万 m^3,用以缓解白花河与梅观高速公路交会处周围区域内涝风险,同时提升白花河防洪能力	建议远期实施。观澜西北地区地块 01—25 和 01—28,现状为绿地及生态草莓园,具有调蓄功能,国土空间规划为农林和其他用地,区域可调蓄面积达 15.54 万 m^2,建议利用现有绿地进行改造,满足规划 2.05 万 m^3 调蓄规模要求

项目名称	建设内容	复核结论
大水坑规划湿地及滞洪区	规划规模 0.9 万 m^3，用以缓解大水坑与樟桂路交会处周围区域内涝风险	建议远期实施。观澜西北地区地块 02—15—01 和 02—15—02，现状为公园绿地（金湖湾体育公园和金海涛乐园），具有调蓄功能，国土空间规划为公园绿地，区域可调蓄面积达 3.42 万 m^2，建议利用现有绿地进行改造，满足规划 0.9 万 m^3 调蓄规模要求
库丰路雨水管道改造工程	昌茂路至泗黎北路段，管线由 DN1 200 扩建至 DN1 500	建议远期实施，局部路段暂未建设，为规划路，建议随规划道路一并建设。1.《龙华区市政系统综合详细规划》中无该项目。2. 库丰路雨水管道未全覆盖，该路段现状上游无雨水管，下游管径为 300～500 mm，终点管内底高程 36.301 m，接入泗黎北路 A2.0×2.0～A3.5×3.0 石砌渠。经复核，泗黎北路排水管渠过流能力已满足 3 年一遇设计标准，上游库丰路现状 DN500 管道过流能力为 0.43 m^3/s（不满足 3 年一遇设计标准），区域汇水流量 1.53 m^3/s，道路行泄流量 1.10 m^3/s，水深 0.18 m，大于 15 cm。库丰路管道过流能力不足，需进行扩建以增强上游收水传输能力。如若不考虑拓宽管网，建议新建调蓄设施或者临时封闭道路
昌茂路雨水管道改造工程	华乐二路至库丰路段，管线由 DN1 200 扩建至 DN1 500	建议远期实施，局部路段暂未建设，为规划路，建议随规划道路一并建设。1.《龙华区市政系统综合详细规划》中无该项目。2. 昌茂路雨水管道未全覆盖，该路段现状无雨水管，雨水汇流路径不明确。根据规划管网路线，区域汇水流量 0.46 m^3/s，现状路面宽度窄，全部通过道路行泄时水深 0.16 m，大于 15 cm，需新建管道将雨水截流至下游管渠。如若不考虑拓宽管网，建议新建调蓄设施或者临时封闭道路
泗黎北路雨水管道改造工程	库安路至华乐三路段，管线由 DN1 350 扩建至 DN2 000	建议远期实施，局部路段暂未建设，为规划路，建议随规划道路一并建设。1.《龙华区市政系统综合详细规划》中无该项目。2. 该路段现状管道为 d600PE 管～A1.0×0.8 石砌渠～d1 350 钢筋混凝土渠，终点管内底高程 36.769 m，接入下游泗黎路 A2.0×2.0 钢筋混凝土渠。经复核，该段管道区域汇水流量 3.41 m^3/s，泗黎北路现状 DN1 350 管道过流能力 1.97 m^3/s（不满足 3 年一遇设计标准），道路行泄流量 1.44 m^3/s，水深 0.21 m，大于 15 cm，经复核该项目实施
库安路雨水管道新建工程	库安路全段，管线由 DN1 200 扩建至 DN1 500	建议远期实施，该道路暂未建设，为规划路，建议随规划道路一并建设。该处现状无管道，规划建设管道接入泗黎北路。1.《龙华区市政系统综合详细规划》中无该项目。2. 根据规划管网路线，区域汇水流量 0.70 m^3/s，现状路面宽度窄，全部通过道路行泄时水深 0.21 m，大于 15 cm，需新建管道将雨水截流至下游管渠。如若不考虑拓宽管网，建议新建调蓄设施或者临时封闭道路

项目名称	建设内容	复核结论
泗黎北路雨水行泄通道扩建工程	樟桂路路口以北西侧管线由现状 A1.8×1.5 扩建至 A3.0×2.5、现状 A5.0×4.0 扩建至 A6.0×4.0，解决该区域内涝风险	建议近期实施，采用已有替代方案。该路段排水系统改造难度大，已有其他工程替代方案解决泗黎北路内涝问题。泗黎路中上游已有库坑公园截洪沟方案将上游雨水截排至新塘排水渠，减少下游管道排水压力，同时，为保障汛期排水安全，已有应急管理措施，在泗黎路现状排水通道内已预埋抽水管，汛期采用移动抽水泵车进行强排
广源路规划雨水行泄通道改建工程	通道长度 762 m，现状管道扩建为 A5×4。	建议近期实施，现状工程已落实。1、根据《龙华区市政系统综合详细规划》，该项目推荐实施。2、该路段现状行泄通道为 A6.4×4.0 钢筋混凝土渠，下游接入大水坑河。经复核，该路段雨水行泄通道已达到规划建设规模

④效果分析

区域通过采取综合措施，达到了白花河干流 100 年一遇洪水不漫顶的要求，雨水管网行泄通道规划实施后，遭遇 100 年一遇降雨路面积水小于 15 cm。

表 7.1-16　白花河区域排涝规划措施一览表

序号	措施分类		规划措施
1	源头减排		结合《深圳市龙华区海绵城市专项规划》(2018 版)要求，区域年径流总量控制率 71%，对应降雨量 32.3 mm。分区应发挥观澜森林公园海绵调蓄作用。各地块按照海绵指标管控。建设观澜河口 1 规划湿地、白花河 2 规划湿地、大水坑规划湿地
2	雨水管渠	雨水管渠	经过《深圳市内涝防治完善规划》复核，库丰路雨水管，昌茂路至泗黎北路段雨水管，由现状 DN500 管道扩建为 DN1 500 管道；昌茂路雨水管，华乐二路至库丰路段雨水管，新建和扩建 DN1 500 管道；库安路全段新建 DN1 500 管道；泗黎北路段库安路至华乐三路段，管线由 DN1 350 扩建至 DN2 000
3		行泄通道	经过《深圳市内涝防治完善规划》复核，广源路雨水行泄通道改建工程有必要实施
4			经过《龙华区山洪截滞设施建设项目(一期)初步设计报告》复核，新建库坑公园截洪沟 1.1 km，汇水面积 0.12 km²，设计流量 3.64 m³/s，末端接入新塘排水渠，最终汇入大水坑河。作为泗黎北路雨水行泄通道扩建工程的替代方案
5			在暴雨来临之前的 48 小时以内，通过输水涵对水库水位临时预降，预先腾空库容 33 万 m³。对大水坑河上游的大水坑水库的溢洪道进行改造，并增设闸门控制，将水库现状最大下泄量减小 15 m³/s
6			白花河陂新小区至大水坑河汇入口共 386 m 进行河道整治，堤防加高 0.34～0.55 m

序号	措施分类		规划措施
7	排涝除险	水库除险加固	白花河捷坤物流园段共 294 m 进行河道整治,堤防加高 0.08~0.47 m
8		河道整治卡口整治	白花河丰盛集团停车场至美嘉美工业园过路桥共 900 m 进行河道整治,堤防加高 0.09~0.30 m
9			大水坑河桔山路至樟阁路段共 734 m 进行河道整治,两岸堤防加高 0.3~0.6 m
10			新塘排水渠置业小区段约 300 m 排水渠进行拓宽改造,过水断面尺寸不小于 6 m×3.3 m
11			桔岭老村排水渠音乐村段约 300 m 过水断面进行改造,加高左岸堤岸
12			大水坑河观光路暗涵出口段进行改造,拓宽过流断面
13			白花河桂月路过路桥涵进行改造,拓宽过水断面

（2）樟坑径河分区

樟坑径河流域位于深圳市北部,是观澜河右岸的一级支流。其发源于雷公山顶,樟坑径河现在起点位于龙华区观澜街道樟坑径水库溢洪道,在赤花岭有支流横坑水汇入。从上游开始依次流经樟坑径居民小组、新田居民小组、松元居民小组、桂花居民小组,然后汇入观澜河。樟坑径水库坝址以下干流河长 9.58 km,平均比降 4.6‰,河道宽度 1.5~40 m,河口断面以上控制总集雨面积 16.03 km²,其中,樟坑径水库控制集雨面积 2.65 km²,水库坝址以下干流控制集雨面积 13.38 km²。樟坑径河现状由观平路深粮集团起,沿观平路,至观平路与松元厦大布路交会处,现有一断面尺寸 3.6 m×2 m 的分洪渠。

横坑水源于横坑水库大坝下的放空涵洞,自南向北流经观澜街道老中心片区,穿越观澜大道,流经观澜市场后,于沿河西路与观澜街道沿河东路交会处汇入观澜河。由横坑水综合整治工程初步设计报告可知,为了解决原横坑水下游河道排洪不畅、沿河两岸没有拓宽重建的困境,沿横坑北路新建有长度为 548.4 m,断面尺寸为 5.0 m×2.7 m,纵坡为 1/100、1/250 的分流箱涵,将原横坑水河道主洪引入观澜河。基于河道断面流量资料,结合现场调研,横坑水自平安路与观澜大道交会处,沿沿河西路至观澜街道沿河东路汇入樟坑径河,与原横坑水上游河段至沿横坑北路新建的直排观澜河干流的分流箱涵段没有流量关系,两段河道现为断开的关系。据此,将横坑水库以下沿平安路,至与观澜大道交界处的河段,及沿横坑北路所建的箱涵段称为横坑水,将由平安路与观澜大道交界处起,沿沿河西路在沿河东路汇入樟坑径河的河段称为横坑水—沿河西路段。

综上,现状横坑水为独立河流汇入观澜河,横坑水—沿河西路段作为樟坑径河的支流汇入樟坑径河。横坑水河长 2.715 km,平均比降 4.23‰,河道宽度 5～10 m,河口断面以上控制集雨面积 4.21 km²,其中,横坑水库控制集雨面积 1.5 km²,水库坝址以下集雨面积 2.71 km²。横坑水—沿河西路段河长 1.265 km,平均比降 3.2‰,河道宽度 3～9 m,与樟坑径河交汇处河口以上控制集雨面积 0.74 km²。

同时,由雨水管网资料可知,樟坑径河分区有 1.80 km² 面积的区域由雨水管网收集径流雨水直接排入观澜河干流。因此,樟坑径河分区总面积为 22.78 km²。

樟坑径河分区地势南高北低,属于丘陵、平原地貌,南部呈现丘陵地貌,北部呈现平原地貌,区域整体高程在 44～205 m 之间,北部区域地势平坦,高程在 59～44 m 之间。

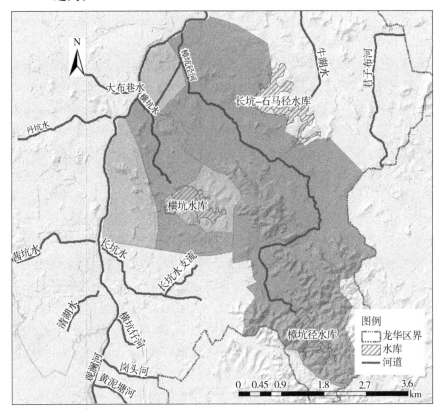

图 7.1-9 排水分区图

樟坑径河分区现有排涝体系由樟坑径河、横坑水、横坑水—沿河西路段和 2 座水库组成。根据樟坑径片区地形地势和排水管网走向,将樟坑径河片区排涝分区细化,共分为 6 个排水分区,分别为 2 座水库汇水片区、樟坑径河汇水分区、横坑水汇水分区、横坑水—沿河西路段汇水分区、樟坑径直排干流汇水分区。

樟坑径河区域已形成"蓄排结合"的排涝模式。

区域现有 2 座水库,分别为樟坑径水库和横坑水库,均为小(1)型水库。樟坑径水库位于樟坑径河上游,于 1959 年建成,流域面积 2.65 km²,总库容 177.50 万 m³,调洪库容 59.13 万 m³。横坑水库位于横坑水上游,于 1995 年建成,流域面积 1.50 km²,总库容 220.80 万 m³,调洪库容 83.09 万 m³。

樟坑径河河道已有 7.3 km 长河段按照 50 年一遇防洪标准完成整治。

横坑水和横坑水—沿河西路段河道已有 3.21 km 长河段按照 50 年一遇防洪标准完成整治。

樟坑径河分区内现状无山洪沟。

①风险及问题分析

根据《极端天气下龙华区风险分析报告》中的樟坑径片区洪水风险图集成果,当遭遇 100 年一遇洪水时,樟坑径河有不同程度的漫溢风险。樟坑径河跨观平路段上游有小于 1 m 的河段存在淹没风险,下游有小于 0.5 m 的河段存在漫溢风险,樟坑径河下游奥宸观壹城至旭玫新村段有较大范围存在淹没风险,最大淹没深度小于 1 m。横坑水河道两岸也有一定程度的漫溢风险,主要集中在横坑社区—横坑路与河东村一街交界处附近,有小于 1 m 的河段存在漫溢风险。洪水风险图分析成果与规划分析发现的问题基本相同。

根据观澜河流域内涝风险图,在 100 年一遇暴雨下,樟坑径河分区存在内涝风险,主要分布在樟坑径河中下游段和雨水管网直排干流观澜河区域的南部。

根据龙华区山洪灾害风险区划图,龙华区樟坑径河片区存在局部山洪风险。这些山洪风险区域主要分布在樟坑径河中下游区域,区域山洪风险来源主要为新田公园以北的山体。

樟坑径河流域内,新樟路中森公园华府内有小范围积水深度较大的内涝,淹没平均深度大于 1 m;观平路以东,古樟树公园附近有较大范围的内涝,平均淹没深度 0.15~0.27 m,局部淹没深度 0.27~0.5 m;观平路以西,新田村鸿鹏飞工业园内有小范围积水较深的内涝,平均淹没深度 0.27~0.5 m,局部淹没深度 0.5~1 m;观环中路与平安路交会处以北,松元厦智能产业园区内有较大范围的轻度内涝,淹没平均深度 0.15~0.27 m;观澜大道、高尔夫大道与观平路交会的三岔路口的大布新村内有较大范围的轻度内涝,淹没平均深度 0.15~0.27 m,局部淹没深度 0.27~0.5 m;观澜街道沿河东路以东,放马埔村内有较大范围的轻度内涝,平均淹没深度 0.15~0.27 m,局部淹没深度 0.27~0.5 m。

雨水管网直排干流观澜河区域内,龙华大道以西,和睦一街与和睦二街附近存在一定范围的轻度内涝,平均淹没深度 0.15~0.27 m,局部淹没深度 0.27~0.5 m。

表 7.1-17　樟坑径河内涝风险统计

区域名称	工况	淹没深度(m)	面积(万 m²)
樟坑径河	100 年一遇降雨	0.15~0.27	33.671
		0.27~0.25	2.8577
		0.5~1	0.398
		>1	1.449

河道问题如下。

樟坑径河:

樟坑径公园东一门(桩号 0+567)至樟坑径商业步行街管理办公室(桩号 1+324)757 m 河段堤防高度不足,发生漫溢,最大漫溢深度 0.49 m;深圳市共盈包装制品有限公司(桩号 4+143)至观园水疗会所(桩号 4+515)372 m 河段发生漫溢,最大漫溢深度大于 1 m,主要原因为河道下游观园水疗会所为跨河建筑,阻水作用明显,导致向上游壅水严重;奥宸观壹城(桩号 7+412)至旭玫新村 87 号楼(桩号 8+105)693 m 河段发生漫溢,最大漫溢深度 0.48 m,主要原因为部分河段河道断面变窄,河道过流能力不足,导致向上游壅水,且部分河段堤防高度不足;桂花社区工作站治安联防中队(桩号 8+965)至桂花社区广场下游 50 m(桩号 9+140)175 m 河段发生漫溢,最大漫溢深度为 0.61 m。

横坑水:

从观城社区河西治安岗亭(桩号 0+699),沿横坑路,至与河东村一路交会处(桩号 1+373)河段有 674 m 漫溢:横坑河西村东 1 门(桩号 0+823)下游至横坑社区—横坑路与河东村一路交界处(桩号 0+994)河段河道宽度变窄,河道过流能力变小,且堤防高度不足;横坑社区—横坑路与河东村一路交会处(桩号 1+373)河段宽度不足,且堤防高度不足。

横坑水—沿河西路段:

由于河口处樟坑径河河道水位较高,水位顶托,共 553 m 河段发生漫溢:从时代网咖(桩号 0+712)至桂澜博康药房(桩号 0+985)273 m 河段右岸堤防高度不足,发生漫溢,最大漫溢深度 0.5 m;桂澜博康药房(桩号 0+

985)至河口(桩号 1+265)280 m 河段两岸堤防高度不足,发生漫溢,最大漫溢深度 0.65 m。

②区域排涝措施

a. 排涝策略

樟坑径河内涝区域主要分布在樟坑径河中下游段和雨水管网直排干流观澜河区域的南部。由于樟坑径河分区内城镇化程度较高,樟坑径河、横坑水和横坑水—沿河西路段两岸周边基本为居住用地与商业服务用地,河道拓宽空间受到城市开发的限制。

为解决区域风险,规划以截滞山洪和降低河道水位为导向,通过水库优化调度,拓宽与加高问题段堤防,进行方案比选,通过采取综合整治措施解决分区内排水片区的内涝问题。

b. 规划措施

方案一:问题河段综合整治

樟坑径河:

樟坑径公园东一门(桩号 0+567)至樟坑径商业步行街管理办公室(桩号 1+324)757 m 河段右岸设置 0.5 m 防洪墙;将观园水疗会所(桩号 4+515)跨河阻水建筑拆除;将奥宸观壹城(桩号 7+412 至桩号 7+591)179 m 现状 11~13.6 m 宽河段拓宽至 15 m,并在两岸增设 0.2~0.5 m 防洪墙;将旭玫新村(桩号 7+920 至桩号 8+041)121 m 河段前 50 m 河段左岸增加 0.3 m 防洪墙,后71 m 河段右岸增加 0.3 m 防洪墙;将桂花社区工作站治安联防中队(桩号 8+965)至桂花社区广场下游 50 m(桩号 9+140)175 m 河段,前 63 m 河段两岸增加 0.5 m 防洪墙,中间 50 m 河段右岸增加 0.2 m 防洪墙,后 62 m 河段两岸增加 0.3 m 防洪墙。

横坑水:

将观城社区河西治安岗亭(桩号 0+699)至深圳庆盛服饰皮具有限公司(桩号 1+372)673 m 河段拓宽至 8 m,并将横坑河西村东 1 门(桩号 0+823)下游 50 m 河道左岸堤防加高 1 m,再往下游至横坑社区—横坑路与河东村一街交界处(桩号 0+994)堤防加高 1 m,并将横坑社区—横坑路与河东村一街交界处(桩号 0+994)至横坑路福高工业园(桩号 1+165)171 m 河道断面岸坡进行整治,将横坑路福高工业园(桩号 1+165)至深圳庆盛服饰皮具有限公司(桩号 1+336)171 m 河道两岸堤防高度整治齐平。

横坑水—沿河西路段:

将时代网咖(桩号 0+712)至河口(桩号 1+265)553 m 河段右岸堤防加高

243

0.5 m,将桂澜博康药房(桩号 0+985)至河口(桩号 1+265)280 m 河段左岸堤防加高 0.5 m。

方案二:水库优化调度+问题河段综合整治

(a) 水库优化调度

樟坑径水库采取优化调度,通过预警、预报,在暴雨来临之前的 48 小时,通过输水涵对水库水位临时预降,经计算可腾出库容 58.99 万 m^3,将正常蓄水位从 89.18 m,临时预降至 87.04 m,最大下泄流量为 6.68 m^3/s。

根据《横坑水库除险加固设计报告》对横坑水库除险加固后采取优化调度,通过预警、预报,在暴雨来临之前约 48 小时,通过输水涵对水库水位临时预降,将正常蓄水位从 61.77 m,临时预降至 56.84 m,最大下泄流量为 0 m^3/s。

(b) 问题河段综合整治

樟坑径河:

将上围路与围康路交会处(桩号 1+134)至樟坑径商业步行街管理办公室(桩号 1+323)189 m 河道右岸增加 0.2 m 防洪墙,增加河道过流能力 1.21 m^3/s;将观园水疗会所(桩号 4+515)跨河阻水建筑拆除,增加河道过流能力 59.9 m^3/s;将奥宸观壹城(桩号 7+412 至桩号 7+591)179 m 现状 11~13.6 m 宽河段拓宽至 15 m,增加河道过流能力 29.85 m^3/s,并对后 75 m 河段右岸增加 0.3 m 防洪墙;将桂花社区工作站治安联防中队(桩号 8+965)至桂花社区广场下游 50 m(桩号 9+140)175 m 河段,前 63 m 河段两岸增加 0.5 m 防洪墙,中间 50 m 河段右岸增加 0.2 m 防洪墙,后 62 m 河段两岸增加 0.3 m 防洪墙,增加河道过流能力 10.72 m^3/s。

由于樟坑径河河口规划有回水堤的建设,按照允许越浪,规划左岸建设 127 m 回水堤(桩号 9+140~9+267),高度 0.25~0.51 m,右岸建设 239 m 回水堤(桩号 9+028~9+267),高度 0.14~0.51 m,与以上河道整治存在重叠段的,保留加高堤防较高一种措施,故桂花社区工作站治安联防中队(桩号 8+965)至桂花社区广场下游 50 m(桩号 9+140)175 m 河段的最终整治方案为:前 63 m 河段(桩号 8+965~9+028)两岸增加 0.5 m 防洪墙,中间 50 m 河段整治由回水堤代替,后 62 m 河段(桩号 9+078~9+140)左岸增加 0.3 m 防洪墙,右岸按回水堤整治,整治河段长度 125 m。

横坑水:

将观城社区河西治安岗亭(桩号 0+699)至深圳庆盛服饰皮具有限公司(桩号 1+372)673 m 现状 5~6 m 宽河段拓宽至 8 m,并将横坑社区—横坑路与河东村一街交界处(桩号0+944)上游121 m(至桩号0+823)河道左岸增加0.5 m防洪墙,增加河道过流能力20.82 m³/s,并将横坑社区——横坑路与河东村一街交界处(桩号0+994)至横坑路福高工业园(桩号1+165)171 m河道断面岸坡进行平整整治,增加河道过流能力6.75 m³/s。

横坑水——沿河西路段:

将时代网咖(桩号0+712)至河口(桩号1+265)553 m河段右岸堤防加高0.5 m,将桂澜博康药房(桩号0+985)至河口(桩号1+265)280 m河段左岸堤防加高0.5 m。

c. 方案比选

相比于方案一,方案二的优点是通过汛前水库优化调度的预泄,降低了水库下泄的洪峰流量,减少了下游河道的来水,使需要整治的河段长度减少,其中:樟坑径水库在采取优化调度前,仅进行河道整治时,河道需要整治的总长度为1 232 m,在采取优化调度后,需要整治的河道长度为543 m,需整治河道的长度减小了689 m;横坑水库在采取优化调度前后,河道需要整治的长度虽相同,但河道整治措施减少,减少了工程量,降低了工程成本。

综上,在规划山洪截滞工程的基础上,从投资规模上考虑,选择规划方案二(水库优化调度+问题河段综合整治)。

以上规划实施后,可实现樟坑径河、横坑水和横坑水——沿河西路段全段均满足100年一遇暴雨下不漫溢的要求。

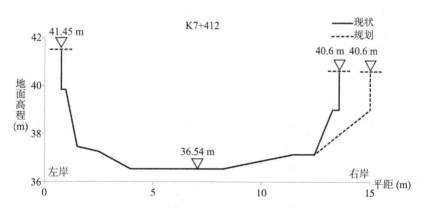

图7.1-10 樟坑径河奥宸观壹城段典型断面1图

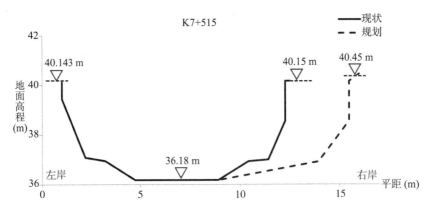

图 7.1-11　樟坑径河奥宸观壹城段典型断面 2 图

③区域排水措施

樟坑径河片区排水措施主要通过雨水管网的建设消除分区内易涝风险点，主要措施情况如下。

a. 源头减排

《深圳市内涝防治完善规划》复核，樟坑径河规划湿地及滞洪区和观澜老中心南雨水调蓄池可延后实施，求知东路和碧澜路雨水调蓄空间维持现状规模和调蓄功能。同时，新规划建设横坑水库雨水调蓄池。

b. 雨水行泄通道

本次规划对《龙华区山洪截滞设施方案研究》进行复核，由于樟坑径河片区内存在山洪风险，且山洪风险区域均为城区，为重要保护对象，因此，规划樟坑径河片区内的平安路右侧截洪沟和新田公园截洪沟推荐实施。其中，平安路右侧截洪沟规模 1.0 m×1.5 m～1.5 m×2.0 m，总长 1 869 m，可缓解石皮山以北山脚下的城区的山洪内涝风险；新田公园雨水行泄通道，规模 1.5 m×1.5 m～2.0 m×2.0 m，总长 2 403 m，可缓解包含牛轭岭小区的石皮山以北山脚下城区的山洪和内涝风险。

c. 雨水管渠

本次规划根据《深圳市内涝防治完善规划》复核樟坑径河分区内雨水管渠提标工程，考虑管道现状敷设情况、改扩建规模、上下游关系及地面高程等因素，计算管道过流能力，论证项目实施的必要性和建设的可行性。经复核，环观中路现状已存在 DN2 200 排水管道，现状排水管道规模大于规划规模，工程现状已实施。同时，由于求知东路存在雨水排水不畅，大雨路面积水及混流水流入横坑水库等问题，规划在横坑水库绿道内（金地天悦湾北侧）新建雨水调蓄池，占地 1 000 m²，规划规模 5 000 m³。

同时,根据历史内涝点调查分析,在有轨电车下围站地处五和大道与环观南路交会处东侧,因地势低洼、雨水管道分布集中、汇水量巨大且周边管线复杂,雨水系统存在溢流排水不畅、大管套小管和管道排水角度不合理等问题,为解决区域排水问题,规划在下围站环观南路南侧和深圳怡宁医院之间新建DN600、长度约25 m的雨水管,优化区域雨水系统,缓解内涝问题。

表 7.1-18　樟坑径河片区雨水管渠复核表

项目名称	建设内容	复核结论
环观中路雨水管渠提标工程	金茂南路至观平路段西侧,管线扩建至DN1 800	现状已实施,该段现状DN2 200排水管道满足过流要求,且该路段有规划在道路的南北侧新建雨水管。1、《龙华区市政系统综合详细规划》中无该项目。2、100年一遇暴雨下,现状管线排水口处水面线41.7 m,管线末端排水出口管底高程39.541 m,河道顶托。经复核,区域现状管渠尺寸DN2 200,河道顶托时管渠过流能力12.71 m³/s,区域汇水流量9.53 m³/s,区域排水能力满足要求
樟坑径河规划湿地及滞洪区	位于樟坑径河东岸,至平路与坂澜大道交会处,用以缓解周围区域内涝风险,同时提升樟坑径河防洪能力,占地面积1.2 hm²,设计调蓄规模6 000 m³	建议近期实施,现状已实施。观澜樟坑径片区地块08—10,现状为公园绿地(白鸽湖文化公园),国土空间规划为农林和其他用地,现状具有调蓄功能,区域面积3.118 6万 m²,可满足规划6 000 m³调蓄规模要求,本次规划维持现状绿地规模和调蓄功能
求知东路雨水调蓄空间	结合该区域公共绿地,设置雨水调蓄空间,消除求知东路与求知二路交会处内涝风险,占地面积2 589 m²,设计调蓄规模774 m³	现已实施。观澜樟坑径片区地块01—15,现状为绿地,国土空间规划为公园绿地+教育设施用地。同时,经复核,在上位规划调蓄池规模下,区域仍存在洪涝风险,在区域周边的横坑水库绿道内(金地天悦湾北侧)新建容积为5 000 m³调蓄池(横坑水调蓄池),以解决求知东路雨水排水不畅、大雨路面积水及混流水入库问题
碧澜路雨水调蓄空间	结合该区域公共绿地,设置雨水调蓄空间,消除碧澜路在求知路与格澜路之间段内涝风险,占地面积8 510 m²,设计调蓄规模2 553 m³	建议近期实施,现状已实施。观澜新中心地区地块08—11,现状为绿地,具有调蓄功能,国土空间规划为防护绿地,区域用地面积3.297 5万 m²,可满足规划2 553 m³的调蓄规模要求,无需改扩建,本次规划维持现状绿地规模和功能
观澜老中心南雨水调蓄池	在超标暴雨的条件下,观澜大道、富澜路、临宝街等道路上的雨水主干管无法及时排除峰值时期的雨水,导致在观澜大道上出现较大面积的涝区。在观澜大道与富澜路交会处的公园内新建观澜老中心南雨水调蓄池,调蓄周边主干管中的峰值流量,消除内涝风险,占地面积900 m²,设计规模2 700 m³	可延后实施。50年一遇暴雨下,区域道路积水小于15 cm,积水风险较小,且现状为社区公园,可延后实施。观澜老中心地区南地块02—08—02,现状为山体林地,国土空间规划为公园。经复核,该处观澜大道存在DN600雨水管道,过流能力0.34 m³/s,100年一遇暴雨下,区域汇流流量0.81 m³/s,道路行泄0.47 m³/s,道路积水深度15 cm,存在积水内涝风险,且根据观澜河流域内涝风险图,该区域附近存在一定积水内涝风险,该处调蓄设施有实施必要。但由于在山体林地区域建设雨水调蓄设施难度较大,建议将该项目随远期区域相关建设项目一并实施

④效果分析

区域通过采取综合措施,使樟坑径河干流遭遇 100 年一遇洪水不漫顶,雨水管网规划实施后,100 年一遇降雨条件下路面积水小于 15 cm。

表 7.1-19　樟坑径河区域排涝规划措施一览表

序号	措施分类			规划措施
1	源头减排			结合《深圳市龙华区海绵城市专项规划》(2018 版)要求,区域年径流总量控制率 71%,对应降雨量 32.3 mm。分区应发挥樟坑径森林公园和观澜公园海绵调蓄作用。各地块按照海绵指标管控。规划建设樟坑径河规划湿地及滞洪区、求知东路雨水调蓄空间、横坑水库调蓄池、观澜老中心南雨水调蓄池、碧澜路雨水调蓄空间
2	雨水管渠	雨水管渠		经过《深圳市内涝防治完善规划》复核,环观中路现状 DN2 200 管道满足过流要求。同时,规划在环观南路下围有轨电车站新建 DN600 雨水管渠
		行泄通道		根据《龙华区山洪截滞设施方案研究》复核,平安路右侧截洪沟规模 1.0 m×1.5 m~1.5 m×2.0 m,总长 1 869 m;新田公园雨水行泄通道规模 1.5 m×1.5 m~2.0 m×2.0 m,总长 2 403 m,推荐实施
3	水库优化调度			樟坑径水库和横坑水库采取优化调度,通过预警、预报,在暴雨来临之前对水库水位预降,最大下泄量分别削减到 6.68 m³/s 和不下泄
4	排涝除险	河道整治	樟坑径河	将上围路与围康路交会处(桩号 1+134)至樟坑径商业步行街管理办公室(桩号 1+323)189 m 河道右岸增加 0.2 m 防洪墙,增加河道过流能力 1.21 m³/s
				将观园水疗会所(桩号 4+515)跨河阻水建筑拆除,增加河道过流能力 59.9 m³/s
				将奥宸观壹城(桩号 7+412 至桩号 7+591)179 m 现状 11~13.6 m 宽河段拓宽至 15 m,增加河道过流能力 29.85 m³/s,并对后 75 m 河段右岸增加 0.3 m 防洪墙
				将桂花社区工作站治安联防中队(桩号 8+965)至桂花社区广场下游 50 m(桩号 9+140)175 m 河段,前 63 m 河段两岸增加 0.5 m 防洪墙,中间 50 m 河段河道整治由回水堤工程代替,后 62 m 河段左岸增加 0.3 m 防洪墙,右岸按回水堤整治,增加河道过流能力 10.72 m³/s
			横坑水	对观城社区河西治安岗亭(桩号 0+699)至深圳庆盛服饰皮具有限公司(桩号 1+372)673 m 河道进行整治,增加河道过流能力
			横坑水-沿河西路段	将时代网咖(桩号 0+712)至河口(桩号 1+265)553 m 河段右岸堤防加高 0.5 m,将桂澜博康药房(桩号 0+985)至河口(桩号 1+265)280 m 河段左岸堤防加高 0.5 m

(3) 龙华河分区

龙华河分区集雨面积 36.59 km²,河长 8.00 km,平均比降 17.2‰,源头在阳台山北侧,河流上游宽约 10 m,下游河口宽约 30 m。排涝片内水网密集,主要支流为高峰水、大浪河、冷水坑水。区域内现有 5 座水库,4 座小(1)型水库,1 座小(2)型水库,调洪库容 299.08 万 m³,总库容 1 069.58 万 m³。区域无水闸泵站工程。

龙华河分区地势西高北低,属于丘陵、平原地貌,高程在 40～480 m 之间,东部城区地势平坦,高程在 50～60 m 之间。

大浪河发源于大坑水库和石凹水库边的大皇尾山,流经大浪、龙华办事处,在龙华办事处狮头岭汇入龙华河,河口最宽处约 12 m,全长 7.43 km,流域面积 11.75 km²。

高峰水发源于阳台山南侧,流经陶吓、赤峰头、上早等社区,在桃苑新村对面汇入龙华河。全长 2.09 km,河口以上流域面积 11.86 km²。

冷水坑水集雨面积为 2.46 km²,河长 1.88 km,比降 8.53‰。现状河道部分被暗涵化,明渠长度 0.89 km,暗涵长度 0.99 km。

现有排涝体系由龙华河、高峰水、大浪河、冷水坑水 4 条河道,5 座水库组成。根据龙华河片区地形地势和排水管网走向,将龙华河片区排涝分区细化,共分为 11 个排水分区,分别为 5 座水库汇水片区、大浪河汇水分区、高峰水汇水分区、冷水坑水汇水分区、龙华河高峰水汇合上游汇水分区、龙华河至大浪河河口处汇水分区、龙华河河口汇水分区。

龙华河区域已形成"高水高排"的排涝模式。

赖屋山水库位于龙华河上游,为小(1)型水库,流域面积 2.07 km²,总库容 254.60 万 m³,调洪库容 48.0 万 m³。冷水坑水库位于冷水坑水上游,为小(1)型水库,流域面积 1.48 km²,总库容 121.20 万 m³,调洪库容 37.83 万 m³。高峰水库位于高峰水上游,为小(1)型水库,流域面积 4.44 km²,总库容 499.40 万 m³,调洪库容 164.64 万 m³。石凹水库、大坑水库位于大浪河上游,石凹水库为小(1)型水库,流域面积 0.69 km²,总库容 148.10 万 m³,调洪库容 41.27 万 m³。大坑水库为小(2)型水库,流域面积 0.68 km²,总库容 46.28 万 m³,调洪库容 7.34 万 m³。

龙华河河道已有 6.84 km 长河段按照规划 50 年一遇防洪标准完成整治。

大浪河除了汇入龙华河涌口的 350 m,其余已按照规划 50 年一遇防洪标准完成整治,整治总长度 7.08 km。

高峰水河道已有 2.09 km 长河段按照规划 20 年一遇防洪标准完成整治。

冷水坑水已按照 20 年一遇防洪标准达标整治,长度 1.88 km。

①风险及问题分析

100 年一遇洪水时,龙华河和平路段有漫溢风险,漫溢深度在 0.3 m 以下;

龙华河与高峰水交汇处有漫溢风险，漫溢深度在 0.3 m 以下。龙华河龙繁路上游有漫溢风险，漫溢深度在 0.3 m 以下。大浪河与龙华河交汇处，有漫溢风险，漫溢深度在 0.3 m 以下；高峰水河口段有漫溢风险，漫溢深度在 0.3 m 以下。洪水风险图分析结果与规划分析发现的问题相同。

龙华河流域存在内涝风险，主要分布在龙华河下游和高峰水与龙华河交汇处。龙华河周边锦绣御园、三联弓村、三联咀头小区内涝严重，平均淹没深度 0.5~1 m，局部淹没深度大于 1 m，位于三联弓村。龙华河与高峰水交界周边，新城市花园、花园新村内涝严重，平均淹没深度 0.27~0.5 m，局部淹没深度大于 1 m，位于龙观路与大浪南路交叉口。龙华河南部华龙路、和平路附近有局部内涝，淹没平均深度 0.15~0.27 m，局部深度大于 1 m，位于东环一路与和平路交叉口。

表 7.1-20 龙华河流域内涝风险统计

区域名称	工况	淹没深度（m）	面积（万 m²）
龙华河	100 年一遇降雨	0.15~0.27	16.5
		0.27~0.5	3.4
		0.5~1	1.95
		>1	4.1

a. 河道问题

龙华河上游右岸华旺路—赖屋山段共 619 m 和中游石龙路（桩号 3+135）至高峰水支流汇入口（桩号 4+250）段共 1 115 m 河道过流能力不足。

高峰水布龙路—高峰学校路段共 900 m 河道过流能力不足。

大浪河汇入龙华河段 350 m 受龙华河干流水位顶托。

大浪河苗圃园段在大浪北路暗涵入口处前断面宽度由 10.2 m 减小为 6.6 m，新建两孔暗渠仅左岸暗涵贯通，右岸暗涵未完成施工，河道行洪断面进一步收窄。

大浪河体育公园闸门段断面由最宽 12.7 m 转变为 9 m，行洪断面缩窄，缩窄河道过流断面，河水过流断面收窄后进入闸门，导致大浪河上游壅水，排水不畅。

b. 管网问题

《深圳市内涝防治完善规划》复核，华旺路 0.8 m×1.3 m 箱涵，谭罗一路现状 DN1 000、联润路 DN800、华观大道 DN800、工业西路与龙华河交会处无名路段 DN600、三合路 DN600、浪水路 DN600、华宁路 DN1 500、东环二路 DN1 000、三联创业路 DN800 管网过流能力不足，导致区域局部内涝。

②区域排涝措施

a. 水库除险加固与优化调度

本次规划对《深圳市防洪（潮）及内涝防治规划（2021—2035）》和《深圳市龙华区高峰水库除险加固工程可行性研究报告（一库一策方案报告）》进行复核，对高峰水上游高峰水库的溢洪道进行改造，并增设控制闸门，将水库最大下泄量由现状 33.35 m³/s 降至 15 m³/s。

根据《赖屋山水库除险加固工程初步设计报告》对赖屋山水库除险加固后进行优化调度，在暴雨来临之前的 12 小时以内（最少约 11 小时），通过输水涵对水库水位临时预降，经计算可腾出 108 万 m³ 库容，将正常蓄水位从 97.44 m 临时降至 90.84 m，实现水库下泄流量由 18.49 m³/s 降至不下泄。

b. 河道整治

根据已有龙华河碧道建设工程，对龙华河桩号 7＋685～8＋010 段河道右岸浆砌石挡墙进行破坏修复，按现状挡墙位置和岸顶高程进行挡墙破除重建，新建挡墙高度 7～9 m，采用悬臂式钢筋混凝土挡墙型式，挡墙长度约 510 m。

对龙华河桩号 7＋370～7＋520 段河道左岸现有直立挡墙顶部进行凿除，改造成上部缓坡下部直立的岸坡型式，增加休憩空间和行洪断面，缓坡段采用蜂巢格室护坡。

对龙华河桩号 5＋420～5＋471 段河道右岸进行拓宽，打造清水钢格栅平台和景观坐凳，岸坡结合景观坐凳和曲面地形塑造，采用直径 100 mm 长度 3 m 的松木桩密排进行岸坡局部加固，总长约 286 m。

对龙华河桩号 4＋740～4＋855 段河道右岸进行拓宽，将现有直立挡墙改为缓坡岸墙，缓坡处新建钢结构景观节点。

对龙华河桩号 3＋907～4＋232 段河道左岸钢筋混凝土挡墙进行拆除，将左岸向外扩宽 6 m，新建钢筋混凝土挡墙型式，新建挡墙高度约 3 m，采用重力式钢筋混凝土挡墙型式，挡墙长度约 168 m，在挡墙上增设悬挑平台，材料采用钢筋混凝土，悬挑平台长度约 163 m。对龙华河桩号 4＋227～4＋352 段河道右岸钢筋混凝土挡墙进行拆除，右岸向外扩宽 6.1 m，新建钢筋混凝土挡墙型式，新建挡墙高度约 3 m，材料采用重力式钢筋混凝土挡墙型式，挡墙长度约 298 m，在挡墙上增设悬挑平台，材料采用钢筋混凝土，悬挑平台长度约 298 m。

对高峰水布龙路—高峰学校路段共 900 m 河道进行整治，增加河道过流能力 15 m³/s，右岸堤防较低，将堤防加高至与左岸齐平，加高高度 0.2～0.5 m，达到河道 100 年不漫顶的要求。

对大浪河口处 350 m 河道进行整治，对该段堤防进行改造。

加快大浪北路扩建工程施工，在施工完成前，先行建设临时排水设施，增加河道过流断面。

规划实施后，可实现龙华河、大浪河、高峰水、冷水坑水全线均满足各河道治涝标准，同时也满足 100 年一遇洪水不漫溢要求。

c. 卡口整治

对大浪河万盛百货段卡口进行现状桥涵改造，现状桥涵为三孔桥涵，桥涵内部有 DN800 给水管横穿，阻水比大。

措施：规划建设大浪南路行泄通道，将上游管网汇水接入大浪河万盛百货段下游，缓解大浪河万盛百货段过流压力。

③区域排水措施

片区排水措施主要是通过雨水管网、行泄通道的建设消除各排水分区内易涝风险点，主要措施情况如下。

a. 源头减排

结合《深圳市龙华区海绵城市专项规划》（2018 版）要求，区域年径流总量控制率 71%，对应降雨量 32.3 mm。分区应发挥大浪公园、龙华公园海绵调蓄作用，同时提出各地块的单位面积控制容积、下沉式绿地率、透水铺装率、生物滞留设施率等低影响开发控制指标，将其纳入地块规划设计要点，并作为土地开发建设的规划设计条件。应进一步在竖向、用地、水系、给排水、绿地、道路等专业的规划设计过程中细化落实海绵城市相关要求。本次规划对《深圳市内涝防治完善规划》进行复核，大浪河规划湿地及滞洪区、龙华河口调蓄池、龙华河规划湿地及滞洪区推荐实施。龙华公园雨水调蓄池、弓村社区公园雨水调蓄空间项目考虑替代方案。

b. 雨水管渠

本次规划对《深圳市内涝防治完善规划》进行复核，华旺路（布龙路至其与龙华河交会处段）管线由现状 A1.5×0.8 扩建为 A1.8×1.5；谭罗一路（谭罗五路至其与龙华河交会处段）管线由现状 DN1 000 扩建为 DN1 500；联润路（同峰北路至其与龙华河交会处段）管线由现状 DN800 扩建为 DN1 500；华观大道（同峰北路至其与龙华河交会处南侧段）管线由现状 DN800 扩建为 DN1 200；三合路（勤丰路至其与龙华河交会处段）管线由现状 DN600 扩建为 DN1 200；工业西路与龙华河交会处无名路段管线由现状 DN600 扩建至 DN1 000；浪水路（浪荣路至大浪北路段）管线由原规划 DN600 扩建至 DN1 200；华宁路（源高路至浪荣路段南侧段）管线由现状 DN1 500 扩建至 DN2 000；东环二路（三联路至龙华和平路段）新建 DN1 800 雨水管道；东环二路（龙华和平路段至其与龙华河交会处段）管线由原规划 DN1 000 雨水管道扩建至 DN1 800；创业路管线由原规划 DN800 扩建至 DN1 000。

c. 行泄通道

本次规划对《深圳市内涝防治完善规划》进行复核,龙华和平路雨水行泄通道、华盛路雨水行泄通道、华繁路雨水行泄通道、大浪南路雨水行泄通道、东环二路雨水行泄通道有必要实施。

④效果分析

区域通过采取综合措施,使龙华河干流遭遇 100 年一遇洪水不漫顶,雨水管网行泄通道规划实施后,100 年一遇降雨条件下路面积水小于 15 cm。

表 7.1-21　龙华河区域排涝规划措施一览表

序号	措施分类		规划措施
1	源头减排		结合《深圳市龙华区海绵城市专项规划》(2018 版)要求,区域年径流总量控制率 71%,对应降雨量 32.3 mm。分区应发挥大浪公园、龙华公园海绵调蓄作用。各地块按照海绵指标管控。大浪规划湿地及滞洪区、龙华河口调蓄池、龙华河规划湿地及滞洪区推荐实施。龙华公园雨水调蓄池、弓村社区公园雨水调蓄空间项目考虑替代方案
2	雨水管渠	雨水管渠	经对《深圳市内涝防治完善规划》复核,华旺路(布龙路至其与龙华河交会处段)管线由现状 A1.5×0.8 扩建为 A1.8×1.5;谭罗一路(谭罗五路至其与龙华河交会处段)管线由现状 DN1 000 扩建为 DN1 500;联润路(同峰北路至其与龙华河交会处段)管线由现状 DN800 扩建为 DN1 500;华观大道(同峰北路至其与龙华河交会处南侧段)管线由现状 DN800 扩建为 DN1 200;三合路(勤丰路至其与龙华河交会处段)管线由现状 DN600 扩建为 DN1 200;工业西路与龙华河交会处无名路段管线由现状 DN600 扩建至 DN1 000;浪水路(浪荣路至大浪北路段)管线由原规划 DN600 扩建为 DN1 200;华宁路(源高路至浪荣路段南侧段)管线由现状 DN1 500 扩建至 DN2 000;东环二路(三联路至龙华和平路段)新建 DN1 800 雨水管道;东环二路(龙华和平路段至其与龙华河交会处段)管线由原规划 DN1 000 雨水管道扩建至 DN1 800;创业路管线由原规划 DN800 扩建至 DN1 000
3		行泄通道	经对《深圳市内涝防治完善规划》复核,龙华和平路雨水行泄通道、华盛路雨水行泄通道、华繁路雨水行泄通道、大浪南路雨水行泄通道、东环二路雨水行泄通道有必要实施
4	排涝除险	水库除险加固	对高峰水上游高峰水库的溢洪道进行改造,并增设控制闸门,将水库最大下泄量降为 15 m³/s
			对赖屋山水库进行除险加固,在暴雨来临之前的 12 小时以内,通过输水涵对水库水位临时预降,实现水库不下泄
5		河道整治	对龙华河上游华旺路至赖屋山支流汇入口 619 m 不达标段进行河道整治,增加河道过流能力 18 m³/s,对河道右岸拓宽 3 m(右岸控规为公用绿地),对左岸河道堤防加高 0.5 m
6			对中游石龙路(桩号 3+135)至高峰水支流汇入口(桩号 4+250)段共 1 115 m 河道进行整治,对两岸堤防加高 0.2 m
7			对高峰水布龙路—高峰学校路段段共 900 m 河道进行整治,右岸堤防较低,将堤防加高至与左岸齐平,加高高度 0.2~0.5 m
8			对大浪河口处 350 m 河道进行整治,对该段堤防进行改造

7.2　茅洲河排涝片

（1）片区基本情况

茅洲河流域位于深圳市西北部,属珠江口水系。发源于石岩水库的上游——羊台山(阳台山),流经石岩、公明、光明、松岗、沙井街道,在沙井民主村汇入伶仃洋。石岩水库的建设,改变了原有水系的汇流状况,石岩水库以上流域的径流不再汇入茅洲河,而成为西乡河流域的一部分。现状茅洲河的流域面积为 388.23 km²(其中深圳境内面积 310.85 km²,东莞境内面积 77.38 km²),其中城区面积 212.7 km²,占茅洲河流域深圳境内部分面积的 64.4%。

茅洲河流域包括光明区的光明、公明、新湖、凤凰、玉塘、马田 6 个街道和宝安区的松岗、沙井两个街道。截至 2018 年末,宝安、光明区常住人口分别为 325.78 万人、62.50 万人,其中,户籍人口分别为 57.29 万人、7.74 万人。

宝安区、光明区全年实现地区生产总值 3 612.18 亿元、920.59 亿元,分别比上年增长 8.7%、7.3%。其中,第一产业增加值 1.36 亿元、1.74 亿元,分别增长 30.9%、23.9%;第二产业增加值 1 840.87 亿元、588.52 亿元,分别增长 8.3%、7.7%;第三产业增加值 1 769.94 亿元、330.34 亿元,分别增长 9.0%、6.3%。

茅洲河流域(深圳境内)内共有河流 43 条,其中干流 1 条(即茅洲河),一级支流 24 条,二、三级支流 18 条。

茅洲河干流上游流向由南向北,水流较急,右岸支流较发育;中游从楼村至洋涌河闸段,河道较上游宽阔,水流渐缓,流向由东向西,右岸支流仍较发育;下游段地形平坦,河道较宽,约 80～100 m,由东北向西南流入珠江口,左岸支流较发育。

茅洲河流域受山地丘陵地貌及海洋气流的影响,汛期易发生暴雨或特大暴雨,洪涝灾害频繁,通过多年的防洪工程建设,流域内已基本形成了由水库、堤防组成的"上蓄、下排"防洪体系。

流域内共有水库 21 座,总集雨面积 113.87 km²,总库容 2.42 亿 m³,其中大型水库 1 宗,即公明水库,鹅颈、罗田、石岩等中型水库 3 宗,石狗公、铁坑等小(1)型水库 8 宗;后底坑、横坑、红坳等小(2)型水库 9 宗。

茅洲河干流已建堤防 21.51 km,从石岩水库以下至塘下涌(深圳境内河段),综合治理工程正在实施,2015 年主体工程基本完成,设计洪水标准为 100 年一遇;塘下涌至河口(界河段)综合治理工程已进入实施阶段,设计洪(潮)水标准为 200 年一遇。茅洲河流域规模以上防洪(挡潮)闸共 23 座,主要分布于中下游区域。堤防、防洪(挡潮)闸共同发挥了防潮作用。

图 7.2-1 茅洲河水系图

表 7.2-1 茅洲河流域河道基本情况表

序号	河流名称	河流等级	流域面积 (km²)	河长 (km)	河道主 要功能	防洪标准(a)	
						14版规划	本次规划
1	茅洲河	干流	344.23	31.29	防洪	100~200	200
2	鹅颈水	一级支流	22.28	5.99	排涝	50	50
3	鹅颈水北支	二级支流	4.15	2.54	排涝	20	20
4	鹅颈水南支	二级支流	3.44	1.88	排涝	20	20
5	红坳水	二级支流	1.65	2.32	排涝	20	20
6	东坑水	一级支流	10.03	5.47	排涝	50	50
7	木墩河	一级支流	5.58	5.81	排涝	50	50
8	楼村水	一级支流	11.39	7.34	排涝	50	50
9	楼村水北支	二级支流	2.53	3.09	排涝	20	20

序号	河流名称	河流等级	流域面积（km²）	河长（km）	河道主要功能	防洪标准（a）	
						14版规划	本次规划
10	新陂头河	一级支流	46.37	7.33	排涝	50	50
11	新陂头河北支	二级支流	21.62	4.22	排涝	20	20
12	新陂头河北三支	三级支流	3.27	3.69	排涝	20	20
13	新陂头河北二支	三级支流	4.27	2.79	排涝	20	20
14	新陂头河南支	二级支流	3.49	1.54	排涝	20	20
15	西田水	一级支流	12.5	2.33	排涝	50	50
16	西田水左支	二级支流	5.03	0.86	排涝	20	20
17	白沙坑水	一级支流	3.16	3.85	排涝	20	20
18	罗田水	一级支流	28.75	5.05	排涝	50	50
19	龟岭东水	一级支流	3.31	3.18	排涝	50	50
20	老虎坑水	一级支流	4.31	3.81	排涝	50	50
21	塘下涌	一级支流	5.47	3.73	排涝	20	20
22	玉田河	一级支流	6.28	2.71	排涝	50	50
23	大凼水	一级支流	4.81	1.99	排涝	20	20
24	上下村排洪渠	一级支流	5.92	3.43	排涝	50	50
25	合水口排洪渠	一级支流	1.13	2.69	排涝	50	50
26	公明排洪渠	一级支流	15.77	6.38	排涝	50	50
27	公明排洪渠南支	二级支流	1.82	1.82	排涝	50	50
28	马田排洪渠	一级支流	2.36	2.39	排涝	20	20
29	沙埔西排洪渠	一级支流	1.84	2.34	排涝	20	20
30	沙井河	一级支流	28.11	5.93	排涝	20	20
31	潭头渠	二级支流	2.75	2.98	排涝	20	20
32	东方七支渠	二级支流	1.52	3.33	排涝	20	20
33	松岗河	二级支流	14.78	8.99	排涝	20	20
34	共和涌	一级支流	1.04	1.19	排涝	50	50
35	道生围涌	一级支流	0.51	1.98	排涝	50	50
36	排涝河	一级支流	40.34	3.57	排涝	50	50
37	潭头河	二级支流	4.93	4.72	排涝	20	20
38	新桥河	二级支流	17.52	6.26	排涝	50	50
39	上寮河	二级支流	12.93	6.15	排涝	20	20
40	万丰河	三级支流	2.32	3.45	排涝	20	20

续表

序号	河流名称	河流等级	流域面积（km²）	河长（km）	河道主要功能	防洪标准（a）	
						14版规划	本次规划
41	石岩渠	二级支流	1.87	5.45	排涝	20	20
42	衙边涌	一级支流	2.48	2.96	排涝	50	50
43	石岩河	一级支流	27.05	6.35	排涝	50	50

　　根据河流水系分布、竖向高程、规划排水管渠系统,茅洲河共分 23 个相对独立的排涝区域,分别是:鹅颈水、东坑水、木墩河、楼村水、新陂头南、新陂头北、西田水、白沙坑、罗田水、龟岭东、老虎坑、塘下涌、玉田河、上下村、公明排洪渠、沙涌、沙井河、排涝河、共和村排洪渠、衙边涌、马田排洪渠、合水口排洪渠区域和石岩河区域。

图 7.2-2　茅洲河流域区域划分图

　　茅洲河 23 个排涝区域,通过多年来治涝工程建设,已基本形成蓄、渗、排等多种措施相结合的治涝工程体系。各区域的排涝体系类型如表 7.2-2 所示,在区域划分基础上,以雨水排放口细分排水分区,总共划分 555 个片区。茅洲河流域现状建设有泵站 63 座,总流量 471.6 m³/s,总装机 28 207 kW,其中排涝泵站 9 座,总流量 312.27 m³/s,总装机 18 166 kW。

表 7.2-2　茅洲河流域排涝区域

序号	排涝区域	区域面积(km²)	城区面积(km²)	排涝模式
1	鹅颈水	20.96	10.73	自排
2	东坑水	9.68	7.54	自排
3	木墩河	5.86	5.45	自排
4	楼村水	11.37	4.24	自排
5	新陂头南	22.75	3.30	自排
6	新陂头北	13.80	3.62	自排
7	西田水	15.36	3.42	自排
8	白沙坑	3.80	2.12	自排
9	罗田水	15.95	4.30	自排
10	龟岭东	3.67	1.82	上段自排,下段抽排
11	老虎坑	4.36	0.93	自排
12	塘下涌	4.06	3.51	自排
13	玉田河	15.98	14.58	自排
14	上下村	4.68	4.68	自排
15	合水口排洪渠	2.25	2.25	抽排
16	公明排洪渠	10.73	10.73	自排
17	马田排洪渠	3.14	3.14	抽排
18	沙涌	5.71	5.71	抽排
19	沙井河	25.55	21.08	抽排
20	排涝河	43.03	35.78	自排
21	共和村排洪渠	1.04	1.04	抽排
22	衙边涌	2.48	2.48	抽排
23	石岩河	44	22.42	自排

（2）内涝风险与问题分析

茅洲河流域处于低纬度沿海地区,流域中下游地区地势低洼,现状地面高程在 1.5～4.5m 之间,加之潮水的顶托,易形成区域性涝灾。城市开发建设过程中,由于缺乏城市竖向规划的指导,早期开发的区域地势较低,后期开发的区域地势高于早期开发的区域,加之早期开发的区域城市排水管网的设计标准相对较低,造成局部旧城区出现水浸。同时,城市开发建设导致不透水面积扩大,地表下渗量和补给地下水量减少,导致径流量和洪峰流量加大,洪峰时刻提前出现。

茅洲河干流已按 100 年一遇洪水进行达标建设,规划 200 年一遇洪水条件下,中游白沙坑水至 107 国道 5.1 km 河段河道过流能力不足,该段洋涌河水闸断面现状过流能力约 1 077 m^3/s,200 年一遇洪峰流量增加了 175 m^3/s,增加幅度达 16.3%,导致白沙坑水至龟岭东水段共 3.3 km 河段堤防发生漫溢,龟岭东水至 107 国道段河道右岸 1.8 km 堤防安全超高不足,洋涌河闸上 150 m 至 107 国道段左岸 1.1 km 堤防安全超高不足。

经复核,规划 100 年一遇暴雨条件下,有 10 个区域共 26.55 km 河段存在漫溢问题,主要原因有"承泄区顶托、局部过流能力不足、泵排流量不足、滞洪区调蓄能力不足"四类,各区域问题详见表 7.2-3。

根据《深圳市内涝防治完善规划》,截至 2018 年底,茅洲河流域内易涝风险区总面积 5.19 km^2。

(3) 区域工程规划

① 排涝河区域

a. 排涝策略

排涝河区域包括排涝河,以及上寮河、新桥河、潭头河等支流,潭头河在潭头水闸下游 150 m 处汇入排涝河,新桥河、上寮河均在岗头调蓄池处汇入排涝河,由排涝河将涝水排向茅洲河。排涝河、新桥河现状防洪标准为 50 年一遇,各支流均为 20 年一遇。根据城市总体规划,该区域规划上寮河、新桥河、潭头河上游段以及排涝河下游段沿岸主要以工业用地为主,其他则以商住用地为主。

排涝河区域的排涝工程体系问题中,中上游主要问题是排涝河本身过流能力不足,特别是岗头调蓄池下游共和大道以上 1.5 km 河段,宽度较其下游河段小约 20 m,直接影响上游潭头河、新桥河、上寮河等区域的排涝,下游主要问题是沿岸高程低于排涝河水位,导致沿岸各片区排水不畅,同时,排涝河下游两岸地势低洼,现状设计水面线已高过两岸部分地面,局部片区的雨水难以自排进入排涝河。此外,支流同时存在局部调蓄能力、过流能力不足等薄弱环节:潭头河由于承泄原潭头渠、五指耙水库部分涝水导致排涝压力增大,万丰河低水区、上寮河下游段由于暗涵过流不足导致中上游受淹。

表7.2-3　规划标准洪水条件下茅洲河流域河道存在问题情况表

编号	所在流域区域	所在河道	起点	终点	长度(m)	主要问题	主要原因
1	茅洲河干流	茅洲河	右岸,白沙坑水汇入口	107国道	5 100	堤防段,上段发生漫溢,最大漫溢深度0.3 m,整段安全超高均小于0.5 m,最大欠高0.8 m	过流能力不足
2		茅洲河	左岸,白沙坑水汇入口	龟岭东水汇入口	3 300	护岸发生漫溢,最大漫溢深度0.3 m	过流能力不足
3		茅洲河	左岸,洋涌水闸上游150 m	107国道	1 100	堤防段,安全超高小于0.5 m,最大欠高0.5 m	过流能力不足
4		排涝河	步涌工业城A区(3+633)	潭头水闸(4+650)	1 017	防洪端段,安全超高小于0.5 m,最大欠高0.4 m	过流能力不足
5	排涝区域	潭头河	安南汽车城(2+150)	河口(4+150)	2 000	护岸发生漫溢,最大漫溢深度0.46 m	排涝河顶托
6		潭头河	潭头河北滞洪区、潭头河南滞洪区、潭头渠滞洪区	桩号2+665	1 500	护岸发生漫溢,最大漫溢深度2.99 m	调蓄容积不足
7		新桥河	河口(0+000)	桩号2+665	2 665	护岸发生漫溢,最大漫溢深度0.4 m	排涝河顶托
8		上寮河	上寮河水闸(0+000)	沙井中心公园(1+560)	1 560	暗涵、护岸发生倒灌、漫溢,最大漫溢深度1.02 m	排涝河顶托,暗涵过流能力不足
9		万丰河	桩号1+158	桩号2+300	1 142	护岸发生漫溢,最大漫溢深度0.78 m	宝安大道暗涵过流能力不足
10		万丰河	桩号2+420	桩号2+700	280	暗涵发生倒灌,最大漫溢深度0.33 m	暗涵过流能力不足

续表

编号	所在流域区域	所在河道	起点	终点	长度 (m)	主要问题	主要原因
11	共和村排洪渠区域	共和村排洪渠	共和站箱涵上游100 m	共和站箱涵上游200 m	100	护岸发生漫溢,最大漫溢深度1.41 m	泵站流量不足
12	沙井河区域	沙井河	河口(0+000)	穗深城际铁路桥下游200 m(0+670)	670	护岸发生漫溢,最大漫溢深度0.1 m,超控制水位1.6 m	泵站流量不足
13		沙井河	松岗河口下游240 m(2+800)	沙松路桥下游100 m(3+500)	700	护岸发生漫溢,最大漫溢深度0.04 m,超控制水位1.54 m	泵站流量不足
14		沙井河	七支渠口下游40 m(4+500)	七支渠口上游60 m(4+600)	100	护岸发生漫溢,最大漫溢深度0.04 m,超控制水位1.04 m	泵站流量不足
15		松岗河	河口(0+000)	松罗路(4+057)	4 057	护岸发生漫溢,最大漫溢深度0.73 m	下游受沙井河顶托;东方路涵至春风路段受沙井河道过流能力不足;东凤村口橡胶坝至松罗路段受中游顶托影响
16		东方七支渠	河口(0+000)	广深公路(2+250)	2 250	护岸发生漫溢,最大漫溢深度1.93 m	沙井河顶托
17		东方七支渠	白马路下游140 m(3+070)	白马路上游90 m(3+300)	230	护岸发生漫溢,最大漫溢深度0.4 m	下游暗涵过流能力不足
18		潭头渠	河口(0+000)	桩号1+288	1 288	护岸发生漫溢,最大漫溢深度0.29 m	沙井河顶托

续表

编号	所在流域区域	所在河道	起点	终点	长度(m)	主要问题	主要原因
19	沙涌区域	沙埔西排洪渠	全河段漫溢		2 355	护岸发生漫溢，最大漫溢深度1.38 m	泵站流量不足
20	马田排洪渠区域	马田排洪渠	河口以上450 m (0+450)	河口以上900 m (0+900)	450	护岸发生漫溢，最大漫溢深度0.78 m	泵站流量不足
21	马田排洪渠区域	马田排洪渠	松白路上游50 m (1+200)	南光高速 (2+400)	1 200	护岸发生漫溢，最大漫溢深度1.41 m	过流能力不足
22	玉田河区域	玉田河	田寮市场 (0+825)	田湾路 (1+205)	380	护岸发生漫溢，最大漫溢深度0.23 m	过流能力不足
23	木墩河区域	木墩河	碧雅苑 (4+005)	碧园路桥 (4+500)	495	护岸发生漫溢，最大漫溢深度0.3 m	过流能力不足
24	新陂头河北支区域	新陂头河北支	毅创新工业园下游240 m (4+020)	上游 (4+330)	310	右岸发生漫溢，最大漫溢深度1.12 m	农田段堤岸大高
25	白沙坑水	白沙坑水	河口 (0+000)	滨河路 (0+960)	960	护岸发生漫溢，最大漫溢深度0.54 m	茅洲河顶托
26	龟岭东	龟岭东下游段	全河段漫溢		1 050	护岸发生漫溢，最大漫溢深度1.73 m	泵站流量不足
27		龟岭东上游段	桩号 0+000	桩号 0+270	270	护岸发生漫溢，最大漫溢深度0.09 m	老虎坑水顶托

由于排涝河区域地势较平,城市化程度较高,下游沿岸的源头调蓄措施对排涝河作用有限,上游及支流沿岸可供洪水调蓄空间较少,上寮河下游出口暗涵段上方为城市主干道(宝安大道),暗涵揭盖对城市交通影响过大。同时,排涝河中下游跨河桥梁较多,原排涝河旧闸上游段甚至有高架桥顺河道布置,考虑堤岸和桥梁的安全,河道不宜浚深。此外,由于水系结构不同,河道沿岸情况不一致,排涝河、沙井河原规划标准不一致,由潭头水闸隔开,分高低水排向茅洲河,因此为解决排涝河及上游区域洪涝问题,整个立体防洪排涝体系以降低承泄区水位为导向,上层采用水库挖潜模块措施削减下泄洪峰,中、低层则通过优选下游河道整治、水系连通、新辟深层排水通道等策略予以解决,下文分别对以"低水抽排+河道治理"、"低水抽排+水系连通"、"低水抽排+深层利用"为主的三个综合方案进行比选。

b. 规划措施

方案一:低水抽排(排涝河口建泵)、河道整治

水库挖潜:对新桥河上游长流陂水库溢洪道进行改建,增设闸门按 55 m³/s 控泄,削减原最大泄量 15 m³/s,削减新桥河、排涝河洪峰。

科学调度:潭头河上游,加大北 1# 闸、北 2# 闸控泄流量,分别由 3.5 m³/s、12.9 m³/s 提高至 5.2 m³/s、32 m³/s,分别解决 100 年一遇条件下潭头渠、潭头河上游滞洪区漫溢问题。

滞蓄设施:上寮河、万丰河暗涵以上集水区域内采取滞蓄措施,滞蓄容积分别为 3.86 万 m³、2.51 万 m³,分别以上寮河出口段暗涵入口断面(1+560)、万丰河上崇路断面(0+886)水位 4.14 m、2.95 m 为控制阈值,分别削减洪峰 10 m³/s、13 m³/s,并配备相应的管渠、智能控制设施,解决上寮河、万丰河 100 年一遇洪水条件下出口段暗涵过流能力不足问题。潭头河中下游集水区域内,采取滞蓄措施,滞蓄容积 1.9 万 m³,以左支流汇入口下游 100 m 断面 20 年一遇水位 4.01 m 为控制阈值,削减洪峰 6 m³/s,并配备相应的管渠、智能控制设施,缓解潭头河因北 1# 闸、北 2# 闸提高控泄流量给潭头河下游增大的排涝压力。

河道整治:扩建潭头河芙蓉路箱涵,宽度由 2.7 m 增大至 4.8 m,长度 1.3 km,以承泄潭头河北 2# 闸提高的下泄流量。排涝河岗头调蓄池下游至共和大道共 1.5 km 河段拓宽 20 m,以解决排涝河过流能力不足问题。

低水抽排:排涝河河口新建排涝泵站,设计流量取近似 100 年一遇洪峰流量 375 m³/s。

方案二:低水抽排(沙井泵站扩建)、水系连通

该方案主要考虑部分打开潭头水闸,使排涝河与沙井河共同排涝,以增加沙井河泵站流量,分担排涝河部分流量。

水库挖潜:与方案一相同。

滞蓄设施:与方案一相同。

科学调度:在方案一的基础上,同时通过控制潭头水闸开度(闸门下缘开至0.2 m),将排涝河部分涝水排向沙井河,经沙井河排入茅洲河。

河道整治:扩建潭头河芙蓉路箱涵,宽度由2.7 m增大至4.8 m,长度1.3 km,以承泄潭头河北2♯闸提高的下泄流量。

低水抽排:扩建沙井河口的沙井泵站,排涝流量由170 m^3/s提高至320 m^3/s。

方案三:低水抽排、深层利用(深隧)

该方案仍坚持排涝河独立排涝,主要考虑通过深层利用,降低排涝河干流岗头调蓄池水位以解决顶托支流的问题。

水库挖潜:与方案一、二相同。

滞蓄措施:与方案一、二相同。

科学调度:与方案一相同。

河道整治:与方案二相同。

低水抽排:排涝河河口新建排涝泵站,排涝流量80 m^3/s。岗头调蓄池至排涝河口段达到100年一遇的治涝标准,同时解决极端高潮位遭遇暴雨时流域内的受涝问题。

深层利用:新建岗头调蓄池至茅洲河深隧,总长3.4 km,实现洞库调节,以岗头调蓄池水位3.0 m为隧洞启动阈值,出口泵站规模初步拟定为105 m^3/s。

表7.2-4 排涝河深层隧道特征参数表

隧道参数	数值	隧道参数	数值
流量(m^3/s)	105	容积(万m^3)	19.3
长度(km)	3.4	出口泵站规模(m^3/s)	105
直径(m)	8.5	入口竖井	岗头调蓄池,直径8.5 m
起点底高程(m)	-38	出口竖井	排涝河老河道出口段,直径8.5 m
终点底高程(m)	-40.5	排空时间(h)	0.52

c. 方案比选

三个方案实施后,排涝河可满足100年一遇且超高大于0.5 m的要求,潭头河、新桥河、上寮河、万丰河等支流全线均可满足规划内涝防治标准要求。

方案一可明显降低下游水面线,改善下游两岸片区排水条件,该方案主要优点是工程措施均在浅层实施,其工程建设投资相对小,运行管理难度、环境影响均相对较小。缺点是:排涝河岗头调蓄池下游段现状河宽约 38 m,需扩宽 20 m 方可解决排涝问题,扩宽长度 1.5 km,该段两岸现状以工业用地为主,道路、厂房分布密集,征地、拆迁难度较大。

方案二主要优点同样是工程措施均在浅层实施,其工程投资略高于方案一,但远低于方案三,运行管理难度、环境影响均相对较小。缺点是:沙井河最高水位达 2.66 m,无法将沙井河水位控制在 2.0 m 以下,这将影响沙井河区域的排涝体系,沙井河沿岸雨水管网将难以自排入河,排涝河下游两岸排水条件基本无改善。

方案三也明显降低下游水面线,改善下游两岸片区排水条件,该方案主要优点是深层隧道除竖井出入口需占用现状地表外,基本在深层地下实施,后续可结合雨洪利用进行生态补水。缺点是工程投资较大,运行维护难度相对较高。

表 7.2-5 排涝河流域工程方案对比表

对比项目	方案一 低水抽排、河道整治	方案二 水系连通、低水抽排	方案三 深层利用
综合功能	无	无	可结合雨洪利用 进行生态补水
征地面积	13.31 万 m², 其中滞蓄设施 8.88 万 m²	12.22 万 m², 其中滞蓄设施 10.88 万 m²	12.21 万 m², 其中滞蓄设施 10.88 万 m²
工程投资	4.84 亿元(建安费)	6.0 亿元(建安费)	18.85 亿元(建安费)
实施难度	拆迁较多,征地难度大	不大	不大
运维难度	小	小	大
环境影响	无	影响沙井河区域排涝体系, 导致沙井河沿岸雨水管网 难以自排入河	施工可能影响地下水

综上,考虑排涝河岗头调蓄池下游段扩河空间存在不确定性,本阶段从工程的实施难度、环境影响角度考虑,暂时推荐采用方案三。近期为解决区域内遭遇极端风暴潮的受涝问题,实现岗头调蓄池至排涝河口区间 100 年一遇的治涝目标,在河口拟建 80 m³/s 排涝泵站,并同步开展岗头调蓄池至茅洲河的连通深隧方案研究。如排涝河岗头调蓄池以下 1.5 km 河段确定具备拓宽条件,

则远期结合河道扩宽,将河口泵站扩建至 375 m³/s,否则按深隧方案实施。

②沙井河区域

a. 排涝策略

沙井河区域可供调蓄空间较少,沿岸地势低洼,参考《宝安区沙井河片区排涝工程初步设计报告》,沙井河沿岸雨水管网采用自排结合部分雨水泵站抽排的排涝模式,沙井河最高控制水位为 2.0 m(潭头渠汇入处)。排涝体系上,上游只有五指耙水库调蓄,五指耙水库控制面积 2.27 km²,不到沙井河流域的1/10,且部分洪水通过潭头河下泄,对沙井河洪涝的滞蓄作用相对较小。根据城市总体规划,七支渠、潭头渠上游段以及沙井河下游段沿岸主要以工业用地为主,其他则以商住用地为主。

区域排涝体系中,除出口抽排流量不足造成干流水位偏高顶托支流外,支流松岗河、东方七支渠同时存在局部调蓄能力、过流能力不足等薄弱环节。同时,考虑到松岗河、东方七支渠中下游河段两岸均为工业化城镇,高新科技产业入驻较多,城市化水平较高,河道扩宽难度较大,分别对"低水抽排"和"深层利用"为主的两个综合方案进行比选。

b. 规划措施

方案一:低水抽排(泵站扩建)

该方案主要通过加大沙井河泵站的集中抽排流量,降低沙井河水位,解决局部漫溢和顶托支流的问题,支流问题主要通过滞蓄措施减少河道洪峰流量予以解决。

低水抽排:扩建沙井河泵站,在紧临现状泵站南侧,扩建 2 组泵机,规模增加 100 m³/s,扩建泵房占地面积约 7 870 m²,位于沙井泵站工程范围内,需迁建现有建筑、输配电线路,并结合现有水泵的技改升级,扩建后总排涝流量270 m³/s。

滞蓄措施:松岗河、东方七支渠采取滞蓄措施,调蓄容积分别为 0.54万 m³、0.2 万 m³,分别以松岗河东方路涵入口断面(2+675)、白马路下游50 m(3+163)20 年一遇水位 2.58 m、4.04 m 为控制阈值,分别削减洪峰 10 m³/s、7 m³/s,并配备相应的管渠、智能控制设施,分别解决松岗河、七支渠中游暗涵段过流能力不足问题。经核算,《深圳市内涝防治完善规划》在松岗河集水范围规划 2 个调蓄区,总调蓄容积 6 200 m³,在东方七支渠集水范围内规划 1 个调蓄区,调蓄容积 3 200 m³,可满足松岗河、东方七支渠的滞蓄容积需求。

方案二：深层利用（深隧）

该方案主要在排涝河深隧方案基础上，增加支隧，降低沙井河水位以解决沙井河干流漫溢及顶托支流的问题，支流措施则与方案一相同。

深层利用：自排涝河主隧的岗头调蓄池起，接驳深隧支隧至松岗河汇入沙井河处，支隧总长 1.98 km，支隧排水，再经主隧和泵站外排入海，支隧汇入流量 100 m³/s，由于该汇合口附近沿岸均为房屋，故入口竖井设于沙井河中心，竖井直径 8 m，不额外占用其他用地。

滞蓄措施：与方案一相同。

表 7.2-6　沙井河深层隧道基本参数表

隧道段	主隧	沙井河支隧
流量（m³/s）	205	100
长度（km）	3.4	1.98
直径（m）	11.5	8
起点底高程（m）	−38	−36
终点底高程（m）	−40.5	−38
容积（万 m³）	29.3	9.95
出口泵站规模（m³/s）	205	
排空时间（h）	0.4	

c. 方案比选

方案一主要优点是工程措施均在浅层实施，扩建可在沙井泵站工程范围内实施，相对方案二其工程投资小，运行管理难度较小。缺点是扩建泵房需迁建现有建筑、输配电线路。

方案二主要优点是深层隧道除竖井出入口需占用现状地表外，基本在深层地下实施，不占用现状地表。缺点是投资较大，运行维护难度较高，同时，也增大了排涝河主隧及出口泵站的规模。

综上，方案一虽然增加了 100 m³/s 的泵站规模，但在投资规模、运维难度上均有较大优势，故推荐方案一（低水抽排）。规划实施后，沙井河可满足 100 年一遇最高水位不高于 2 m（不改变沿岸各片区排水体系），松岗河、东方七支渠、潭头渠全线均可满足 100 年一遇洪水不漫溢要求。

表 7.2-7 沙井河流域工程方案对比表

对比项目	方案一:低水抽排(河口设泵)	方案二:深层利用
综合功能	无	可结合雨洪利用进行生态补水
征地面积	在现状泵站管理范围内进行扩建,不额外征地	0(不含排涝河主隧出口泵站)
工程投资	1亿元(不含拆迁、非工程措施)	3.96亿元(不含主隧、非工程措施)
实施难度	小	小
运维难度	小	大
环境影响	无	施工可能影响地下水

8

高密度城市暴雨洪涝治理实践——其他城市

8.1 贺州中心城区排涝片

（1）片区基本情况

贺江横跨贺州中心城区。贺江属珠江流域西江水系，是西江左岸的一级支流，地处西江流域东北部，发源于广西富川瑶族自治县麦岭镇长春村委茗山村，纳诸细流成富川江，因纵贯富川瑶族自治县而得名富江（又称"富川江"），入钟山县后东南流入贺州市平桂区，往东流至贺州市平桂区城区侧"U"形河道弯道处，从源头到侧"U"形河道弯道河段称富江，以下称贺江。河流经富川瑶族自治县、钟山县、平桂区、贺州市城区，往东流至贺州市贺街镇浮山与大宁河汇合，后经步头、信都镇直流至铺门镇扶隆村进入广东省境内，在广东封开县江口镇注入西江。贺江集水面积 11 536 km²，全长 352 km，其中贺州市贺江干流长约 242 km。

贺江在广西境内支流众多，较大一级支流有石家河、西湾河、民田河、沙田河（又名马峰河）、盘谷河、华山河、马尾河（上游段称里松河）、大宁河（上段称桂岭河，水文部门称临江）、南堂河、湖罗河、古源河、林洞河、西两河、白沙河等，其中大宁河为贺江的最大支流，流域面积 2 407 km²。涉及本次规划范围的支流主要有西湾河、民田河、沙田河、盘谷河、华山河。

中心城区江北排涝片集雨面积 81.85 km²，有黄安寺河、狮子岗河和桃源河 3 条主要河道。其中，黄安寺河属贺江的一级支流，最初发源于里宁村白门楼寨，经整治后起点位于永丰湖南侧出口，干流河长 1.2 km，河道平均比降 1.65‰，干流河宽 10～25 m，自北向南穿越八达西路、前进路和建设中路，在西约街一景桥处汇入贺江。狮子岗河属贺江的一级支流，最初发源于黄田镇安山村新寨，整治后起点位于永丰湖东南侧出口，干流河长 3.72 km，河道平均比降 0.73‰，干流河宽 15～21 m，沿着万泉街到竹山路，在八步区交通局处汇入贺江。桃源河属贺江的一级支流，最初发源于螃蟹井，经整治后起点位于太白东路太白湖南部出口，干流河长约 1.67 km，河道平均比降 1.35‰，干流河宽

27.84～29.6 m,沿着桃源北路自北向南穿越太白西路、鞍山东路、平安东路和江北中路,在灵凤村渡船头汇入贺江。中心城区江北排涝片内北部有农田、旱地耕种区,南部为建成区,河道下游河口处有 12 座排涝闸和 1 座排涝泵站,区域内无水库。

中心城区江北排涝片地势北高南低,属山地丘陵地貌,地形起伏较大,城区地势平坦,中部大神岭最高峰海拔 514.5 m。江北排涝片河道两岸阶地面高程 100～710 m,山区段河道蜿蜒曲折,城区段相对顺直,地表植被良好。

现有排涝体系由金泰湖、永丰湖、太白湖(爱莲湖)3 座调蓄湖和黄安寺河、狮子岗河、桃源河 3 条主要排涝通道及 12 座排涝闸、1 座排涝泵站组成,可分为黄安寺河分区、狮子岗河分区、桃源河分区、贺州学院分区和灵峰村分区,排涝模式为自排。

金泰湖位于站前大道以南、爱民路以东、万兴路以北和祥达一路以西范围,湿地面积 0.45 km²,水域面积 0.3 km²,正常蓄水位 106 m,相应湖体库容 35.9 万 m³;永丰湖位于八达西路以北的城脚塘区域,湿地面积 0.7 km²,水域面积 0.5 km²,正常蓄水位 105 m,相应湖体库容 49.1 万 m³;太白湖(爱莲湖)位于太白西路以北、贺州大道以东、爱莲西路以南和桂粤湘大道以西的范围内,湿地面积 1.21 km²,水域面积 0.36 km²,正常蓄水位 104.5 m,相应湖体库容 50 万 m³。

黄安寺河、狮子岗河和桃源河均位于城区,两岸为道路和居民楼等建筑物,河道排涝标准采用 20 年一遇。目前,黄安寺河、狮子岗河和桃源河均已完成河道综合整治。

中心城区江北排涝片内有鸡公洲排涝闸、黎屋排涝闸、莲花岭排涝闸、平地寨排涝闸、田冲排涝闸、东木园排涝闸、贺州学院排涝闸、三加村排涝闸、黄安寺排涝闸、狮子岗排涝闸、南蛇塘排涝闸和灵峰村排涝闸共 12 座排涝闸,总自排流量 428.39 m³/s。

中心城区江北排涝片内现状仅 1 座排涝泵站,即南蛇塘泵站,泵站抽排流量为 13.5 m³/s,装机功率为 660 kW,控制淹没水位为 103.5 m,现状建成后暂未投入使用。

中心城区江南排涝片位于本次规划范围贺江干流下游的右岸,排涝片面积共 362.70 km²,排涝片基本处于贺州市平桂区内。中心城区江南排涝片地势南高北低,高程在 100 m 至 1 000 m 之间,属于山地丘陵地貌,排涝片南侧地势较高,西侧地势较低。中心城区江南排涝片中属于贺江一级支流的有华山河、盘谷河、沙田河以及民田河。排涝片内现有 7 宗水库,其中中型水库 1 宗,为狮洞水库,小(1)型水库3宗,分别为桂山水库、盘谷水库和华山水库,小(2)型水库3宗,分别为大冲水库、民田水库和涩洞水库,排涝片内水库总库容为3 216.9万 m^3。

中心城区江南排涝片主要排涝河道从上游至下游分别有民田河、沙田河、盘谷河与华山河。民田河起点位于平山村,终点汇入贺江干流,干流长度10.12 km,流域面积29.92 km^2,干流平均比降为7.25‰,干流河宽50～60 m。沙田河起点位于沙田镇新民村的石牌尾,终点汇入贺江干流,干流长度32.15 km,流域面积226.97 km^2,干流平均比降为8.6‰,干流河宽120～150 m。盘谷河起点位于鹅塘镇盘古村长冲尾屯西南0.5 km,终点汇入贺江干流,干流长度19.76 km,流域面积60.11 km^2,干流平均比降为12.63‰,干流河宽60～66 m。华山河起点位于鹅塘镇冲肚村,终点汇入贺江干流,干流长度17.33 km,流域面积38.91 km^2,干流平均比降为11.36‰,干流河宽50～65 m。

中心城区江南排涝片内城市开发边界范围面积约25.27 km^2,占排涝片总面积的6.97%。

狮洞水库为中型水库,集雨面积45.5 km^2,总库容为1 658万 m^3。桂山水库为小(1)型水库,集雨面积28.55 km^2,总库容为416.8万 m^3。盘谷水库为小(1)型水库,集雨面积10.05 km^2,总库容为380万 m^3。华山水库为小(1)型水库,集雨面积17.4 km^2,总库容为579万 m^3。大冲水库为小(2)型水库,集雨面积2.57 km^2,总库容为82.3万 m^3。民田水库为小(2)型水库,集雨面积5.32 km^2,总库容为61.6万 m^3。涩洞水库为小(2)型水库,集雨面积1.29 km^2,总库容为39.2万 m^3。

华山河河口至上游潇贺大道段左岸现状已建贺江干流华山河防洪子堤,长约1.2 km,防洪标准为龟石水库调度后50年一遇。华山河华山水库下游至潇贺大道(207国道)段两岸现状已建设护岸,其中左岸长4.93 km,右岸长4.61 km,护岸标准为5年一遇,主要保护对象为两岸的农田村庄。

盘谷河河口至上游贺州大道段左右岸现状已建贺江干流盘谷河防洪子堤,左岸长约1.44 km,右岸长约1.68 km,防洪标准为龟石水库调度后50年一遇。盘谷河塘基桥下游至鸭公头村两岸现状已建设护岸,其中左岸6.25 km,右岸5.97 km,护岸标准为5年一遇,主要保护对象为两岸的农田村庄。

沙田河狮洞水库下游至道东村段两岸现状已建设护岸,其中左岸长8.02 km,右岸长8.15 km,护岸标准为5年一遇,主要保护对象为两岸的农田村庄。

中心城区江南排涝片内有已建或者在建的排涝闸为西湾寨排涝闸、薛屋排涝闸、八步大桥排涝闸、城南排涝闸、盘谷排涝闸和华山排涝闸共 6 宗,总自排流量 87.84 m³/s,上述已建或在建的排涝闸均非建设用于一级支流向干流排涝。

(2) 内涝风险与问题分析

①防洪存在问题

当前,城区段左右岸堤顶的高程未能满足现行 50 年一遇的堤库结合水面线标准,存在最大不足高度超过 2 m 的问题。对江北片、江南片和平桂新城区段在建的堤防设计图纸进行了复核,即便在堤防建设完成后,仍有三段区域未能达到既定标准。

a. 上游段黄石电站—光明大桥

贺江左岸山体位于黄石村对岸,延伸至黄石电站,长约 0.79 km。该河段沿岸房屋密集,靠近河岸的房屋及已建景观设施大多未达到防洪标高,局部护岸欠高 1~1.5 m。右岸自规划贺州市中心城区边界处起,经黄石村,终点至黄石电站上游约 380 m 处,全长 3.46 km。目前,堤岸附近有居民房屋,但这些房屋未能满足防洪标准,局部护岸亦欠高 1~1.5 m。黄石电站自 1975 年开工以来,已运行近 50 年。现场调研显示,黄石电站拦河闸中部、两岸坝肩及顶部闸板等结构局部出现裂缝,存在漏水问题,表明拦河闸坝存在安全隐患。现状闸坝为浆砌石重力坝,且未配备冲沙底孔等冲沙设施,导致坝上区域流速减缓,水中悬浮物逐渐沉积,造成严重淤积。由于该拦河坝为固定重力坝,洪水来临时无法通过闸控措施调节,导致洪水仅能从坝顶溢流,进而抬升上游水位,引发洪涝灾害。据洪水现场调查,周边村民对由此闸坝引发的洪涝灾害表示不满,农田受淹情况大约每 1 至 2 年发生一次,而大面积农田及部分房屋受淹的情况大约每 5 至 6 年出现一次。经过计算复核,黄石电站闸坝在 50 年一遇洪水标准下的壅水高度为 0.9 m,影响长度达到 4.3 km。

b. 中游段光明大桥—灵峰大桥

本段所述区域,自光明大桥至灵峰大桥,为城市核心地带。该区域沿河两岸地势普遍较低,且两岸建筑密集。特别是西约街沿河区域,作为历史文化保护区,地势更低,面临较大的洪涝风险。光明大桥至灵峰大桥段的芳林水电站,建于 1971 年,目前拦河闸坝上缺乏启闭设施及工作桥。挡水闸板出现严重变形和锈蚀,甚至出现锈穿现象,导致大量漏水。与黄石电站类似,芳林电站无法实现自动调控,上游淤积问题亦十分严重。芳林电站闸坝在遭遇 50 年一遇洪水时,壅水高度可达 0.8 m,影响长度约为 7.1 km。

c. 下游段灵峰大桥—厦岛电站

右岸华山河口至厦岛电站段为江南东路堤,属郊野型自然岸坡,现状地势较低,除部分山体段外均不满足防洪要求。

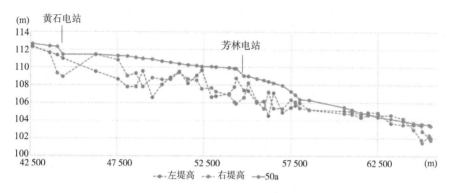

图 8.1-1　中心城区段水面线

②排涝存在问题

中心城区江北地区除桃源河已整治外,其余两条重要排涝通道(黄安寺河、狮子岗河)未经系统治理。现状黄安寺河、狮子岗河两岸房屋密集,河道过流能力有限。黄安寺河现状上游断面较宽,为 15 m,下游断面较窄,只有 8 m 左右,局部桥梁处宽度仅有 6.5 m,城区段大部分为天然冲沟,其现状过流能力达不到 20 年一遇排涝标准。由于城区已实施了广贺高速、洛湛铁路和部分城区道路规划,排涝区分水方向有了较大的改变,部分原进入贺江的内涝水已被基础设施拦截。而黄安寺排洪河下游区域已批复为文化保护区,河道两岸用地拓宽难度较大。

狮子岗河在城区的大部分河段已进行了防渗处理,做有防渗处理的河段有万泉街段等。从市环境卫生管理处到市旅游咨询服务中心和贺州市商务局到贺州市林业局段是暗渠,暗渠总长 1.14 km。贺州市城区狮子岗排洪沟两边的居民及企事业单位的污水就近排入狮子岗排洪沟,造成狮子岗排洪沟城区段水质浑浊,臭味较大。狮子岗排洪沟出口建有一个拦水坝,主要是将污水拦截收集到污水处理厂,但严重影响行洪。

中心城区江南排涝片现状 4 条主要贺江支流为华山河、盘谷河、沙田河以及民田河。排涝片内排涝河道现状主要存在的问题为城区或农田乡村段河道排涝标准未达标,堤顶高程不足,河道未整治,两岸未建堤防护岸等。

根据《贺州市国土空间总体规划(2021—2035 年)》,华山河河口至上游潇贺大道段右岸规划用地类型为城镇住宅用地以及商业服务业用地等,现状右岸堤顶高程较低,不满足龟石水库调度后50年一遇的标准,支流河口段未形成防洪封闭圈。

根据华山水库下游至207国道两岸设置护岸及华山河整治图集(2016),华山河华山水库下游至潇贺大道段两岸建有护岸及标准为5年一遇。本次复核华山河牛鼻头村下游段左右岸岸顶高程不足,欠高0.11~1.46 m,华山河白水岭村段左右岸顶高程不足,欠高0.42~0.56 m。

根据塘基桥下游至鸭公头村两岸设置护岸及盘谷河整治图集(2020),盘谷河盘谷水库下游至贺州大道段两岸建有护岸,标准为5年一遇。本次复核盘谷河陶马岭村至贺州大道段左右岸顶高程不足,欠高0.1~1.31 m,盘谷河盘八村至白茫村段左岸顶高程不足,欠高0.76~0.79 m。

根据《贺州市国土空间总体规划(2021—2035年)》,沙田河河口段右岸存在一处规划教育用地地块,该段现状两岸顶高程为107.45~107.85 m,两岸顶高程欠高约0.74~1.00 m。根据狮洞水库下游至道东村河道左右岸整治图集(2014),盘谷河狮洞水库下游至道东村两岸建有护岸,标准为5年一遇。本次复核沙田河许屋至马鼻村左岸顶高程不足,欠高0.1~0.44 m,沙田河莫屋至白屋下游右岸顶高程不足,欠高0.1~0.67 m。

根据《贺州市国土空间总体规划(2021—2035年)》,民田河西环路至河口段两岸规划用地类型有工业用地、城镇住宅用地以及商业服务业用地等。民田河未经河道整治,本次复核民田河西环路至河口段左右岸顶高程不足,欠高0.1~1.53 m。

(3)防洪工程规划

①现状防洪体系

基于贺江流域洪水特性的深入分析、保护对象广泛分布的考量,以及独特的自然地理条件,贺州市已构建了一套高效、科学的"堤库结合"防洪工程体系。此体系的核心目标在于确保沿江的钟山县、贺州市等重点地区及农田免受洪水侵害。

随着贺州市国民经济与城市建设的迅猛腾飞,城镇化步伐加快,人口日益聚集,城市对于防洪能力的需求也水涨船高。因此,贺州市已将防洪标准提升至能够抵御50年一遇的洪水水平,这充分体现了城市对于防洪工作的高度重视和长远规划。然而,面对日益严峻的防洪挑战,贺州市现有的堤防设施仅能抵御10~20年一遇的洪水,这与规划中的高标准防洪体系仍存在一定差距。为了弥补这一不足,贺州市在贺江上游建设的龟石水库,以其1.55亿 m^3 的调洪库容,成为城市防洪体系中的重要一环。

　　为此,贺州市计划实施"水库防洪调度"的防洪策略,通过科学调整龟石水库的功能,预留充足的防洪库容,以承担起下游防洪的重要任务。这一策略的实施,将有效提升贺州市城区的防洪能力,使之达到规划中的 50 年一遇的标准。同时,龟石水库在削减洪峰方面的作用也将显著提升钟山县的防洪能力,为整个贺江流域的防洪安全提供有力保障。

　　a. 龟石水库防洪调度

　　根据《龟石综合规划》,龟石水库功能由以灌溉为主,结合发电、防洪、供水等综合利用,调整为防洪、供水、灌溉、发电等综合利用,并制定了如下防洪调度规则。

　　当贺州市发生大于天然 20 年一遇洪水而小于 50 年一遇洪水($3\,700\ \mathrm{m^3/s}$)时,由水库尽量拦蓄洪水,使贺州市的洪峰流量不超过防洪堤的安全泄量($3\,130\ \mathrm{m^3/s}$)。

　　龟石水库的防洪调度规则见表 8.1-1。

表 8.1-1　龟石水库防洪调度规划

判别条件	贺州站洪水($\mathrm{m^3/s}$)	龟石入库流量($\mathrm{m^3/s}$)	龟石下泄流量($\mathrm{m^3/s}$)
贺州站涨水或 $Q_{贺州}\geqslant$ 2 500 $\mathrm{m^3/s}$ 时	$Q\geqslant2\,500$	$Q<100$	$Q_{入库}$
		$100\leqslant Q<1\,000$	100
		$Q\geqslant1\,000$	1 000
	$Q<2\,500$	$Q<1\,100$	$Q_{入库}$
		$Q\geqslant1\,100$	1 100
贺州站退水且 $Q_{贺州}<$ 2 500 $\mathrm{m^3/s}$ 时	$Q<2\,500$	$Q<1\,000$	1 000
		$Q\geqslant1\,000$	$Q_{入库}$

　　可见,按上述调度规则调整龟石水库功能后,能将贺州市 50 年一遇洪水削减至 20 年一遇。通过堤库结合,可将贺州市防洪标准由 20 年一遇提高到 50 年一遇。同时,可减轻钟山县的防洪压力。

　　②防洪策略

　　为增强贺州城区的防洪能力,本次规划依据《珠江流域防洪规划》、《贺江流域综合规划(2010—2030 年)》以及城市总体规划的指导原则,进行了综合考量。在实施阶段,本次规划采取了堤库联合防洪的策略,旨在通过堤防与水库的协同作用,优化整体防洪效能。同时,规划将堤岸工程、阻水建筑物重建、河道清淤等工程纳入统筹范畴,确保贺州城区的防洪能力达到 50 年一遇的设防标准,钟山县、羊头镇达到 20 年一遇的防洪标准。这一系列举措不仅彰显了对防洪工作的全面规划与细致部署,更体现了维护城市安全、增进民生福祉的坚定决心与责任担当。

依据《防洪标准》(GB 50201—2014)的明确规定,贺州市的城市整体防护等级被精准地划定为Ⅱ等。在具体实施过程中,充分考虑了当地的河流水系分布以及独特的地形条件,因地制宜地进行了分区设防。针对不同防护区域的重要性,规划选取了各有侧重的防洪标准。

贺州市城区贺江干流沿线的重要区域,即平桂城区片、江南片与江北片,在防洪工作中受到重视。通过与上游龟石水库开展高效的拦洪调度,城区段的防洪能力得到显著提升,达到 50 年一遇的防洪标准,钟山县、羊头镇达到 20 年一遇的防洪标准。

a. 水库调度

在本次规划中,对贺州站断面以上的洪水构成进行了详尽分析,其由龟石水库的蓄水与区间内的自然洪水共同构成。为准确评估防洪能力,规划选取了 2002 年 7 月的区间型洪水和 2010 年 7 月的流域型洪水作为典型研究案例。

在模拟分析过程中,规划严格遵循贺州站与龟石水库同频、区间相应的洪水特征,以及贺州站与区间同频、龟石水库相应的洪水特征,对这两场典型洪水进行了放大模拟,并对龟石水库的防洪功能进行了复核分析计算。

经过严谨计算与复核,结果显示:在遭遇 50 年一遇的洪水时,依据既定调度规则进行调度后,将贺州市贺州站 50 年一遇洪水 3 700 m^3/s 削减至 2 989 m^3/s,且略低于贺州市城区防洪堤设计的安全泄量(3 130 m^3/s)。

基于上述分析,提出了结合龟石水库防洪调度的综合策略,通过精确控制下泄流量,将城区段堤防的防洪标准从原有的 20 年一遇提升至更为可靠的 50 年一遇,以确保贺州市防洪能力的显著提升,为城市安全与发展提供坚实保障。

表 8.1-2　龟石水库防洪调度成果

洪水放大方法	2002 年型洪水(m^3/s)		2010 年型洪水(m^3/s)	
	天然	调度后	天然	调度后
贺州、龟石同频,区间相应	3 700	2 989	3 700	2 454
贺州、区间同频,龟石相应	3 700	2 864	3 700	2 864

③堤岸整治

a. 平桂新区片黄石段左岸护岸工程

工程起点位于黄石村对岸贺江左岸山体,终点至黄石电站。治理河道长度 0.79 km、建设护岸 0.79 km,加高 1～1.5 m,河道凹岸段护岸主要采用 C15 埋石砼挡墙＋生态网垫护坡型式,河道平直段及凸岸段主要采用生态网箱挡墙＋草皮护坡型式。

b. 平桂新区片黄石段右岸护岸工程

工程起点位于贺江右岸上游规划贺州市中心城区边界处,经黄石村,终点至黄石电站上游约 380 m 处。治理河道长度 3.46 km、建设护岸 3.46 km,加高 1～1.5 m,河道凹岸段护岸主要采用 C15 埋石砼挡墙＋生态网垫护坡型式,河道平直段及凸岸段主要采用生态网箱挡墙＋草皮护坡型式。

c. 江南片江南东堤工程

工程起点位于华山河与贺江汇合口,接华山河右岸子堤,沿贺江右岸布置,经彭屋、厦岛寨、园博园,终点至厦岛电站上游形成封闭。治理河道长度 3.16 km、建设堤防 3.13 km、护岸 3.16 km,加高 1～1.5 m,堤防采用土堤型式,堤顶宽 6.0 m,河道凹岸段护岸主要采用 C15 埋石砼挡墙＋亲水平台型式,河道平直段及凸岸段主要采用生态网箱挡墙＋亲水平台型式。

表 8.1-3　城区段防洪工程规划工程等别和标准统计表

编号	项目名称	设计标准	建筑物级别
1	平桂新区片		
(1)	黄石段左岸护岸工程	龟石水库调度后 50 年一遇	2 级
(2)	黄石段右岸护岸工程	龟石水库调度后 50 年一遇	2 级
2	江南片		
(1)	江南东堤工程	龟石水库调度后 50 年一遇	2 级

④阻水建筑物改造

a. 芳林(贺江)电站改造

根据《利用世界银行贷款广西贺州市水环境治理与城市综合发展项目》,芳林(贺江)电站改造工程包括拆除 33 孔现状闸板及其中间闸墩,拆除后水面线壅水从 0.9 m 降至 0.39 m。

b. 黄石电站改造

根据《利用世界银行贷款广西贺州市水环境治理与城市综合发展项目》,黄石电站改造工程包括拆除现状 100 m 砼坝,新建 105 m 气盾闸坝,拆除后水面线壅水从 0.8 m 降至 0.24 m。

c. 防洪子堤

沿贺江干流建设防洪子堤,左岸军冲河规划建设子堤 0.5 km,右岸白沙河、华山河、军冲河共规划建设子堤 5.078 km。

表 8.1-4　规划防洪子堤工程表

序号	河道名称	左岸长度(km)	右岸长度(km)	建设属性
1	白沙河	0	3.008	规划
2	华山河	0	1.22	规划
3	军冲河	0.5	0.85	规划
合计		0.5	5.078	

⑤规划效果

通过水库调度、河道整治、电站改造等综合性措施,贺江干流(城区段)堤库结合具备抵御 50 年一遇洪水的能力,富川瑶族自治县、钟山县、羊头镇具备抵御 20 年一遇洪水的能力。

(4) 排涝工程规划

①黄安寺河区域

a. 滞蓄措施

结合《贺州市海绵城市专项规划(2016—2035 年)》要求,黄安寺河区域的建成区年径流总量控制率为 64%~70%,对应设计雨量约 18~22.10 mm。应充分发挥金泰湖公园、永丰湖公园、爱莲湖公园的海绵调蓄作用,同时提出各地块的单位面积控制容积、下沉式绿地率、透水铺装率、生物滞留设施率等低影响开发控制指标,将其纳入地块规划设计要点,并作为土地开发建设的规划设计条件,进一步在竖向、用地、水系、给排水、绿地、道路等专业的规划设计过程中细化落实海绵城市相关要求。

黄安寺河区域的上游来水经金泰湖、永丰湖及湿地公园调蓄,由永丰湖南端出口溢流至下游排洪河,通过控制永丰湖两个出口液压升降坝高度,调节黄安寺河与狮子岗河的分流比,使永丰湖下泄水流排向狮子岗河(完全分流),减小黄安寺河排涝流量。

b. 闸泵工程

本次规划措施与《广西贺州市城区防洪规划报告》(2014 年)相衔接,并考虑现状情况,保留贺江北岸黄安寺河口处排涝设施,现状已建黄安寺排涝闸,自排流量 65.4 m³/s,3 孔闸尺寸 3.5 m×3.0 m,关闸水位为 103 m;在建黄安寺泵站,抽排流量 8.4 m³/s,装机容量 750 kW,本次规划保留,起抽水位为103 m。同时考虑到沿岸道路竖向标高,将泵站控制淹没水位确定为 104.5 m。

c. 河道整治

规划对黄安寺河进行疏浚整治,增加生态措施,重点对下游文化保护区内河段进行清障疏浚和驳岸整治,整治总长约 1.2 km,使得河道过流能力满足20 年一遇排涝要求的同时,兼顾截污及生态景观需求。

②狮子岗河区域

a. 滞蓄措施

结合《贺州市海绵城市专项规划(2016—2035 年)》要求,狮子岗区域的建成区年径流总量控制率为 64%～69%,对应设计雨量 18～22 mm。须充分发挥水月宫公园、灵峰公园、马鞍山公园的海绵调蓄作用,同时提出各地块的单位面积控制容积、下沉式绿地、透水铺装率、生物滞留设施率等低影响开发控制指标,将其纳入地块规划设计要点,并作为土地开发建设的规划设计条件,进一步在竖向、用地、水系、给排水、绿地、道路等专业的规划设计过程中细化落实海绵城市相关要求。

狮子岗河区域的上游来水经金泰湖、永丰湖及湿地公园调蓄,由永丰湖东南端出口溢流至下游排洪河,通过控制永丰湖两个出口液压升降坝高度,调节黄安寺河与狮子岗河的分流比,增加狮子岗河排涝流量。

b. 闸泵工程

本次规划措施与《广西贺州市城区防洪规划报告》(2014 年)相衔接,并考虑现状情况,保留贺江北岸狮子岗河口处排涝设施,现状已建狮子岗排涝闸,自排流量 167 m³/s,2 孔尺寸为 3.5 m×3.5 m,关闸水位为 102.5 m;在建狮子岗泵站,抽排流量 36 m³/s,装机容量 2 500 kW,本次规划保留,起抽水位为102.5 m。同时考虑到沿岸道路竖向标高,将泵站控制淹没水位调整为 103.5 m。

c. 河道整治

规划对狮子岗全河段清障疏浚并复明暗渠,对下游平安西路至江北中路约0.3 km 河段进行驳岸整治,整治总长约 3.72 km,使得狮子岗河实施排洪河分洪后,过流能力满足 20 年一遇排涝要求。

③华山河区域

a. 调蓄设施

结合《贺州市海绵城市专项规划(2016—2035 年)》要求,华山河区域的建成区年径流总量控制率为 67%～75%。须充分发挥静月湖公园、厦岛公园的海绵调蓄作用,同时提出各地块的单位面积控制容积、下沉式绿地率、透水铺装率、生物滞留设施率等低影响开发控制指标,将其纳入地块规划设计要点,并作为土地开发建设的规划设计条件,进一步在竖向、用地、水系、给排水、绿地、道路等专业的规划设计过程中细化落实海绵城市相关要求。

b. 闸泵工程

本次规划措施与《广西贺州市城区防洪规划报告》(2014 年)相衔接,并考虑现状情况,保留华山河河口处已建的华山河排涝闸,自排流量 7.2 m³/s,闸门尺寸为 2.5×2.5 m,闸门孔数为 1 孔;华山河河口规划新建华山河泵站,抽排流量 3.42 m³/s,装机容量为 165 kW,本次规划保留。同时考虑沿岸道路规划竖向标高,泵站控制淹没水位确定为 103.5 m。华山河水闸和华山河泵站均为排水入支流华山河,而非华山河排入贺江干流的排涝设施。

c. 河道整治

结合已有规划的贺江干流华山河右岸防洪子堤工程(厦岛至潇贺大道)新建华山河右岸堤防,长度为 1.22 km,堤防标准为堤库结合 50 年一遇,与贺江干流堤防形成防洪封闭圈。

对华山河牛鼻头村下游段左右岸护岸进行加高,加高值为 0.11～1.46 m,长约 1.73 km,对华山河白水岭村段左右岸护岸进行加高,加高值为 0.42～0.56 m,长约 0.32 km。

④盘谷河区域

a. 蓄滞措施

结合《贺州市海绵城市专项规划(2016—2035 年)》要求,盘谷河区域的建成区年径流总量控制率为 70%～77%。须充分发挥紫云湖郊野公园的海绵调蓄作用,同时提出各地块的单位面积控制容积、下沉式绿地率、透水铺装率、生物滞留设施率等低影响开发控制指标,将其纳入地块规划设计要点,并作为土地开发建设的规划设计条件,进一步在竖向、用地、水系、给排水、绿地、道路等专业的规划设计过程中细化落实海绵城市相关要求。

b. 闸泵工程

本次规划措施与《广西贺州市城区防洪规划报告》(2014 年)相衔接,并考虑现状情况,保留盘谷河河口处已建盘谷河排涝闸,自排流量 18.9 m³/s,闸门尺寸为 2.5 m×2.5 m,闸门孔数为 2 孔;盘谷河河口规划新建盘谷泵站,抽排流量 9.05 m³/s,装机容量为 360 kW,本次规划保留。同时考虑沿岸道路规划竖向标高,泵站控制淹没水位确定为 103.5 m。盘谷水闸和盘谷泵站均为排水入支流盘谷河,而非盘谷河排入贺江干流的排涝设施。

c. 河道整治

对盘谷河陶马岭村至贺州大道段左右岸护岸进行加高,加高值为 0.1～1.31 m,长约 3.73 km,对盘谷河盘八村至白茫村段左岸护岸进行加高,加高值为 0.76～0.79 m,长约 1.82 km。

⑤桃源河区域

a. 滞蓄措施

结合《贺州市海绵城市专项规划(2016—2035 年)》要求,桃源河区域的建成区年径流总量控制率为 66%～75%,对应设计雨量约 18.5～26.67 mm。须充分发挥北堤公园、爱莲湖(太白湖)及湿地公园的海绵调蓄作用,同时提出各地块的单位面积控制容积、下沉式绿地率、透水铺装率、生物滞留设施率等低影响开发控制指标,将其纳入地块规划设计要点,并作为土地开发建设的规划设计条件,进一步在竖向、用地、水系、给排水、绿地、道路等专业的规划设计过程中细化落实海绵城市相关要求。

爱莲湖(太白湖)及湿地公园总面积 1.21 km², 正常蓄水位 104.5 m,对应水域面积 0.36 km², 调蓄库容 50 万 m³, 用于调蓄排涝分区内涝水,减轻下游桃源河排涝压力。

b. 闸泵工程

本次规划措施与《广西贺州市城区防洪规划报告》(2014 年)相衔接,并考虑现状情况,保留贺江北岸桃源河河口处及灵峰村排涝设施,现状已建南蛇塘排涝闸,自排流量 38.4 m³/s,3 孔尺寸为 4.5 m×3 m,关闸水位为 101 m;已建灵峰村排涝闸,流量 7.1 m³/s,闸宽 2 m,关闸水位为 102.5 m;已建成南蛇塘泵站,抽排流量 13.5 m³/s,5 台机组,装机容量 660 kW,本次规划保留,起抽水位为 101 m。同时考虑到沿岸道路竖向标高,将泵站控制淹没水位调整为 103 m。

8.2　东莞市石马河流域排涝片

(1) 基本情况

东莞市位于东江下游的东江三角洲地区,境内河流水系可分为外水系和内水系两部分,外水系主要是东江干流(东莞市部分,下同)、东江三角洲网河区,内水系主要是石马河、寒溪河、东引运河、茅洲河等。

石马河是东江的一级支流,发源于深圳宝安大脑壳山,流经深圳观澜镇称为观澜水,在东莞塘厦镇和雁田水汇合后始称石马河,沿途流经东莞市的凤岗、塘厦、樟木头、清溪、谢岗、常平、桥头七镇,至桥头镇汇入东江。石马河河流全长 73.5 km，河床平均坡降为 0.61‰，水浅滩多流速急湍，总落差 70 m。集雨面积 1 249 km²（含潼湖流域 494 km²），其中东莞境内集雨面积 601 km²（潼湖流域占 110.4 km²），干流河长 48 km；惠州境内集雨面积 383.6 km²（全部在潼湖流域）；深圳境内集雨面积 264.4 km²。

石马河现状防洪排涝格局为支流堤库结合，干流堤防为主，现状防洪排涝工程主要有水库、堤防、水闸、泵站等。

石马河上游建有雁田、契爷石、茅輋、虾公岩水库四座中型水库，以及杨梅坑、牛眠埔水库等多座小型水库，建有塘厦水闸、陈屋边水、旗岭水闸、石马河口水闸等多座水闸，以及干流、支流两岸堤防工程 36.82 km。

①水库

流域内现有 20 座水库，其中 4 座中型水库，16 座小型水库。总集水面积 142.72 km²，总库容 9 990 万 m³，调洪库容 3 790 万 m³。各已建水库均分布在支流，是支流防洪体系的组成部分，对支流洪水具有一定的削峰能力，但由于各水库控制面积较小，对干流洪水作用不大。

4 座中型水库分别为雁田水库、虾公岩水库、茅輋水库、契爷石水库，总集水面积 77.9 km²，占全流域面积的 6.2%，总库容 4 958 万 m³，调洪库容 1 726 万 m³。其中契爷石水库为饮用水源，虾公岩水库设计任务为灌溉，雁田水库、茅輋水库设计任务为供水、防洪。据调研了解，虾公岩水库建成至今尚未泄过洪，契爷石水库汛期很少泄洪。

②堤防

石马河流域上一轮纳入规划的干支流已建堤防为 204 km，其中按原设计标准，水位已达标 180 km，达标率为 88.2%。新增一些 10 km 以上支流，将其纳入规划，对规划标准、设计水位进行了复核，在新标准新水位下，干支流已建堤防工程 303 km，其中已达标堤防 256 km，达标率为 84.5%。

③水闸和泵站

干流共有 6 座水闸，均为原东深供水工程的蓄水闸，其中位于雁田水闸上游的上埔水闸仍在发挥供水作用，由粤港供水公司管理，沙岭、竹塘、塘厦、马滩、旗岭水闸目前已无供水功能，其功能主要为在枯水期蓄水维持河道生态水位。目前竹塘、塘厦、马滩、旗岭水闸已按 50 年一遇行洪断面要求完成了改、扩建，沙岭水闸已鉴定为四类闸。位于最下游的河口水闸设计为保护东深供水取水口水质，限制石马河来水排入东江，不具备防洪功能。除干流 6 座水闸外，石马河流域还有 27 座排涝水闸，主要分布于谢岗、桥头、常平镇的涝区，总设计流量约 838 m³/s，总净宽约 101 m。

石马河流域现有主要排涝泵站工程 29 座,总设计流量约 231.4 m³/s。

(2)内涝风险与问题分析

①部分河道尚未整治,存在卡口

石马河干流下游段尚未完成整治,石马河干流上游观澜河出口段由于涉铁,无法拓宽,成为卡口;干流常平段存在阻水桥梁卡口,235 m 河道密集分布 4 座跨河铁路、公路桥梁,造成河段 100 年一遇水位壅高 0.3～0.38 m。部分支流也存在卡口,如虾公潭水汇入雁田水干流出口段卡口,长度约 0.5 km,两岸建筑物密集,达标拓宽难度较大。雁田水库排洪渠、官仓水等支流未整治,现状仅 20 年一遇防洪标准。

②堤防尚未达标

石马河干流未达标段主要位于下游右岸,即潼湖围大堤石马河段,全长 11.8 km,北起太园桥至麦美坊,均为土堤,现状堤顶凹凸不平,宽度约 3.5～8 m,堤顶高程约 13.18～13.31 m,沿线分布大量高压电塔。

③防洪排涝与供水存在矛盾,需统筹协调

石马河流域洪水承泄区主要是东江干流,但是,石马河出口有东深供水工程太园泵站的取水口。出于对取水口水质保护的要求,石马河河口水闸开闸时机和开闸水位受到限制,比如石马河河口水闸在水位高于 4.25 m(珠基)才开闸往东江排水,否则石马河的水通过调污闸进入寒溪河,经东引运河一路往虎门水闸排出。供水的需求限制了防洪排涝,防洪排涝与供水存在矛盾,需统筹协调。

④排涝存在问题

潼湖流域涉及惠州、东莞两市,以往防洪排涝规划均为两市以镇为单位进行编制(目前已过规划期),尚未以整个流域为单元开展过防洪排涝规划。而潼湖流域进水主要在惠州、出水通道主要在东莞的水系格局,要求应站在流域的角度来统筹上下游水力联系,进行系统谋划和布置。以往编制的规划虽然有所衔接,但难免存在衔接不够、两地出发点不同而导致体系中存在局部矛盾的问题。现有水利设施防洪排涝标准偏低,抵御洪涝能力不足。现状潼湖大堤防洪标准仅为 10～20 年一遇,流域内的二级堤围大部分不足 10 年一遇洪水标准,治涝标准也只达到 10 年一遇。

(3)总体布局

根据地理位置和水系格局,东莞市防洪体系可分为外洪体系和内洪体系,外洪体系主要涉及东江流域、东江三角洲网河区,内洪体系主要涉及石马河、寒溪河、东引运河流域。因此,东莞市防洪排涝格局为"外防东江洪水、外海潮水,上蓄、中防、下泄本地洪水,自排抽排结合排出涝水"。

（4）防洪工程规划

干流中上游主要涉及塘厦镇、清溪镇和樟木头镇三镇。目前，石马河上游三镇东莞市运河综合整治石马河流域塘厦段工程、东莞市石马河流域综合治理项目 EPC＋O——石马河清溪镇段整治工程和东莞市石马河综合整治工程樟木头段已开工建设。石马河上游堤防正在按 50 年一遇防洪标准进行建设，其中石马河干流塘厦段 8.261 km、观澜河塘厦段 16.720 km、石马河清溪段 12.23 km、石马河樟木头段 15.96 km。对于这些河段，维持现状整治方案，相关部门应加强监督，确保按设计方案施工整治到位。

石马河下游旗岭水闸至石马河河口段左岸堤防属于东莞大堤，防洪标准为抵御东江 100 年一遇的洪水（考虑三大水库调洪后），在 2004 年进行达标加固后堤防已达标。本次衔接省防洪规划和珠江流域防洪规划，东莞大堤提标至 200 年一遇，东江干流水面线下切后，东莞大堤现状堤顶高程已满足 200 年一遇标准要求，因此，规划措施主要是对堤身开展安全鉴定，并视情开展达标加固。

（5）涝区规划

扩建陈屋边水闸、新建陈屋边泵站。在石马河口修建水闸，拟定的石马河口水闸高运行水位为 6.26 m（珠基），此工况状态下，潼湖流域内径流及生活污水将无法正常排至石马河及小海河。流域内虽建有东岸排涝站，为保证下游水质，枯水期东岸排涝站不排水，因此必须新建泵站，将潼湖流域来水排至小海河或者石马河。《惠州市潼湖流域防洪排涝整治规划（2020—2035 年）》对扩建陈屋边水闸、新建陈屋边泵站的措施直接予以采纳。

根据《东莞市石马河河口水闸及旗岭水闸 惠州市潼湖排水涵闸 东深供水工程太园泵站联合调度方案》，2022 年 5 月，当石马河河口水闸建成后，闸前水位接近 4.25 m 时，视情况结束正常截污状态，选择退潮时择机开闸泄洪。另外，根据 2019—2022 年调度运行记录，河口水闸闸前最高水位为 4.96 m（2021 年 8 月 5 日 0：37）。也就是说，实际运行过程中，石马河河口水闸最高运行水位未达到原设计的 6.26 m，水位降低后，需要对扩建陈屋边水闸、新建陈屋边泵站的必要性进行论证。

东岸涌河道宽度整体上是上游宽下游窄，上游 3.4 km 河道平均河宽为 80 m，下游 6.6 km 河道平均河宽为 50 m，河宽缩窄影响河道行洪。《惠州市潼湖流域防洪排涝整治规划（2020—2035 年）》对东岸涌主要采用河道拓宽、清淤疏浚、新开排洪渠等整治措施。但东岸涌东莞段（下游段约 4 km）左右两岸广泛分布有大量基本农田，河道无法拓宽，仅进行清淤疏浚和两岸堤防达标建设，清淤疏浚河道 4 km，河道底高程为 −0.26～0.48 m；堤防达标建设 8 km。